파이썬으로 코딩하는 물리

python™

송오영 지음

21세기사

PREFACE

물리학은 자연에서 일어나는 현상을 논리적으로 이해하고, 이 현상을 설명하는 보편적인 법칙을 찾는 기초과학의 한 분야이다. 물리학에서 지금까지 발견한 물리 법칙들은 짧은 문장과 단순한 수학 방정식으로 표현될 수 있다. 이러한 이유로 다른 학문과 다르게 암기의 고통이 없으며, 이해와 통찰의 학문으로 자리매김하고 있다. 하지만 많은 사람이 물리는 재미없고 어려우며 방정식 풀이나 수학적 계산에 능숙해야만 잘 할 수 있는 것으로 오해하고 있다. 필자도 학교에서 학생들이 물리 법칙이나 원리는 어렴풋이 이해하면서도 물리 문제 풀기를 어려워하거나 물리적인 원리를 자신 있게 설명하지 못하는 경우를 많이 경험했다. 이 학생들이 물리 법칙과 그에 따른 방정식을 모르는 것은 결코 아니다. 다만, 이를 실제 물리 문제를 해결하거나 혹은 물리 현상을 재현할 때 어떻게 적용해야 하는지를 어려워하는 것이다. 필자는 이 책을 통해 물리 문제의 풀이와 물리 현상의 재현을 위한 컴퓨터 코딩을 소개하여 물리 법칙에 대한 보다 깊은 이해를 돕고자 한다.

코딩을 통해 물리 현상을 시뮬레이션한다는 것은 반복적이고 지루한 계산을 컴퓨터에 맡기는 것이기도 하지만 코딩 자체가 물리학적 기본 원리의 이해에 도움을 주기도 한다. 공이 자유낙하 하는 경우만 보더라도 중력에 의해 공의 속도가 시간에 따라 바뀌고, 또 속도에 따라 위치가 바뀌는 것으로 공의 움직임 자체가 시간에 따른 반복이다. 즉, 반복문 구조를 코딩하면서 자연스럽게 물체 운동의 기본 원리를 습득할 수 있게 되는 것이다. 또한, 컴퓨터가 연산을 통해 도출시킨 결과를 보고 물리 법칙에 대해서 좀 더 깊이 이해할 수 있다.

공의 자유 낙하와 같이 단순한 움직임뿐만 아니라 자연에서 일어나는 일반적인 물리 현상도 수학 방정식과 논리적인 짧은 문장으로 표현될 수 있다는 것은 매우 놀라운 것이다. 갈릴레오는 “자연이라는 위대한 책은 그것을 쓴 언어를 알고 있는 사람만이 읽을 수 있다. 그리고 그 언어는 바로 수학이다.”라고 까지 표현했을 정도로 자연 그 자체를 수학을 바탕으로 논리적으로 구성된 것으로 생각했음을 알 수 있다. 또한 “이런 언어, 즉 수학이 없다면 어두운 미로를 방황하는 것과 같다.”

라고 덧붙이기도 했다. 갈릴레오는 물리세계를 정확히 이해하려면 수학적 사고를 바탕으로 논리적으로 기술해야 한다고 주장한 것이다. 이는 물리 현상을 논리적인 구조로 이루어진 수학의 언어, 즉 프로그래밍으로 재현할 수 있음을 의미한다.

프로그래밍 언어로는 C, C++, 파이썬, C#, 자바를 비롯하여 상당히 많이 있다. 그렇다면 물리 현상의 시각적 재현을 위해서 어떠한 프로그래밍 언어로 시작하는 것이 좋을까? 이 책의 목적은 프로그래밍 언어 자체를 배우는 것이 아니라 물리 현상의 시각적 재현을 위한 도구로써 프로그래밍 언어가 필요한 것이다. 그래서 필자는 이에 적합한 언어로 파이썬을 선택하였다. 파이썬은 배우기 쉽고 직관적이어서 물리 현상의 코딩에 적합할 뿐만 아니라 인공지능, 빅데이터 등의 다양한 분야에서 널리 활용되고 있다. 이는 물리 현상의 재현에만 그치지 않고 인공지능 등의 유망한 분야와 접목하기 수월할 수 있다는 것을 의미한다. 게다가 파이썬은 3차원 물체 표현 및 애니메이션 생성을 위해서 VPython 모듈을 제공하고 있다. 태블릿 환경에서는 웹기반의 GlowScript 환경을 활용하여 파이썬과 VPython의 설치 없이 바로 코딩을 시작할 수도 있다. 특히, VPython 모듈은 직관적으로 3차원 물체를 생성하고 실시간으로 애니메이션이 가능하도록 여러 객체, 메쏘드 및 함수들을 제공하고 있어서 코딩할 때 물리 법칙의 구현에만 집중할 수 있다. 실제 물리 방정식도 거의 1:1로 코드와 대응된다는 점도 매력적인 요소이다.

이 책은 각 장마다 물리 법칙 특히, 뉴턴 역학과 관련된 법칙들을 방정식과 함께 설명한 후, 물리 법칙과 방정식을 기반으로 여러 흥미로운 물리 현상을 파이썬 코딩으로 재현하는 방식으로 구성되어 있다. 각 장을 차례차례 정복하면서, '물리'와 '코딩', 이 두 가지 쉽지 않은 주제에 도전해 보자.

이 책을 쓰는 동안 세종대학교 컴퓨터그래픽스 연구실의 구성원들로부터 여러 도움을 받았다. 책 내용을 마지막까지 꼼꼼히 교정하고 모든 그림을 그려 준 한도연 연구원, Glowscript의 버전이 올라갈 때마다 코드를 모두 테스트하여 완전한 버전으로 만들어 준 주자연 연구원, 책을 처음 쓸 당시 여러 코드 예제를 마련해 준 이동일 연구원에게 깊은 감사의 마음을 전한다.

저자 송오영

CONTENTS

CHAPTER 1
물리학과 물리 코딩

MEMO

물리학과 물리 코딩의 관계에 대해서 알아보자. 물리학이란 자연에서 일어나는 현상을 이해하고 보편적인 법칙을 찾는 학문으로 정의할 수 있다. 복잡다단한 자연 현상을 설명하는 법칙을 찾는 일은 매우 힘든 과정으로 몇 백 년, 아니 인류 역사 전반에 걸쳐 최고의 물리학자들이 발견, 수정 및 정리해 왔다. 이렇게 정리된 물리 법칙은 많은 경우 간단한 방정식으로 표현이 되는데, 이를 이용해서 여러 가지 물리 문제를 해결할 수 있다. 수학적인 방정식으로 물리 법칙이 정리될 수 있다는 점에 착안하여 물리 법칙에 기반한 물리 현상을 컴퓨터를 이용하여 연산하고 3차원 애니메이션으로 재현해 낼 수 있다. 이를 물리 기반 애니메이션이라고 한다. 물리 기반 애니메이션을 생성하려면 물리 법칙에 대한 이해와 더불어 물리 방정식으로부터 컴퓨터가 연산할 수 있는 계산 모형을 구축해야 한다. 물리 현상을 위한 계산 모형을 구축하고 이를 프로그래밍으로 구현하는 과정을 물리 코딩이라고 하겠다.

1.1 물리 코딩 시작하기

우리는 물리 현상의 코딩을 통해 하기 싫은 복잡하고 반복적인 계산을 컴퓨터에 맡기고 물리의 기본 원리를 이해하는 것에 집중할 수 있다. 즉, 물리의 기본 원리에 대해서 컴퓨터가 연산을 통해 도출시킨 결과를 보고 물리 법칙에 대해서 좀 더 깊이 이해할 수 있다. 물리 현상을 코딩할 때, 수치적 정확성보다 시각적 사실성의 재현을 목표로 한다면, 그 물리 코드는 영화나 게임에 사용될 수 있다. 게임에서 사용된다고 하면 그것을 '게임 물리 엔진'이라고 할 수 있고, 더 나아가서는 가상현실 공간을 보다 현실감 있게 만들기 위해서 물리적인 현상을 코딩해서 넣을 수도 있다.

그렇다면 물리 현상의 시각적 재현을 위해서는 어떠한 프로그래밍 언어부터 시작하는 것이 좋을까? 프로그래밍 언어로는 C, C++, 파이썬, C#, 자바를 비롯하여 상당히 많은 언어가 있다. 이 책의 목적은 프로그래밍 언어 자체를 배우는 것이 아니므로 물리 현상의 시각적 재현을 위한 도구로써 파이썬을 선택하였다. 파이썬은 배우기 쉽고 직관적이어서 물리코딩에 적합할 뿐만 아니라 인공지능, 빅데이터 등의 다양한 분야에서 널리 활용되고 있고 무료이며 오픈소스이다. 이는 물리 현상의 재현에만 그치지 않고 인공지능 등의 유망한 분야와 접목하기 수월할 수 있다는 것을 의미한다. 파이썬에서 3차원 물체 표현 및 애니메이션 생성을 위해서는 VPython 모듈을 설치하여 이용하면 된다. 또는 웹 기반의 GlowScript 환경을 활용하여 파이썬과 VPython의 설치 없이 바로 코딩을 시작할 수도 있다. GlowScript는 일반적인 웹 브라우저에서 코딩하고 실행하여 결과를 확인할 수 있어서, 태블릿이나 심지어는 스마트폰에서도 코딩해볼 수 있다. 파이썬과 VPython은 직관적으로 3차원 물체를 생성하고 실시간으로 애니메이션이 가능하도록 여러 객체, 메쏘드 및 함수들을 제공하고 있어서, 코딩할 때 물리 법칙의 구현에만 집중할 수 있다. 프로그래밍 문법 혹은 코딩 기술 자체에 대해서 직접적으로 많이 알 필요가 없어서, VPython은 물리를 코딩하는 것에 대해 상당한 재미를 느낄 수 있도록 해준다. 물리 방정식도 거의 1:1로 코드와 대응된다는 점도 매력적인 요소이다.

이 책은 '물리'와 '코딩', 이 두 가지 어려운 분야를 여러 흥미로운 예제를 통해 접근해 보려 한다. 코딩을 시작하기 전에 준비할 것은 간단하다. 그냥 GlowScript 사이트(www.glowscript.org)에 들어가서 계정을 만들면 바로 코딩을 시작할 수 있다. 아래 화면에서 구글 아이디로 sign in을 하면 아래와 같은 화면이 나온다.

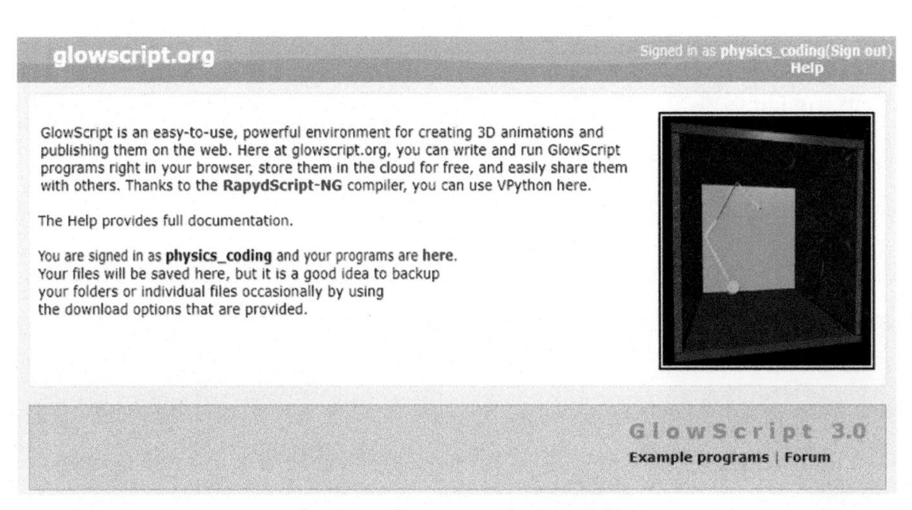

[그림 1-1] GlowScript 기본 화면

MEMO

여기서 here를 클릭하면, 윈도우의 파일 탐색기와 유사한 화면이 나온다. 이 화면에서는 코드 파일이 저장된 폴더를 확인할 수 있다. 폴더는 private 또는 public으로 설정할 수 있는데, 코드 파일이 private으로 설정된 폴더에 저장되면 그 코드 파일은 자신만 볼 수 있고, public으로 설정된 폴더에 저장되면 전 세계 누구나 볼 수 있다. 화면 상단부의 Add Folder 버튼을 누르면 새 폴더를 생성할 수 있는데, 클릭하면 아래와 같은 칭이 표시된다.

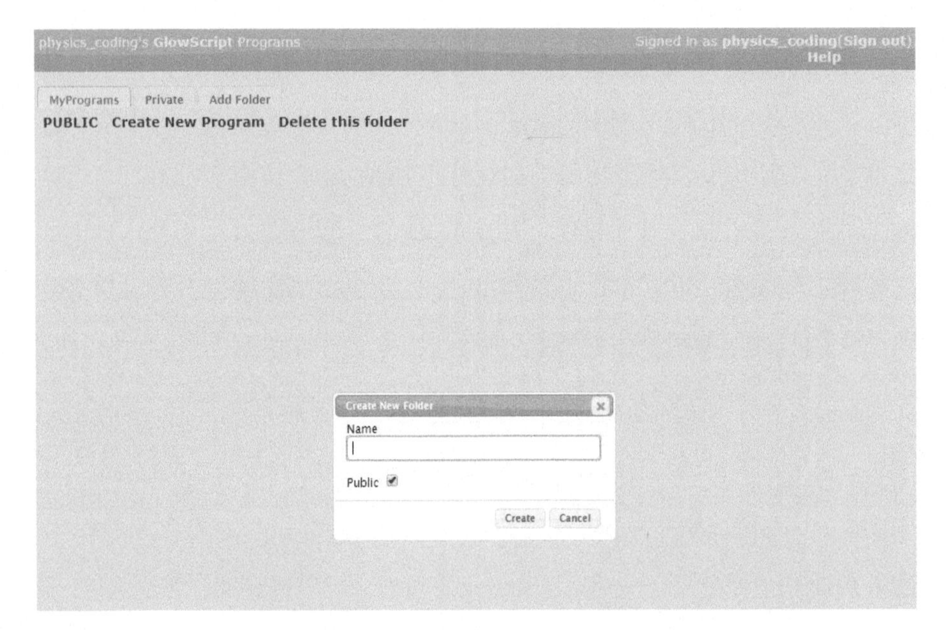

[그림 1-2] GlowScript 폴더 추가

이 창에 public이라고 되어 있는 체크 박스가 있는데, 이 버튼이 체크되어 있으면 public 속성으로 폴더가 생성되고, 해제하면 private 속성의 폴더가 생성된다. 폴더로 들어가서 create new program을 클릭하면 코드 파일을 생성할 수 있는데, 파일명을 한글로 작성할 수는 있으나 띄어쓰기는 무시된다. (GlowScript 3.0 버전 기준)

이제 코드를 작성해보자. 코드 파일을 생성하면 첫 번째 줄은 자동적으로 GlowScript 3.0 VPython으로 시작한다. 이 줄의 의미는 지금부터 아래의 코드가 GlowScript 3.0 버전이고 VPython 문법을 따른다는 것을 의미한다. GlowScript는 자주 버전 업데이트가 되므로 3.0이 아닌 다른 버전일 수 있다.

MEMO

시작하는 코드로 3차원 물체인 공을 하나 만들어보자. 아래 코드에서 #으로 시작하는 부분은 코드에 관한 주석을 작성한 것이다. 컴퓨터가 코드를 해석할 때는 무시되지만, 다른 사람이 코드를 읽을 때 혹은 스스로 코드를 다시 살펴볼 때, 주석을 통해 코드의 내용을 쉽게 파악할 수 있으므로 가능하면 정확하게 작성하는 것이 좋다. 이 코드에서는 "# 공 만들기"라 했으므로 공을 만드는 코드를 아래 작성할 것이다. 물리 현상의 재현을 위한 코드일 경우 수식이나 법칙을 주석에 표시할 수도 있고, 물리적인 단위를 나타낼 수도 있다. 이제 다음 줄의 코드를 보자. "myBall = shpere()"라고 작성되어 있다. 이 코드를 실행시켜 보도록 하자. 다음 그림에서 보듯이 검은 바탕에 하얀색 공이 나타난다.

```
# 공 만들기
myBall = sphere()
```

[그림 1-3] sphere() 생성

GlowScript(VPython)는 결과 화면에서 카메라 혹은 물체와의 상호작용을 지원한다. 마우스나 터치를 통해 줌 인/줌 아웃(확대/축소)을 할 수 있고, 물체를 회전시켜 볼 수도 있다. 그럼 다시 돌아와서 작성된 코드의 의미를 살펴보자. 이 코드는 sphere 객체를 만들어서 myBall 이라는 변수에 할당한다는 의미이다. sphere()는

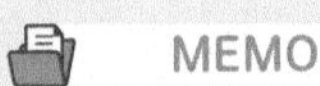

구 형태의 객체를 만들어 반환하는 함수이다. 이제 박스 하나를 더 추가해 보자.

```
# 박스 만들기
myBox = box()
```

주석으로 박스 만드는 것을 표시하고, 이름이 myBox인 변수에 box() 함수를 호출해 박스 형태의 객체를 만들고 할당했다. 실행시켜 보면 박스가 안 보이는데, 마우스 휠을 사용해 구 안으로 카메라 줌 인을 해보면 구 안에 박스가 있는 것을 확인할 수 있다. 이는 myBall의 위치와 myBox의 위치가 같은데 myBox가 더 작아 가려진 것이다. 코드를 수정하여 박스의 위치를 변경해보자.

```
myBox = box(pos = vec(5,0,0)) #박스의 위치 변경
```

박스를 처음 생성할 때, 박스가 가진 속성값을 변경할 수 있는데 위치를 나타내는 속성의 이름은 position의 약자인 pos이다. 즉, "pos =" 하고 변경할 위치값을 벡터 형식(vector() 또는 vec()의 괄호 안에 3차원 좌표 기입)으로 주면 된다. 위 코드는 원점을 기준으로 +x 방향으로 5만큼 떨어진 위치에 박스를 생성하는 코드이다. 다시 실행시켜 보자.

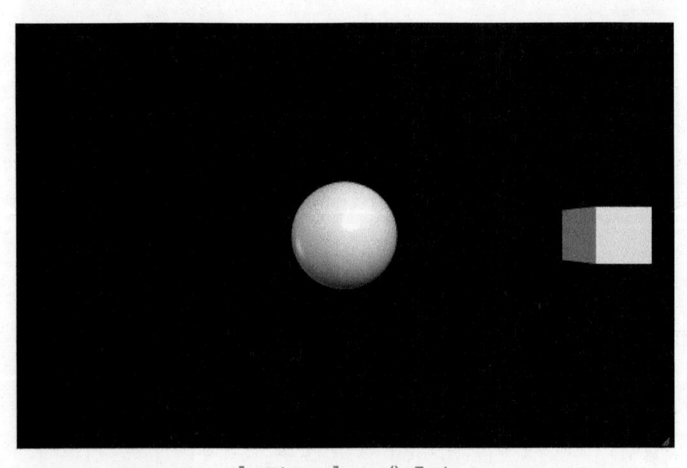

[그림 1-4] box() 추가

MEMO

공의 오른쪽에 박스가 만들어졌고 공은 좀 작아진 것을 알 수 있다. 공이 실제로 작아진 것은 아니며, GlowScript가 물체를 그릴 때 자동으로 줌 인 줌 아웃하여 모든 물체를 한 화면에 넣을 수 있도록 맞춰주기 때문이다.

3차원 물체를 만들 때 위치 이외에도 색상, 크기, 텍스처 등 다른 속성들도 변경할 수 있다. 먼저, 공의 색상과 크기를 변경해보자.

```
myBall = sphere(color = color.red, radius = 2) #공의 색과 크기 변경
```

위의 코드를 보면 쉽게 알 수 있듯이, 공의 색상은 빨간색으로, 반지름은 2로 변경하였다. 값을 지정하지 않으면 기본값으로 색상은 하얀색으로 반지름은 1로 설정된다.

이제 박스의 크기를 바꾸어 보자. 박스 객체의 경우 크기를 나타내는 속성인 size를 지정할 수 있는데, 값을 지정하지 않으면 x축 방향, y축 방향, z축 방향(폭, 높이, 깊이)으로 1이 지정된다.

```
myBox.size = vec(0.5, 4, 1) #박스의 크기 변경
```

이제 코드를 실행하면 아래와 같은 결과를 볼 수 있다.

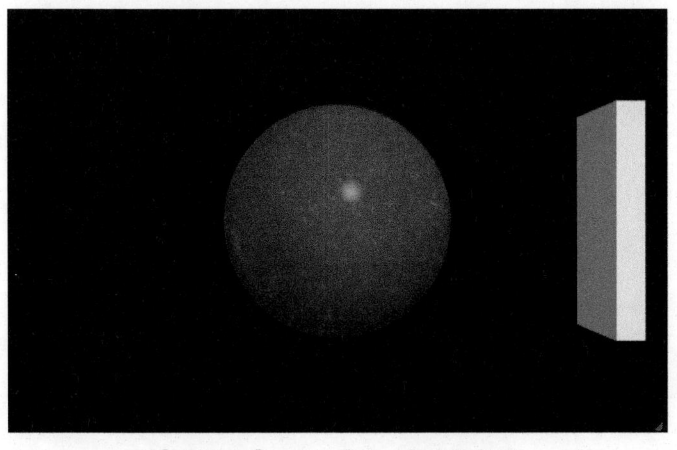

[그림 1-5] sphere(), box() 속성 변경

MEMO

공의 반지름이 2가 되었으므로 공의 부피가 커졌고, 박스는 길쭉한 형태로 변경되었다. 또한, 물체가 생성된 후에도 물체의 속성을 변경할 수 있다. 예를 들어, 공의 색상을 녹색으로 변경하려면, 아래의 코드를 공(myBall)을 생성한 코드 뒤에 추가하면 된다.

```
myBall.color = color.green #공의 색상 변경
```

박스의 x좌표의 위치를 10으로 변경하고 싶으면, 아래의 코드를 작성하면 된다.

```
myBox.pos.x = 10 #박스의 x좌표 위치 변경
```

[그림 1-6] sphere(), box() 속성 변경 2

공의 색상이 녹색으로 변경되었고 박스와 공은 좀 더 멀리 떨어지게 되었다. GlowScript(VPython)에서는 3차원 물체로 구와 박스뿐만 아니라 실린더, 원뿔, 링 등 많은 기본 도형들을 제공하고 있다. GlowScript의 Help 페이지를 참고하여 다양한 도형을 생성하고 속성을 변경해 보도록 하자. 특별하게 화살표 형태의 물체도 만들 수 있는데 벡터(1.3절)와 함께 소개하겠다.

MEMO

예제 1-1-1 3차원 물체 표현

```
# 공 만들기
myBall = sphere()
# 박스 만들기
myBox = box()

myBox = box(pos = vec(5,0,0)) #박스의 위치 변경
myBox.size = vec(0.5, 4, 1) #박스의 크기 변경
myBall.color = color.green #공의 색상 변경
myBox.pos.x = 10 #박스의 x좌표 위치 변경
```

[그림 1-7] 3차원 물체 표현

다음절에서는 이렇게 만들어진 3차원 물체의 움직임을 기술하는 뉴턴의 세 가지 운동 법칙을 소개하고 각 법칙을 설명하는 간단한 코딩을 할 것이다. 이후, 뉴턴 역학의 이해를 위해 필요한 수학적 도구인 벡터를 설명한다. 또한, 물리량과 단위에 대해서도 알아보도록 하겠다.

 MEMO

1.2 뉴턴의 운동 법칙

1687년 아이작 뉴턴은 "자연철학의 수학적 원리(프린키피아)"에 고전역학의 기초를 이루는 세 가지 운동 법칙을 제시하였다. 이 법칙은 물리학에서도 중요한 의미를 지니지만, 물리 코딩에서도 기본적인 뼈대의 역할을 한다. 따라서, 뉴턴이 제시한 운동 법칙이 어떠한 역학적 현상을 설명하는지 살펴보고 이를 코딩해보면서 더욱 깊이 이해해보자.

1.2.1 뉴턴의 제1법칙 : 관성의 법칙

"아무런 힘도 받지 않는 물체는 정지하거나 등속 직선 운동을 한다." 우리의 경험에 비추어 봤을 때, 외력이 작용하지 않는 한 정지하고 있는 물체는 계속 정지하고 있는 것은 당연하다. 하지만, 뉴턴은 외력이 없는 물체가 등속 직선 운동하는 경우도 있다고 주장하는 것이다. 이는 일상적인 경험과는 다른 것으로 우리는 움직이는 물체는 결국 멈추는 것을 안다. 뉴턴의 주장이 맞는다면, 운동하던 물체가 결국 멈춘다는 현상을 설명하는 방법은 그 물체에 외력이 작용한 것으로 파악해야 하며, 이는 저항력이나 마찰력 등의 힘을 도입해서 설명해야 한다.

뉴턴의 제1법칙은 관성의 법칙이라고도 한다. 관성이란 운동의 변화에 대한 저항으로 해석할 수도 있고, "힘이 작용하지 않는다면 물체는 현재의 속도로 계속해서 운동한다"로 표현할 수도 있다.

1.2.2 뉴턴의 제2법칙 : 가속도의 법칙

뉴턴의 제2법칙은 물체에 힘이 가해졌을 때, 어떤 현상이 일어나는지에 대한 것을 알려준다. "어떤 물체에 힘이 작용하면 그와 비례해서 가속도가 발생하다." 이 법칙은 앞으로 배울 동역학에서 매우 중요한 법칙으로 다음과 같은 방정식으로 표현된다.

$$\vec{F} = m\vec{a}$$

MEMO

여기서 $\vec{F}$는 물체에 작용하는 힘, m은 물체의 질량, $\vec{a}$는 가속도를 나타낸다. 여기서, 힘과 가속도는 벡터 형태로 표현됨에 유의하여야 한다. 벡터는 다음 절에서 좀 더 자세히 살펴보자. 만약에 어떤 물체에 여러 힘이 작용하면 그 물체의 가속도는 어떻게 될까? 각각의 힘을 작용시켜서 물체의 운동을 결정해야 할까? 아니면 각각의 힘의 벡터 합을 구해서 물체의 운동에 적용하면 될까? 사실, 두 가지 모두 옳은 방법이지만, 벡터 합을 구하여 적용하는 것이 간단하므로 일반적으로는 물체에 힘을 작용시킬 때는 힘의 벡터 합, 즉 알짜 힘만을 고려한다. 그럼, 알짜 힘이 0이라면 어떻게 되는 것일까? 위 방정식에서 힘이 0이면 가속도도 0이 되므로 물체는 등속 운동을 한다고 결론을 내릴 수 있다. 즉, 뉴턴의 제1법칙의 결과가 된다. 관성의 법칙은 뉴턴의 제2법칙에서 힘이 0인 특별한 경우로 생각하면 된다.

예제 1-2-1 뉴턴의 제 1법칙과 제 2법칙

```
# 물리 성질 초기화 (가능하면 단위를 주석에 기입)
f = 2 #힘 ##N
m = 1 #질량 ##kg
a = f/m #가속력 ##m/s**2 (N/kg)

# 가속력(가속도의 크기) 출력
print("가속력 =", a, "m/s^2")
```

```
가속력 = 2 m/s^2
```

[그림 1-8] 뉴턴의 제 1법칙과 제 2법칙

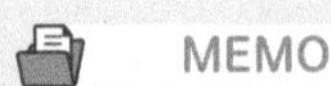

1.2.3 뉴턴의 제3법칙 : 작용 반작용의 법칙

"물체에 힘이 작용함과 동시에 항상 크기가 같고 방향이 반대인 힘이 작용한다." 우리는 달이 지구를 공전하고 있는 것은 지구가 달을 잡아당기는 힘에 의한 것으로 알고 있다. 그러면 이 힘에 대한 반작용은 무엇일까? 힘의 크기가 같고 방향이 반대인 달이 지구를 당기는 힘이다. 지구의 인력이 달에 미치는 영향은 달의 공전으로 명확해 보이는데, 달의 인력은 어떠한 현상으로 알 수 있을까? 대표적으로는 밀물과 썰물이 있는데, 이는 달의 인력에 의해 바닷물이 당겨지는 것으로, 달과 가까워 바닷물이 당겨진 곳의 바닷가는 밀물 현상이 나타난다. 이처럼 모든 힘의 작용에는 반작용이 있고, 힘의 크기가 같기는 하지만 물체의 운동으로 표현하면 하나의 작용이 훨씬 더 커 보이는 경우가 많다. 물체의 운동은 결국 가속도로 표현되는데, 뉴턴의 제2법칙에 의해 같은 힘이 작용했을 때, 질량에 반비례하여 가속도의 크기가 결정되기 때문이다. 즉, 지구의 질량이 달의 질량 80배 이상 크므로, 비록 같은 힘이라 할지라도 지구의 움직임보다 달의 움직임이 더 크게 나타나는 것이다. 더 극단적인 예로 사과가 땅에 떨어지는 현상을 들 수 있다. 이 현상에서 사과에 작용하는 지구의 인력에 반작용은 사과가 지구를 당기는 힘이다. 하지만 지구는 사과에 비해 엄청나게 무거워서 비록 같은 힘이어도 지구의 움직임은 거의 미미하여 무시할 수 있는 수준이다.

많은 사람이 작용 반작용의 법칙을 같은 힘이 반대 방향으로 작용한다는 점에서 알짜 힘(합력)이 0인 현상과 혼동할 수가 있는데, 이는 힘의 작용점에 대해서 잘못 이해한 것에서 비롯된다. 사과가 나뭇가지에 매달려 있는 경우를 예를 들어보자.

MEMO

앞서 기술한 대로 사과에는 지구의 인력이 작용하고 그에 대한 반작용은 사과의 지구에 대한 인력이지, 나뭇가지가 사과를 잡고 있는 장력이 아니다. 즉, 나뭇가지가 사과를 당기는 힘과 지구가 사과를 당기는 힘은 서로 같고 방향은 반대이므로 사과에 대한 가속도는 없고, 등속 운동(여기서는 정지함)을 하지만, 서로 작용 반작용이 아닌 사과라는 하나의 물체에 대한 외력으로 봐야 한다. 작용 반작용 법칙은 힘의 작용점이 동일하지 않은 서로 다른 물체에 미치는 힘의 쌍으로 봐야 한다. 이를 명확히 하기 위하여, 종종 힘을 나타내는 기호에 아래 첨자를 써서 다음과 같이 표현한다.

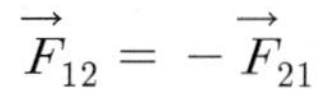

$$\vec{F}_{12} = -\vec{F}_{21}$$

여기서, F_{12}는 물체1에 물체2가 작용하는 힘이고, F_{21}는 물체2에 물체1이 작용하는 힘이다.

예제 1-2-2 뉴턴의 제 3법칙 (지구와 달 사이의 인력과 가속력 계산)

```
scale_factor = 5.0 #크기조정을 위한 변수

# 상수 초기화
r = 384400000 #지구와 달 사이의 거리 ##m
G = 6.67e-11 #만유인력상수 ##N*m**2/kg**2

# 지구, 달 만들기
earth = sphere(pos = vec(0,0,0), radius = scale_factor*6371000,
         texture = textures.earth) #지구 텍스처 적용
moon = sphere(pos = vec(r,0,0), radius = scale_factor*1737000,
         color = color.white)

# 물리성질 초기화
earth.mass = 5.974e24 #지구 질량 ##kg
moon.mass = 7.347e22 #달 질량 ##kg
```

MEMO

```
# 지구와 달 사이의 인력
F = G*earth.mass*moon.mass/r**2  ##N

# 뉴턴 제 3법칙 적용 (작용 반작용)
earth.force = F
moon.force = -F

# 지구와 달 사이의 인력 출력
print("earth.force =", earth.force, "N")
print("moon.force =", moon.force, "N")

# 가속력 계산
earth.acc = F/earth.mass
moon.acc = F/moon.mass

# 지구와 달의 가속력(가속도의 크기) 출력
print("earth.acc =", earth.acc, "m/s^2")
print("moon.acc =", moon.acc, "m/s^2")
```

earth.force = 1.98123e+20 N
moon.force = -1.98123e+20 N
earth.acc = 3.31642e-5 m/s^2
moon.acc = 2.69665e-3 m/s^2

[그림 1-9] 지구와 달 인력 계산

1.3 벡터(Vector)

MEMO

힘, 위치, 변위, 속도, 가속도 등의 물리량을 다룰 때, 수학적 표기로 벡터가 유용하다. 이를 위해 벡터에 대해 알아보자. 크기만 있는 스칼라(scalar)와는 달리 벡터는 크기뿐만 아니라 방향도 있다. 이 책에서는 벡터는 항상 알파벳 기호 위에 화살표를 표기하고 좌표축 성분으로 표기할 시에는 아래 첨자를 쓰기로 한다. 예를 들어, $\vec{v}$는 속력과 방향이 있는 물체의 속도를 나타내며 속도의 각 좌표축 성분을 표기할 시에는 (v_x, v_y, v_z)형태로 나타낸다.

1.3.1 스칼라와 벡터

물리에서 스칼라량은 적당한 단위를 기준으로 하여 크기가 정해지는 양으로 표현할 수 있다. 예를 들어, 거리, 속력, 가속력, 질량, 에너지, 온도 등은 스칼라로 표현될 수 있는 물리량이다. 스칼라는 각 물리량에 따라 단위를 수반하여 음수, 0 혹은 양수로 표현된다. 예를 들어, 온도가 -5^0C 인 질량이 $10kg$인 얼음 등으로 표현할 수 있다. 반면에 벡터는 크기와 더불어 방향도 있는 물리량(힘, 위치, 속도, 가속도, 운동량 등)을 나타내는 것으로 화살표 형태로 가시적으로 표현하는 경우가 많다. 아래 화살표 그림에서 볼 수 있듯이 화살표의 꼬리를 시작점으로 하고 뾰족한 머리를 끝점으로 표현하여 벡터의 방향을 표시할 수 있으며, 화살표의 길이를 벡터의 크기로 표현할 수 있다. 벡터는 스칼라와는 전혀 다른 수학적 표현임에 유의해야 한다. 벡터와 스칼라는 그 둘을 직접 더하거나 빼는 것이 정의되지 않으며, 등호나 부등호를 써서 서로 비교하는 연산도 정의되지 않는다.

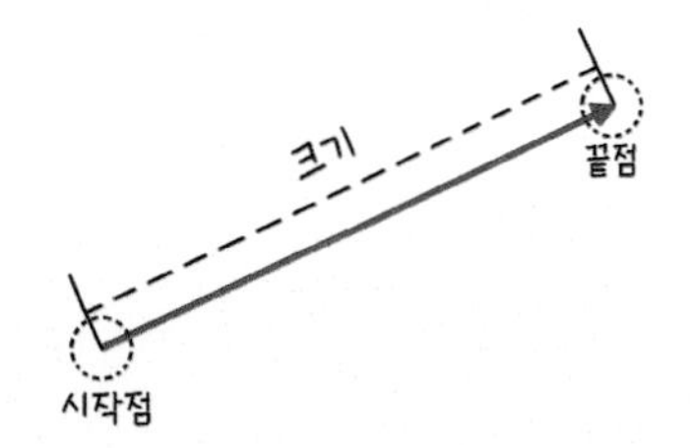

[그림 1-10] 화살표로 표현한 벡터

MEMO

3차원 벡터를 성분으로 표시할 경우, (3, 4, 5)와 같이 3개의 수로 이루어진 형태로 표현하며, 순서대로 x좌표, y좌표, z좌표의 성분을 가리킨다. 이 책에서는 벡터의 성분을 표시하는 방법으로 직교좌표계(Cartesian coordinate system)를 사용할 것이다. 벡터 형태의 물리량도 단위가 있으면 단위와 함께 표현되기도 한다. 이 책에서도 벡터로 표현되는 물리량인 위치, 속도, 가속도, 운동량, 힘, 각운동량, 토크 등은 물리적 단위와 함께 표현하기로 한다.

1.3.2 좌표계

이 책에서는 다음 그림과 같이 구성된 오른손 좌표계를 사용한다. 오른쪽은 +x축 방향, 위쪽은 +y축 방향, 앞쪽은 +z축 방향이다. 다른 책에서는 +z축 방향을 위쪽으로 표현하는 오른손 좌표계를 사용하는 경우가 많은데, 회전을 시키면 결국 같은 좌표계이다. 이 책에서 아래 그림과 같은 좌표계를 선택한 이유는 간혹 2차원 움직임을 해석하거나 재현할 때 편리할 뿐 아니라, 3D 컴퓨터 그래픽스 분야 및 게임 등의 분야에서 훨씬 보편적으로 사용되는 방식이기 때문이다.

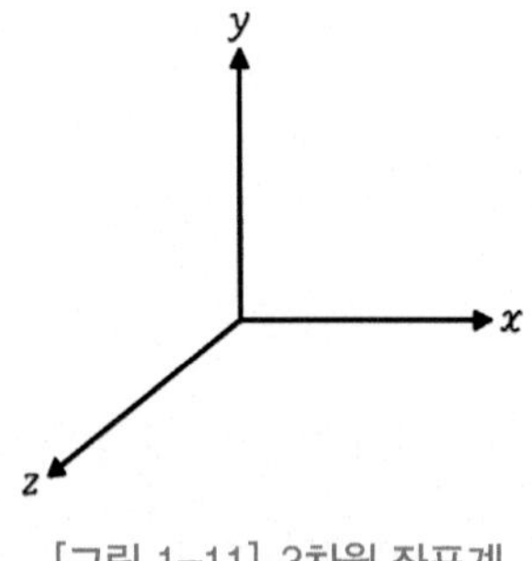

[그림 1-11] 3차원 좌표계

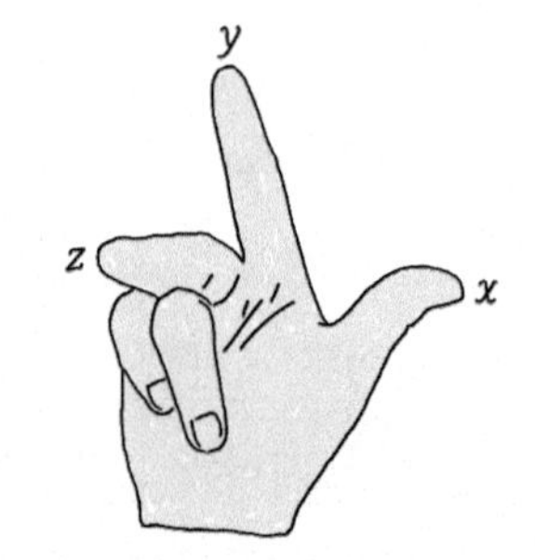

[그림 1-12] 오른손 3차원 좌표계

1.3.3 위치 벡터

위치 벡터는 물체의 공간상 위치를 표현할 때 사용한다. 3차원 위치는 방향과 거리로 표현할 수 있으므로 벡터로 표현할 수 있고 이를 위치 벡터(position vector)라 한다. 아래 그림에서 좌표의 거리 단위가 미터(m)라고 할 때 위치 벡터를 성분으로 표시하면 다음과 같다.

MEMO

$$\vec{r} = (3, 4, 5)\, m$$

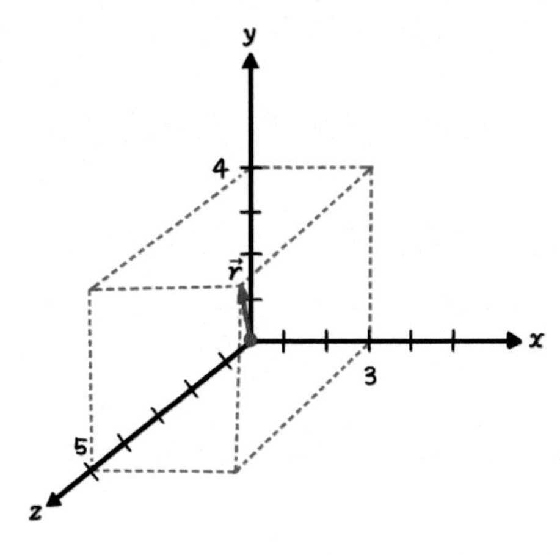

[그림 1-13] 좌표계 및 (3,4,5) 벡터

위치 벡터는 꼬리인 시작점이 항상 원점이지만, 속도나 변위와 같은 일반적인 벡터는 그렇지 않을 수 있음에 유의한다. 위치 벡터 역시 아래와 같이 각 축의 성분으로 구분 지어 표현할 수 있다.

$$\vec{r} = (r_x, r_y, r_z)$$

각 성분이 모두 0인 벡터는 크기가 없을지라도 아래와 같은 영벡터로 표시한다.

$$\vec{0} = (0, 0, 0)$$

어떤 물체의 위치 벡터가 영벡터이면 그 물체가 원점에 있다는 것을 의미한다.

MEMO

1.3.4 벡터 연산

벡터는 다양한 수학적 연산이 정의되어 있다. 덧셈, 뺄셈 등의 연산은 스칼라 연산으로부터 충분히 유추할 수 있지만, 곱셈은 스칼라 연산과는 전혀 다르고, 나눗셈은 정의되어 있지 않다. 아래 표는 이 책에서 주로 다루는 벡터 연산을 정리한 것이다.

〈표 1-1〉 벡터 연산

벡터 연산	수학적 기호	연산 결과의 형태
벡터의 스칼라곱	$3\vec{r}, \vec{v}/2$	벡터
벡터의 크기	$\lvert\vec{r}\rvert$	스칼라
벡터의 방향(단위 벡터)	$\hat{v}$	벡터
벡터의 합	$\vec{a} + \vec{b}$	벡터
벡터의 차	$\vec{a} - \vec{b}$	벡터
벡터의 내적	$\vec{a} \bullet \vec{b}$	스칼라

또한, 벡터/스칼라 연산에서 물리적으로 무의미한 것이나 수학적으로 정의되지 않는 사항은 다음과 같다.

- 벡터는 스칼라와 비교할 수 없고, 더하거나 뺄 수도 없다.
- 벡터는 나눗셈의 분모가 될 수 없다. 다만, 벡터의 크기는 스칼라이므로 분모로 표현할 수 있다.
- 벡터 혹은 스칼라의 물리량을 더하거나 뺄 때, 단위가 다르면 물리적으로 의미가 없다.

특히, 세 번째 사항은 물리적 원리의 이해뿐만 아니라, 물리 현상의 재현에 있어 중요한 내용이다. 예를 들어, 질량이 20kg인 물에 10m/s 속력을 더하여 30을 만든다는 것은 물리적으로 아무 의미가 없으며 단위도 정할 수 없다. 마찬가지로 (0, 5, 0)m/s의 속도의 공에 (20, 10, 1)N의 힘을 빼는 것도 정의될 수 없다. 물리적으로 의미 있는 연산이 되려면 항상 단위가 같은 상태에서 덧셈/뺄셈이 이루어지는지 점검해야 한다. 이렇게 단위를 점검하는 것은 물리 현상의 이해에 도움을 줄 뿐 아니라 코딩을 통한 컴퓨터 재현 실험에서도 실수를 줄여 준다.

MEMO

■ 벡터의 스칼라곱

벡터는 스칼라를 곱하거나 스칼라로 나눌 수 있다. 임의의 벡터 $\vec{r}=(r_x, r_y, r_z)$에 스칼라 c를 곱하거나 나누어 얻은 벡터 $c\vec{r}, \vec{r}/c$은 c를 $\vec{r}$의 각 성분에 곱하거나 나누어서 얻어진다.

$$c\vec{r} = (cr_x, cr_y, cr_z), \ \ \vec{r}/c = (r_x/c, r_y/c, r_z/c)$$

나눌 때, 스칼라 c는 0이 아니어야 한다. 벡터의 스칼라에 의한 곱셈/나눗셈의 의미는 벡터의 방향은 변하지 않으면서, 크기만 늘리거나 줄이는 것을 의미하는 것이다. 단, 스칼라 값이 음수이면 벡터의 방향은 반대가 된다.

■ 벡터의 크기

위치 벡터 $\vec{r} = (r_x, r_y, r_z)$의 원점에서의 거리는 피타고라스의 정리에 따라 $\sqrt{r_x^2 + r_y^2 + r_z^2}$ 이 된다. 이를 벡터 $\vec{r}$의 크기라 정의하며, 절댓값 표현을 이용해 $|\vec{r}|$로 나타내거나, 단순히 r로 표현하기도 한다. 벡터의 시작점이 원점이 아닌 다른 속도 벡터 혹은 변위 벡터도 마찬가지로 표시한다. 예를 들어, 속도 벡터의 크기는 $|\vec{v}| = v = \sqrt{v_x^2 + v_y^2 + v_z^2}$ 이다. 벡터의 크기는 항상 양수인 스칼라이지 벡터가 아님에 유의한다.

■ 단위 벡터

벡터는 크기와 방향으로 이루어지는 물리량을 표현한다고 했는데, 그러면 순수하게 벡터의 방향만을 표현하려면 어떻게 해야 할까? 벡터의 크기는 1로 고정하고 방향을 표현하는 벡터로서 단위 벡터를 정의하면 된다. 이 책에서는 단위 벡터의 기호로서 화살표 대신에 햇(hat)을 사용하여 표현한다. 예를 들어 속도 $\vec{v}$의 방

향만을 나타내는 벡터 $\hat{v}$ 는 크기가 1이고 속도 $\vec{v}$와 같은 방향의 단위 벡터이다. 단위 벡터의 정의를 이용하면, 어떠한 벡터도 크기와 방향으로 분리해서 아래와 같은 식으로 표현할 수 있다.

$$\vec{a} = |\vec{a}|\hat{a}$$

위 식을 이용하여 반대로 단위 벡터를 구하는 것도 가능하다.

$$\hat{a} = \vec{a}/|\vec{a}|$$

1.3.5 벡터와 벡터 표현을 위한 코딩

앞에 제시되었던 코드에서 pos = vec(...) 혹은 vector(...)로 표시하였는데, 이는 물체의 3차원 위치를 위치 벡터 형태로 표현한 것이다. 이처럼 물리량을 표현할 때 널리 사용되는 벡터를 코드로 작성하는 방법과 3차원 객체(화살표)로 나타내는 방법을 알아보자.

먼저 벡터를 만들어 변수 r에 지정하는 방법은 아래와 같다.

```
# 벡터 r 지정
r = vector(3, 4, 5)
```

이렇게 하면 벡터 변수가 생성되지만, 결과 화면에는 아무것도 표시되지 않는다. 이 벡터를 표현하기 위한 화살표를 그리려면 아래의 코드를 추가한다.

```
# 벡터 r 표현
r_arrow = arrow(pos = vec(0,0,0), axis = r, shaftwidth = 0.2)
```

arrow는 3차원 모양의 화살표를 표현하는 객체(class)이고, r_arrow는 생성된 화살표를 할당한 인스턴스 변수이다. 위치 속성(pos)은 화살표의 시작점을 나타내고 axis는 화살표의 방향과 크기를 나타낸다. 즉, 화살표의 시작점은 원점이고 axis 속성에 벡터 r을 지정함으로써 끝점의 위치는 (3, 4, 5)가 된다. arrow 객체의 화살표 두께를 조절하는 속성인 shaftwidth를 0.2로 지정하여 그리도록 하겠다.

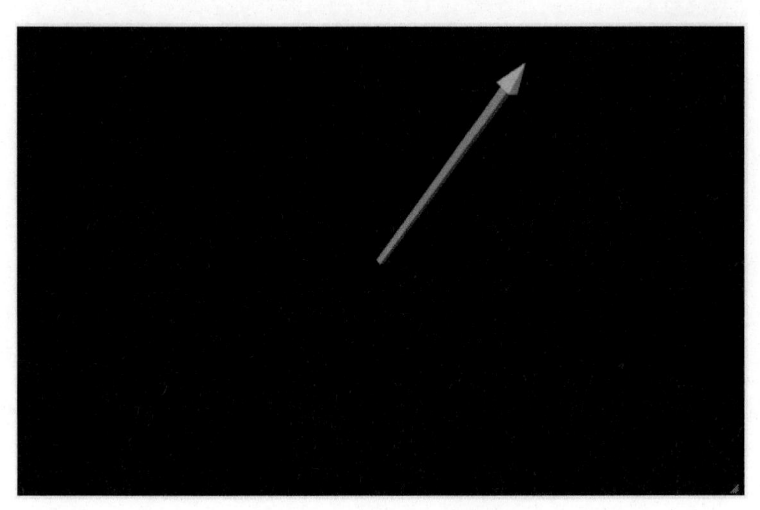

[그림 1-14] arrow() 실행 화면

검은 바탕에 화살표가 잘 그려졌지만, 벡터의 끝점이 (3, 4, 5)에 정확히 그려졌는지 확인하기는 어렵다. 그래서 아래 코드를 추가하여 좌표축을 표현해 보자.

```
# 3차원 좌표축 표현
x_axis = arrow(axis = vec(10,0,0), color = color.red, shaftwidth = 0.1)
y_axis = arrow(axis = vec(0,10,0), color = color.green, shaftwidth = 0.1)
z_axis = arrow(axis = vec(0,0,10), color = color.blue, shaftwidth = 0.1)
```

각 축의 방향은 각각 +x, +y, +z 방향으로 화살표의 길이는 10, 두께는 0.1로 가늘게 지정하고, x축은 빨간색, y축은 녹색, z축은 파란색으로 설정하였다. 축의 시작점인 "pos = "을 지정하지 않았는데, 기본 값인 원점이 되도록 생략하였다.

MEMO

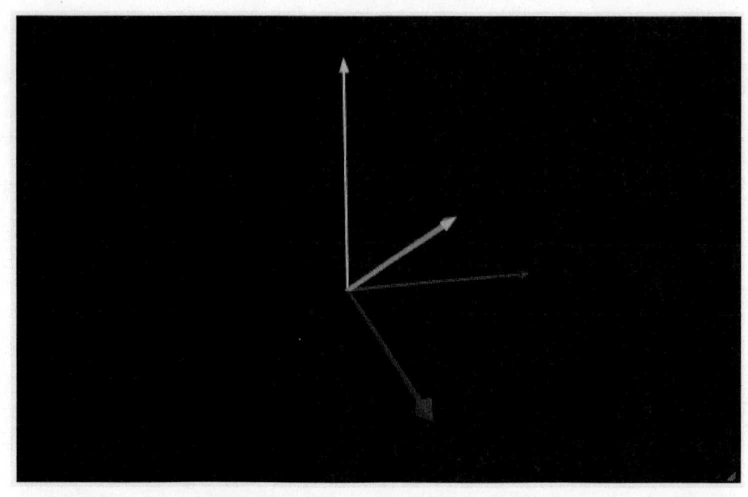

[그림 1-15] 3차원 좌표축 추가

벡터를 나타내는 화살표가 각 축과 함께 표시되어, 마우스로 카메라를 회전시켜도 벡터의 위치를 대략 가늠할 수 있다.

GlowScript(VPython)에서는 여러 가지 벡터의 연산을 위한 함수를 많이 제공하고 있다. 벡터의 크기를 얻고 싶으면 mag() 함수를 사용하거나 벡터의 속성인 mag(magnitude의 약자)로 직접 접근해도 된다. 예를 들어 r_mag라는 스칼라를 나타내는 변수에 r 벡터의 크기를 지정하고 싶으면 아래의 코드를 작성하면 된다.

```
# 벡터 크기 계산
r_mag = mag(r) // r_mag = r.mag
```

벡터의 방향을 나타내는 길이가 1인 단위 벡터(r_hat)도 아래와 같은 4가지 형태의 코드 모두 가능하다. r_hat은 당연히 벡터 변수가 된다.

```
# 단위 벡터 계산
r_hat = hat(r) // r_hat = r.hat // r_hat = norm(r) // r_hat = r.norm()
```

만약 r이 영벡터라면 r_hat도 단순히 영벡터로 설정된다.

MEMO

종종 벡터 크기의 제곱이 바로 필요할 수도 있는데, 이는 mag2 속성으로도 바로 접근할 수 있다. r.mag2의 결과값은 $|\vec{r}|^2$ 이다.

벡터의 값을 확인하기 위해 print문을 사용할 수 있는데, 아래의 코드로 확인해보자.

```
# 벡터 출력
print("r: ", r)
```

이 코드의 출력은 아래처럼 표시되는데, 벡터인 경우는 각 축의 성분을 < >로 감싼 형태로 표현된다. 벡터의 크기와 방향 벡터도 출력하여 확인해보자.

```
r: < 3, 4, 5 >
```

[그림 1-16] 벡터 출력

예제 1-3-1 위치 벡터와 단위 벡터

```
# 3차원 좌표축 표현
x_axis = arrow(pos = vec(0,0,0), axis = vec(10,0,0), color = color.red,
shaftwidth =0.1)
y_axis = arrow(pos = vec(0,0,0), axis = vec(0,10,0), color =
color.green, shaftwidth =0.1)
z_axis = arrow(pos = vec(0,0,0), axis = vec(0,0,10), color =
color.blue, shaftwidth =0.1)

# 공 만들기
ball = sphere(pos = vec(3,4,5), radius = 0.2)

# 스칼라 곱 계산
#ball.pos = ball.pos*2.0
ball.pos = ball.pos/2.0
print("ball.pos = ", ball.pos)
```

MEMO

```
# 벡터 크기 계산
ball.mag = mag(ball.pos)
check_ball_mag = sqrt(ball.pos.x**2 + ball.pos.y**2 + ball.pos.z**2)
print("ball.mag = ", ball.mag)
print("check! mag.: ", check_ball_mag)

# 단위 벡터 계산
ball.dir = ball.pos/ball.mag
#ball.dir = norm(ball.pos)
print("ball.dir = ", ball.dir)
print("check! mag of unit vector: ",mag(ball.dir))

# 원점에서 ball을 가리키는 벡터 표현
pos_vec = arrow(pos = vec(0,0,0), axis = ball.pos, color = color.yellow, shaftwidth = 0.2)
```

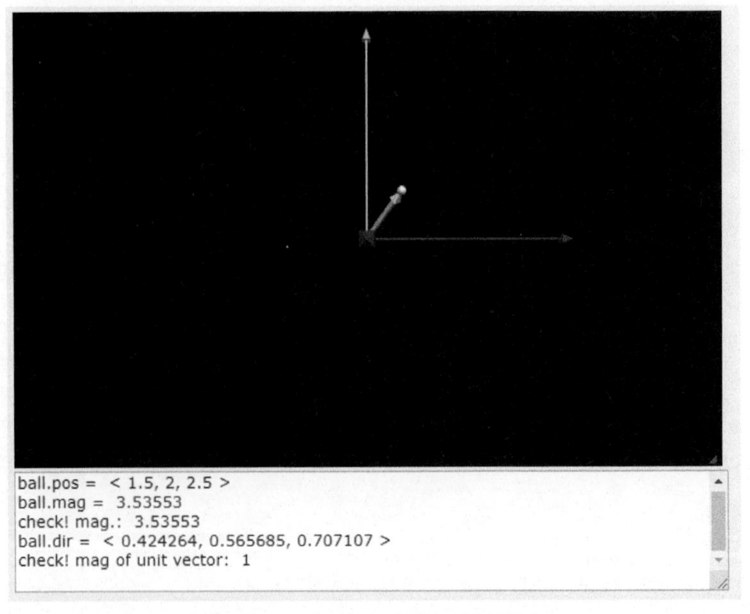

ball.pos = < 1.5, 2, 2.5 >
ball.mag = 3.53553
check! mag.: 3.53553
ball.dir = < 0.424264, 0.565685, 0.707107 >
check! mag of unit vector: 1

[그림 1-17] 위치 벡터와 단위 벡터

한편 우리는 일반적으로 방향을 표현하는 방법으로 각도를 이용하기도 한다. 좌표축과 벡터와의 각도로부터 단위 벡터를 아래와 같이 구할 수 있다(그림 1-18참조).

$$\hat{a} = (\cos\theta_x, \cos\theta_y, \cos\theta_z)$$

MEMO

여기서, 단위 벡터의 길이는 1이므로 $\cos^2\theta_x + \cos^2\theta_y + \cos^2\theta_z = 1$이 만족 된다.

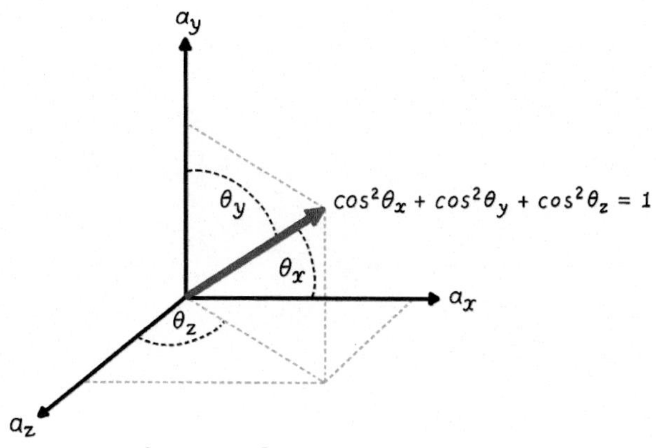

[그림 1-18] 3차원 단위 벡터와 좌표

예를 들어, 단위 벡터가 2차원 x-y 평면 위에 있다면 θ_z가 90^o가 되어 $\cos\theta_z$가 0이 되므로, $\cos^2\theta_x + \cos^2\theta_y = \cos^2\theta_x + \cos^2(90^o - \theta_x) = \cos^2\theta_x + \sin^2\theta_x = 1$이 성립한다. 이는 우리가 잘 알고 있는 삼각 함수 공식 중 하나이다.

예제 1-3-2 단위 벡터와 각도(속력과 발사각으로부터 속도 벡터 구하기)

```
# 물리량 및 상수 초기화
th = 30/180*pi #발사각 ##rad
direction = vec(cos(th), sin(th), 0) #각도를 이용해 벡터 지정
speed = 5 #속력
velocity = speed*direction #속도 벡터

# 벡터 direction, velocity 표현
arrow(axis = vec(direction), shaftwidth = 0.2)
arrow(axis = vec(velocity), shaftwidth = 0.1, color = color.cyan)
```

MEMO

```
# 출력
print(direction, mag(direction))
print(velocity, mag(velocity))
```

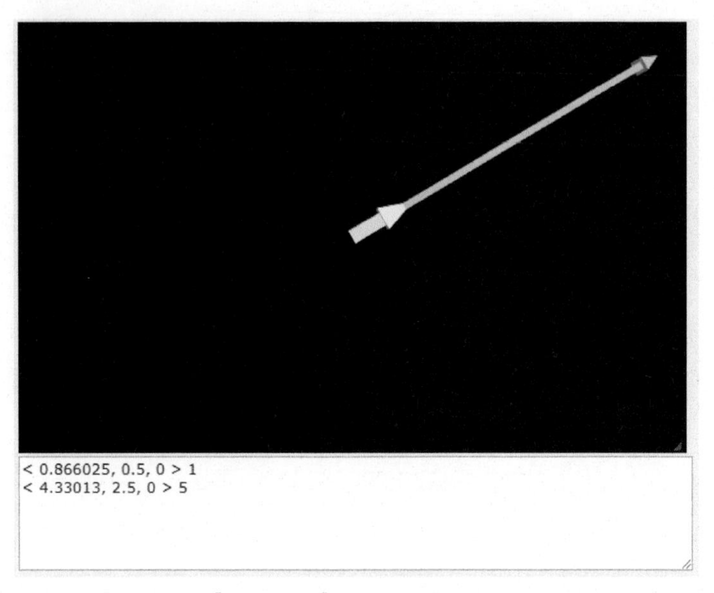
< 0.866025, 0.5, 0 > 1
< 4.33013, 2.5, 0 > 5

[그림 1-19] 단위 벡터와 각도

■ 벡터의 상등

두 벡터 $\vec{a}, \vec{b}$의 크기와 방향이 모두 같아야만 두 벡터가 같다고 하고 기호로는 $\vec{a} = \vec{b}$로 표시한다. 이 정의 때문에 벡터는 임의로 평행 이동하여 시작점과 끝점이 다르더라도 같은 벡터이다. 또한, 두 벡터가 같다면 당연히 성분별 스칼라값도 모두 같아야만 한다.

예제 1-3-3 벡터의 상등

```
# 벡터 a, b 지정
a = vec(1, 2, 3)
b = vec(1.01, 2, 3)
```

MEMO

```
# 벡터 a, b 출력
print(a, b)

# tol = 0.1 #크기 비교를 위한 변수

# 벡터 a, b의 x, y, z 성분 비교 (벡터의 상등 여부)
# 시뮬레이션에서는 두 값의 차이가 설정해 놓은 임의의 작은 숫자보다 더 작다면
같은 것으로 간주하는 경우도 있음
# if abs(a.x - b.x) < tol and abs(a.y - b.y)< tol and abs(a.z - b.z)< tol:
if a.x == b.x and a.y == b.y and a.z == b.z:
    print("equal!")
else:
    print("Not equal!")
```

```
< 1, 2, 3 > < 1.01, 2, 3 >
Not equal!
```

[그림 1-20] 벡터의 상등

혹은, 벡터 a, b가 같은지를 판단하기 위해서 GlowScript(VPython) 3.0 버전 이상에서는 “a.equals(b)”를 사용할 수 있다. 함수의 결과값이 True이면 동일, False이면 다른 것이다.

■ 벡터의 합과 차

두 벡터 $\vec{a} = (a_x, a_y, a_z)$와 $\vec{b} = (b_x, b_y, b_z)$의 합과 차는 대응하는 각 성분의 합과 차로, 아래의 식으로 표현된다.

$$\vec{a} + \vec{b} = (a_x + b_x,\ a_y + b_y,\ a_z + b_z)$$
$$\vec{a} - \vec{b} = (a_x - b_x,\ a_y - b_y,\ a_z - b_z)$$

기하학적으로는 아래 그림처럼 $\vec{b}$의 시작점을 $\vec{a}$ 의 끝점에 놓아 $\vec{a}+\vec{b}$ 표현이 가

능하다. 즉, $\vec{a}+\vec{b}$는 $\vec{a}$의 시작점에서 출발하여 $\vec{b}$의 끝점에 이르는 벡터가 된다.

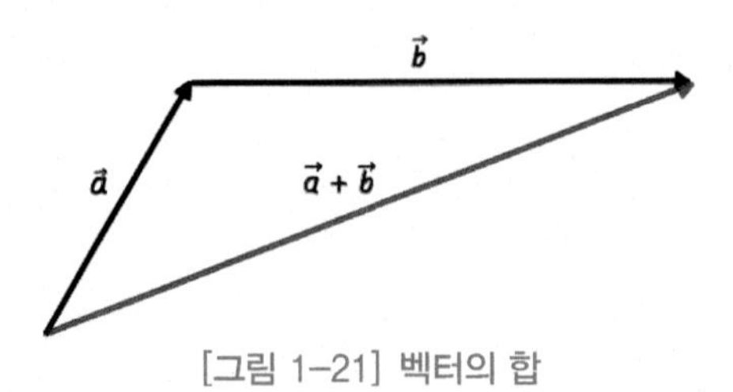

[그림 1-21] 벡터의 합

벡터의 합은 여러 힘을 더하여 알짜 힘(합력)을 구할 때 주로 사용된다. 한편, $\vec{a}-\vec{b}$의 기하학적 표현은 아래 그림처럼 $\vec{b}$의 끝점에서 출발하여 $\vec{a}$의 끝점으로 이르는 벡터이다.

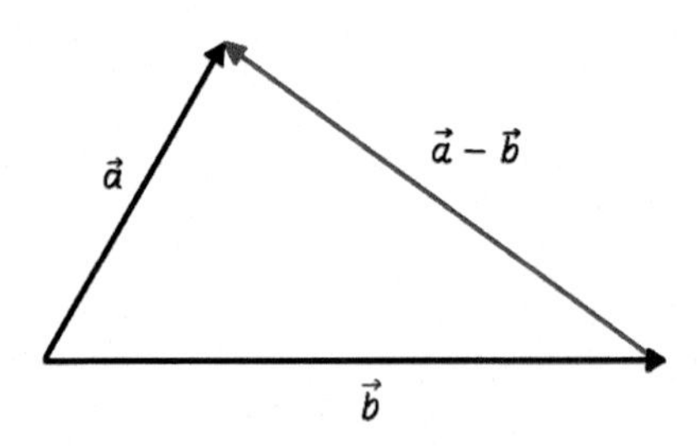

[그림 1-22] 벡터의 차

물리 현상에서는 운동의 변화, 즉, 위치의 차이, 속도의 차이, 시간의 차이 등 벡터나 스칼라 물리량의 차이를 다루어야 하는 경우가 많다. 이러한 차이를 표현하는 기호로 델타(Δ)를 전통적으로 사용해왔는데, 델타는 영어의 D를 그리스어로 나타낸 것으로 차이(Difference)를 의미한다. 예를 들어 나중 속도($\vec{v_f}$)와 초기 속도($\vec{v_i}$)의 차이($\Delta\vec{v}$)는 아래의 식으로 표현할 수 있다.

$$\Delta\vec{v} = \vec{v_f} - \vec{v_i}$$

마찬가지로 스칼라양인 나중 시간(t_f)과 초기 시간(t_i)의 차이, 즉 시간 간격(Δt) 또한, 아래와 같이 나타낼 수 있다.

$$\Delta t = t_f - t_i$$

마찬가지로 상대 위치도 벡터의 차로 표현할 수 있다. 예를 들어, 물체 1의 위치가 $\overrightarrow{r_1}$이고 물체 2의 위치가 $\overrightarrow{r_2}$라 하면 물체 2에서 보는 물체 1의 상대 위치($\overrightarrow{r_{12}}$)는 $\overrightarrow{r_1} - \overrightarrow{r_2}$가 된다.

MEMO

예제 1-3-4 벡터의 합과 차

```
# 벡터 a, b 지정
a = vec(1, 2, 3)
b = vec(-4, 5, 6)

# 벡터 c, d 지정 (벡터 a, b의 합과 차)
c = a + b
d = a - b
print(c, d) # 벡터 c, d 출력

# 벡터 a, b, c 표현 (벡터의 합)
a_vec = arrow(pos = vec(0,0,0), axis = a, shaftwidth = 0.1)
b_vec = arrow(pos = a, axis = b, shaftwidth = 0.1) #시작점a, 축b로 설정
c_vec = arrow(pos = vec(0,0,0), axis = c, shaftwidth = 0.1, color =
color.red)

# 벡터 a, b, d(시작점b, 축d) 표현 (벡터의 차)
a_vec_2 = arrow(pos = vec(0,0,0), axis = a, shaftwidth = 0.1, color =
color.yellow)
b_vec_2 = arrow(pos = vec(0,0,0), axis = b, shaftwidth = 0.1, color =
color.yellow)
d_vec = arrow(pos = b, axis = d, shaftwidth = 0.1, color = color.blue)
```

MEMO

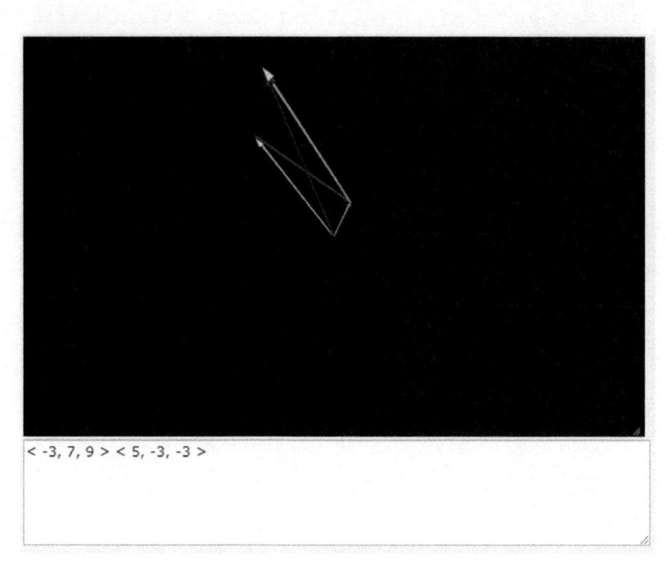

[그림 1-23] 벡터의 합과 차

■ 벡터의 내적

벡터의 곱은 내적과 외적이 있는데, 스칼라 곱과는 상당히 다르게 정의되어 있다. 벡터로 이루어지는 물리 현상의 이해와 재현을 위해서는 벡터의 곱 연산이 필수적인데 먼저, 벡터의 내적부터 알아보자.

두 벡터 $\vec{a}$와 $\vec{b}$의 내적($\vec{a} \cdot \vec{b}$)은 두 벡터의 크기와 두 벡터 사이 각에 대한 코사인 값과의 곱으로 다음과 같이 정의되고 결과는 스칼라값이 된다. 스칼라값의 부호는 아래 그림처럼 사이 각에 따라 결정된다.

$$\vec{a} \cdot \vec{b} = |\vec{a}||\vec{b}|\cos\theta$$

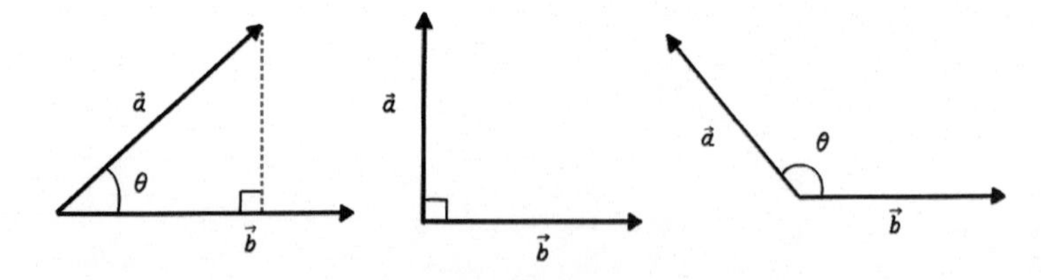

[그림 1-24] 두 벡터 사이 각에 대한 코사인값이 스칼라 양수, 0, 스칼라 음수인 경우

즉, 사이 각이 90도 보다 작아 두 벡터가 비슷한 방향이면 내적 값은 양수, 두 벡터가 직교하면 0, 그리고 사이 각이 90도보다 커서 두 벡터가 반대로 멀어지는 방향이면 음수가 된다. 또한, 내적을 각 벡터의 성분으로 표현하면 $\vec{a} \cdot \vec{b} = a_x b_x + a_y b_y + a_z b_z$ 이 되며, 교환 법칙도 성립해 $\vec{a} \cdot \vec{b} = \vec{b} \cdot \vec{a}$ 이 된다.

MEMO

위 식을 각도에 대해서 다시 쓰면, 두 벡터가 주어졌을 때 사이 각을 구하는 것도 가능하다.

$$\theta = \cos^{-1}\left(\frac{\vec{a} \cdot \vec{b}}{|\vec{a}||\vec{b}|}\right)$$

코드로는 아래와 같이 함수를 호출하면 되고, 결과의 단위는 라디안이다.

```
# 사이각 계산 (내장함수 이용)
diff_angle(a,b) 또는 a.diff_angle(b) ##rad
```

혹은 정리된 계산식을 이용하여 아래 예제처럼 직접 계산할 수도 있다.

예제 1-3-5 벡터의 내적과 사이 각 계산

```
# 벡터 a, b 지정
a = vec(1,2,0)
#a = vec(0,2,0)
#a = vec(-1,1,0)
b = vec(3,0,0)

# 벡터 a, b 표현
a_vec = arrow(axis = a, shaftwidth = 0.1, color = color.red)
b_vec = arrow(axis = b, shaftwidth = 0.1, color = color.green)

# c 지정 (벡터 a, b 의 내적)
c = dot(a,b)
#c = a.dot(b)
```

MEMO

```
# 벡터 a, b의 사이 각 계산 (공식 이용)
cos_rad = c/mag(a)/mag(b)
rad = acos(cos_rad) #코사인의 역함수
deg = rad/pi*180 ##deg

# 벡터 a, b의 사이 각 출력
print("dot product =", c, ", angle =", deg)
```

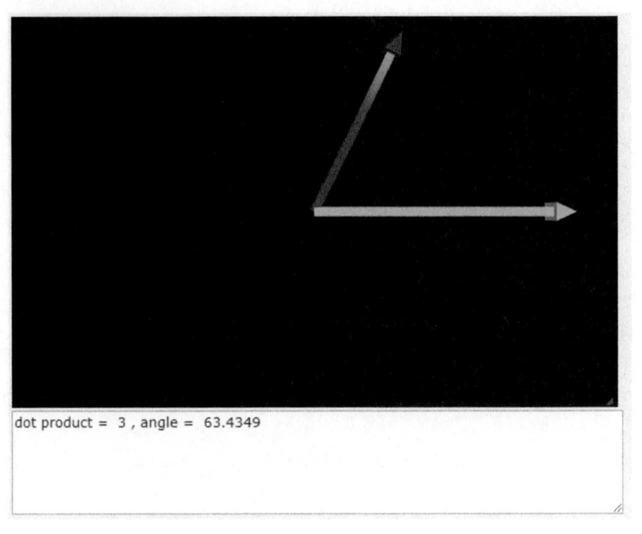
dot product = 3 , angle = 63.4349

[그림 1-25] 벡터의 내적과 사이 각 계산

벡터의 내적은 물리적인 현상을 기술하거나 재현할 때 다양하게 사용된다. 벡터로 이루어진 물리량을 임의의 방향으로 분해할 때도 사용된다. 예를 들어, 임의의 속도 벡터($\vec{v}$)를 임의의 방향($\hat{r}$)과 평행한 벡터($\vec{v}_{\parallel}$)와 그와 수직인 성분 벡터($\vec{v}_{\perp}$)로 분해하려면, 다음의 식을 이용하면 된다(그림 1-26 참고).

$$\vec{v}_{\parallel} = |\vec{v}|\cos\theta\hat{r} = (\vec{v} \bullet \hat{r})\hat{r}$$
$$\vec{v}_{\perp} = \vec{v} - \vec{v}_{\parallel}$$

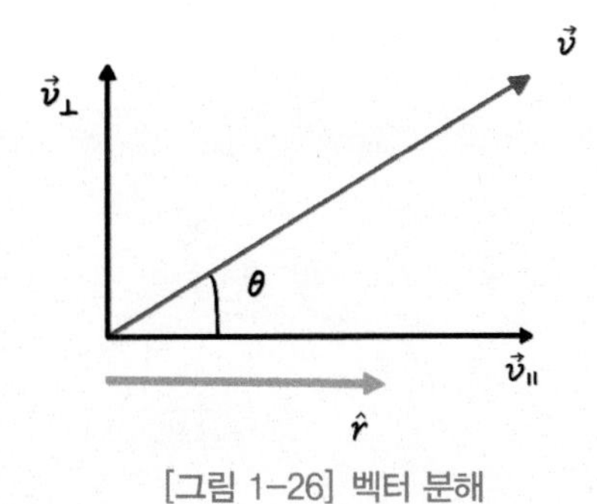

[그림 1-26] 벡터 분해

MEMO

예제 1-3-6 벡터 분해

```
# 벡터 v, r 지정
v = vec(3,4,0)
r = vec(1,0.2,0)

# 단위 벡터 계산
rhat = norm(r)

# 벡터 v 분해
v_para = dot(v, rhat)*rhat
v_perp = v - v_para

# 벡터 v, v_para_vec, v_perp_vec 표현
v_vec = arrow(axis = v, shaftwidth = 0.2)
v_para_vec = arrow(axis = v_para, shaftwidth = 0.1, color = color.blue)
v_perp_vec = arrow(axis = v_perp, shaftwidth = 0.1, color = color.red)

# 출력
print("v = ", v)
print("rhat = ", rhat)
print("v_para = ", v_para)
print("v_perp = ", v_perp)
```

MEMO

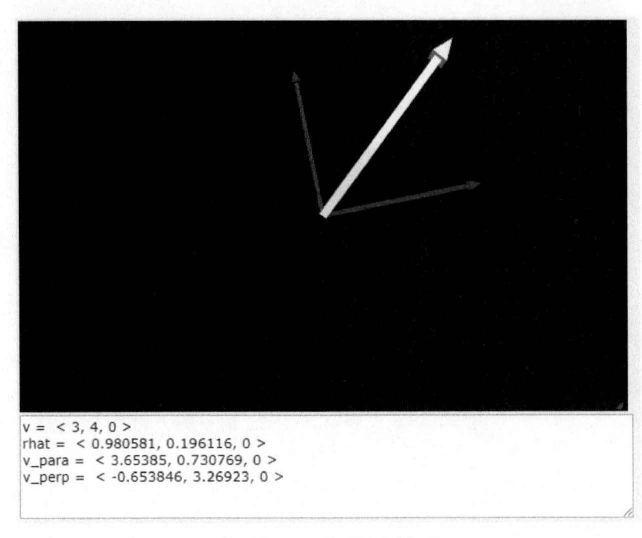
v = < 3, 4, 0 >
rhat = < 0.980581, 0.196116, 0 >
v_para = < 3.65385, 0.730769, 0 >
v_perp = < -0.653846, 3.26923, 0 >

[그림 1-27] 벡터 분해

■ 벡터의 외적

벡터의 외적은 역학에서 회전운동을 다룰 때 많이 활용되는 연산으로 다음과 같이 정의된다. 두 벡터 $\vec{a}$와 $\vec{b}$의 외적($\vec{a}\times\vec{b}$)은 벡터로서 크기는 두 벡터의 크기와 두 벡터 사이 각의 사인값의 곱이고 방향은 오른손 법칙에 따라 주어지며, 두 벡터 $\vec{a}$, $\vec{b}$ 모두와 수직이고, 그 크기는 두 벡터가 이루는 평행사변형의 넓이가 된다.

$$|\vec{a}\times\vec{b}| = |\vec{a}||\vec{b}|\sin\theta$$

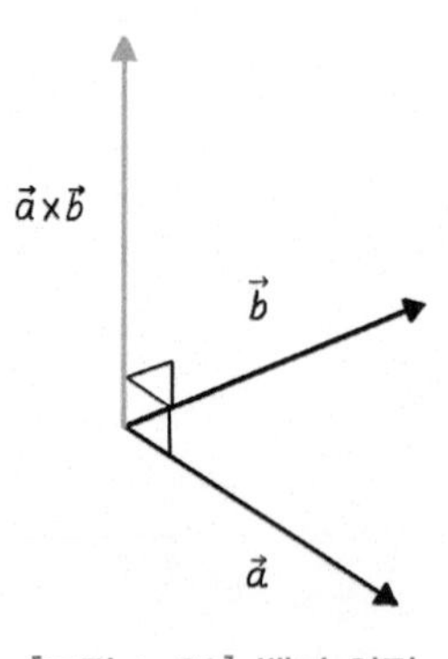
a×b
b
a

[그림 1-28] 벡터 외적

또한, 외적을 각 벡터의 성분으로 표현하면 다음과 같다.

$$\vec{a}\times\vec{b} = (a_y b_z - a_z b_y, a_z b_x - a_x b_z, a_x b_y - a_y b_x)$$

외적에서 주의할 것은 내적과 달리 교환 법칙이 성립하지 않는다는 것이다. 즉, 순서를 바꾸어서 외적을 하게 되면 $\vec{a}\times\vec{b} = -\vec{b}\times\vec{a}$ 이 되어, 크기는 같지만, 방향이 반대인 벡터가 얻어지게 된다. 코드를 통해서도 확인해보자.

MEMO

예제 1-3-7 벡터의 외적

```
# 벡터 a, b 지정
a = vec(2,3,4)
b = vec(1,-1,1)

# 벡터 c, d 지정
c = cross(a,b) #벡터 a, b의 외적
#c = a.cross(b)
d = cross(b,a) #벡터 b, a의 외적

# 벡터 a, b, c, d 표현
a_vec = arrow(axis = a, shaftwidth = 0.2)
b_vec = arrow(axis = b, shaftwidth = 0.2)
c_vec = arrow(axis = c, shaftwidth = 0.2, color = color.cyan)
d_vec = arrow(axis = d, shaftwidth = 0.2, color = color.magenta)

# 출력
print(a, " x ", b, " = ", c)
print(b, " x ", a, " = ", d)
```

MEMO

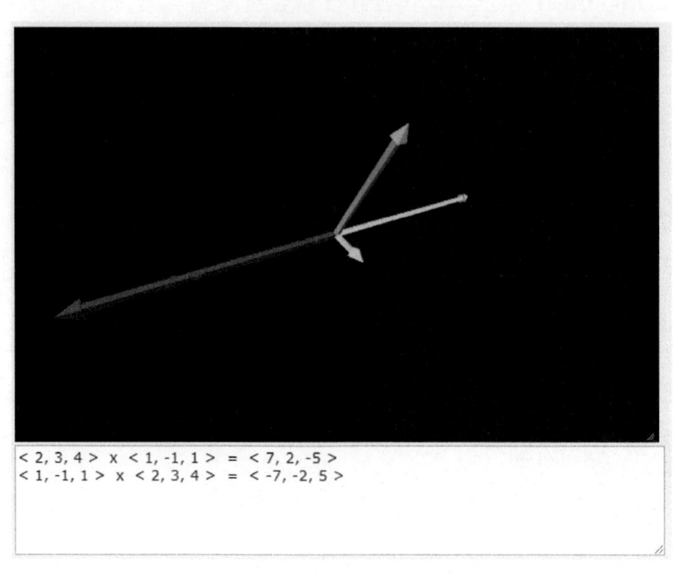

< 2, 3, 4 > x < 1, -1, 1 > = < 7, 2, -5 >
< 1, -1, 1 > x < 2, 3, 4 > = < -7, -2, 5 >

[그림 1-29] 벡터의 외적

1.4 물리량과 단위

물리량을 다룰 때, 단위는 상당히 중요하다. 이 책의 코딩 예제에서는 SI 단위를 사용할 것이다. 즉, 길이는 미터, 질량은 킬로그램, 시간은 초 등의 SI 기본단위와 힘($kg \cdot m/s^2, N$) 등의 기본단위를 결합한 유도 단위를 활용할 것이다. 아래 표에 이 책에서 다루는 주요 SI 기본단위와 유도 단위를 정리하였다.

〈표 1-2〉 SI 기본단위

기본량	명칭	기호
길이	미터	m
질량	킬로그램	kg
시간	초	s

〈표 1-3〉 SI 유도단위

기본량	명칭	기호
넓이	제곱미터	m^2
부피	세제곱미터	m^3
속력, 속도	미터매초	m/s
가속도	미터매초제곱	m/s^2
밀도	킬로그램 매세제곱미터	kg/m^3
평면각	라디안	rad
진동수(주파수)	헤르츠	Hz
힘	뉴턴	N
에너지	줄	J
압력	파스칼	Pa

〈표 1-4〉 SI 이외의 단위

명칭	기호	SI 단위로 나타낸 값
분	min	1min = 60s
시간	h	1h = 60min = 3600s
일	d	1d = 24h = 86400s
도	°	1°= (π/180)rad
분	'	1' = (1/60)° = (π/10800)rad
초	"	1" = (1/60)' = (π/648000)rad

단, 실제 물리량의 단위가 컴퓨터 시뮬레이션에서의 단위로 바로 사용되지 않는 경우도 종종 있다. 실제로 컴퓨터 그래픽스를 활용한 특수효과에서 활용되는 컴퓨터 시뮬레이션에서는 물리량을 나타내기 위해 정확한 단위를 사용하지 않는 경우가 많다. 그 이유는 특수효과를 위한 물리 현상의 재현은 정확한 모사를 위한 것이 아니라 현실의 물리 현상을 그럴듯하게 재현하는 것이 목적이기 때문이다. 이 책에서는 가능한 실제 물리량의 단위에 기반하여 물리 실험을 코딩할 것이다.

MEMO

MEMO

예제 1-4-1 단위 변환

```
# 우사인 볼트의 속력 설정
bolt_speed_mph = 27.8 ##mi/hour

# 단위 변환
bolt_speed_kph = 27.8 * 1.60934 ##km/h (mi → km)
print("bolt's top speed =", bolt_speed_kph,"km/h")
bolt_speed_mps = bolt_speed_kph * 1000/60/60 ##m/s (km→m, h→s)
print("bolt's top speed =", bolt_speed_mps,"m/s")
```

```
bolt's top speed = 44.7397 km/h
bolt's top speed = 12.4277 m/s
```

[그림 1-30] 우사인 볼트 속력의 단위 변환

E·x·e·r·c·i·s·e

MEMO

1. 지구와 사과 사이의 인력 및 가속력을 코딩해 구해보자.
   옆 친구와의 인력 및 가속력을 코딩해 구해보자.
   지구, 해, 달 사이의 인력 및 가속력을 코딩해 구해보자.

2. 벡터의 기하학적인 합과 차의 표현과 각 대응 성분의 합과 차로 연산 된 결과는 정확히 같다. 이를 좌표계를 도입하여 증명해보자.

3. 벡터의 성분으로 표현된 내적($\vec{a} \cdot \vec{b} = a_x b_x + a_y b_y + a_z b_z$)이 내적의 정의($\vec{a} \cdot \vec{b} = |\vec{a}||\vec{b}| \cos\theta$)로부터 유도됨을 보여라.

4. 벡터 $\vec{a} = (1,2,3)$와 벡터 $\vec{b} = (0,2,4)$를 내적하는 코드를 작성하고 결과를 출력하시오.

5. 위치벡터 $\vec{r} = (2, -2,2)\,m$ 를 크기($|\vec{r}|$)와 방향($\hat{r}$)으로 분해하는 코드를 작성하고 결과를 출력하시오.

6. 벡터 $\vec{a} = (1, 2,3)$와 벡터 $\vec{b} = (7, -2,x)$가 서로 수직이라 할 때, x의 값을 구하고, 코딩으로 확인하시오.

7. 속도 벡터 $\vec{v} = (3,4,0)$ 를 방향 $\hat{r} = (1,0,0)$과 평행한 벡터 $\vec{v}_{\parallel}$과 그와 수직인 성분 $\vec{v}_{\perp}$로 분해하는 코드를 작성하고, 답을 쓰시오.

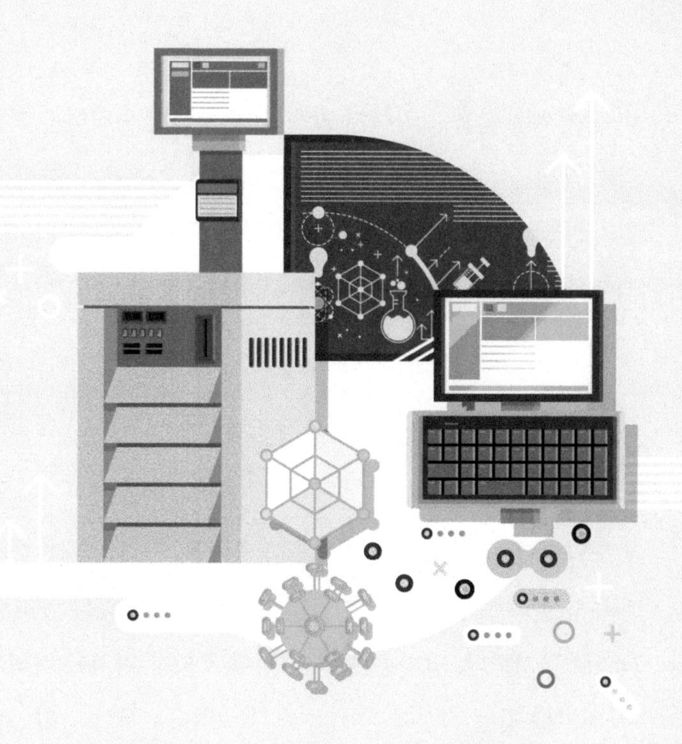

CHAPTER 2

물체의 운동

MEMO

이 장에서는 힘을 고려하지 않을 때의 물체의 움직임을 기술하는 데 필요한 여러 가지 개념을 서술한다. 먼저 위치, 속도 및 가속도의 물리적 개념을 소개한다. 또한, 각 물리량에 따른 물체의 움직임을 프로그래밍하여 시각적으로 재현하는 방법에 관해서 설명한다.

2.1 변위, 속도, 가속도

속도와 가속도는 모두 벡터인 물리량이며, 이들의 개념을 정리하기 전에 변위에 대해서 살펴보자. 변위는 위치의 변화량을 의미하는 물리량이며, SI 단위로 미터(m)로 표기한다. 방향은 시작 위치에서 도착 위치를 가리키는 방향이고, 크기는 두 위치를 잇는 직선거리이다. 변위는 벡터로서 스칼라인 이동거리와 다름에 유의하여야 한다. 변위는 도착 위치의 위치 벡터($\vec{r}_f$)에서 처음 위치의 위치 벡터($\vec{r}_i$)를 뺀 값으로, 그 경로에 상관없이 일정하다. 하지만, 이동거리는 말 그대로 이동한 거리이므로, 이동한 경로에 따라 다른 값이 나올 수 있다. 일반적으로 이동거리가 변위의 크기보다 크거나 같다(아래 그림 참조). 그림에서 보듯이 이동거리는 실선으로 표현된 이동경로의 길이(스칼라)이고 변위는 화살표 점선으로 표현된 벡터이다.

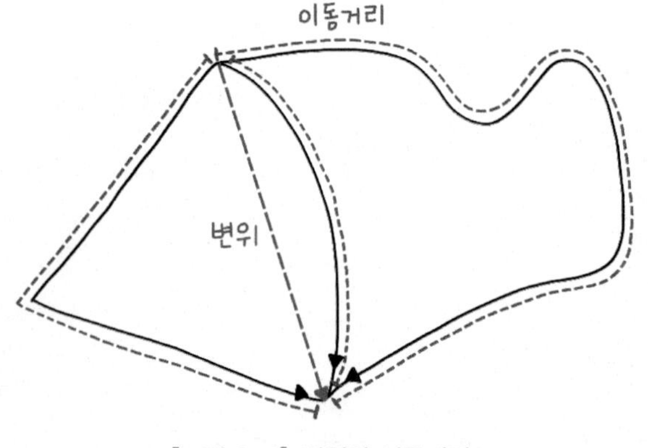

[그림 2-1] 변위와 이동거리

어떠한 물체의 위치변화 즉, 변위가 일정 시간 간격($t_f - t_i$) 동안 일어난다면, 우리는 그 물체의 평균 속도를 아래의 식으로 정의할 수 있다.

$$\vec{v}_{avg} = \frac{\vec{r}_f - \vec{r}_i}{t_f - t_i} = \frac{\Delta \vec{r}}{\Delta t}$$

평균 속도의 방향은 변위의 방향과 같다. 여기서, 평균 속력($|\vec{v}_{avg}|$)은 평균 속도의 크기로 정의된다. 위 식에서 시간 간격을 매우 작다고 하면(즉, Δt를 0으로 접근시킨다면), 어느 한순간의 속도($\vec{v}$)로 말할 수 있다. 즉, 순간 속도는 변위($\vec{r}$)의 미분이다.

$$\vec{v} = \lim_{\Delta t \to 0} \frac{\Delta \vec{r}}{\Delta t} = \frac{d\vec{r}}{dt}$$

위 식에서 속도의 SI 단위를 살펴보면 변위(m) 나누기 시간(s)이므로 m/s이다. 대수적으로 보면 속도 벡터의 미분은 변위를 성분별로 미분하여 구한 것과 같다.

$$\vec{v} = \frac{d\vec{r}(x,y,z)}{dt} = (dx/dt, dy/dt, dz/dt) = (v_x, v_y, v_z)$$

순간 속도의 의미를 기하학적으로 살펴보자. 어떠한 물체의 운동 경로가 아래 그림과 같을 때, 시간 간격을 점차 줄일수록 순간 속도에 가까워지며, 운동 경로의 접선에 수렴함을 알 수 있다.

MEMO

MEMO

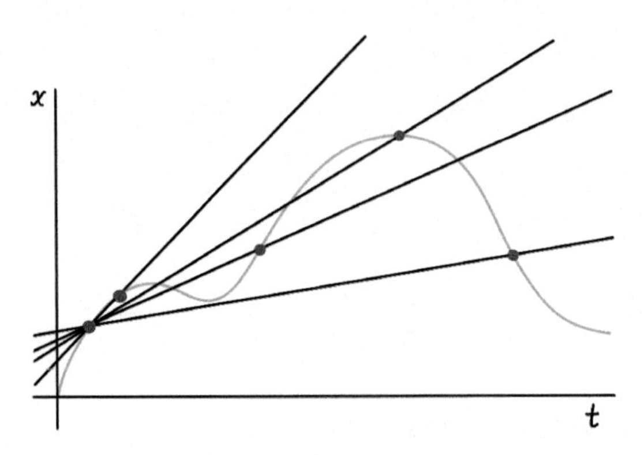

[그림 2-2] 시간 간격에 따른 속도의 변화

예제 2-1-1 변위와 평균 속도

```
rf = vec(3, 3.5, 0) #나중 위치
ri = vec(2, 4, 0) #처음 위치
dr = rf - ri #변위
#rf = ri + dr

tf = 15.1 #나중 시간
ti = 15.0 #처음 시간
dt = tf - ti #시간 간격

vavg = dr/dt #평균 속력

# 출력
print(rf, "-", ri, "=", dr) ##m
print("v_avg = ", vavg, "speed = ", mag(vavg)) ##m/s
print("v_hat = ", norm(vavg))
print(mag(vavg)*norm(vavg)) #vavg벡터(크기와 방향의 곱)

# 2차원 좌표축 표현
x_axis = arrow(axis = vector(7,0,0),shaftwidth = 0.1)
y_axis = arrow(axis = vector(0,7,0),shaftwidth = 0.1)

# 위치 표현 (sphere 함수 이용)
sphere(radius = 0.1, pos = ri) #시작 위치
sphere(radius = 0.1, pos = rf) #나중 위치
```

MEMO

```
sf = 1.0/3.0 #크기 조정을 위한 변수

# 벡터 rf, ri, dr, vavg 표현
ri_vec = arrow(axis = ri, shaftwidth = 0.2, color = color.yellow)
rf_vec = arrow(axis = rf, shaftwidth = 0.2, color = color.yellow)
dr_vec  =  arrow(pos  =  ri,  axis  =  dr,  shaftwidth  =  0.2,  color  =
color.blue)
vavg_vec = arrow(pos = ri, axis = sf*vavg, shaftwidth = 0.1, color =
color.green)
```

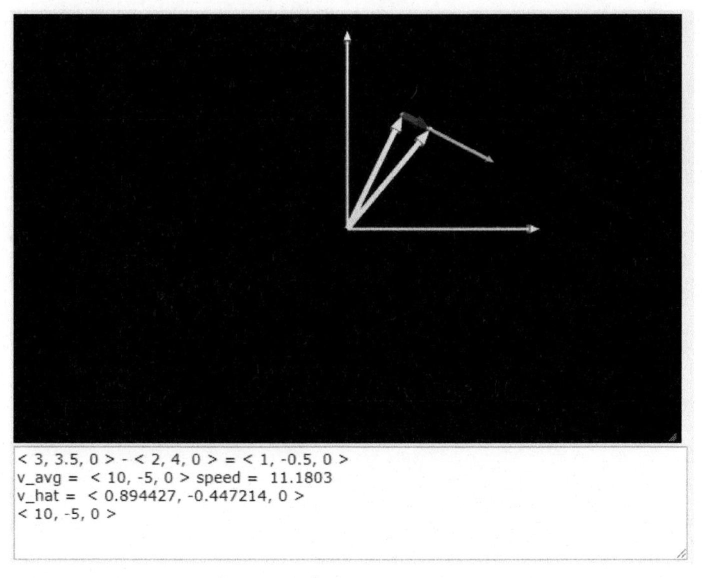

[그림 2-3] 변위와 평균 속도

가속도는 시간에 대한 속도의 변화율로 정의되며, 벡터인 물리량이다.[1] 속도의 정의와 비슷한 방법으로 평균 가속도($\vec{a}_{avg}$)와 순간 가속도($\vec{a}$)도 또한 아래와 같이 정의 할 수 있다.

---

1 뉴턴 이전에 아리스토텔레스는 가속도까지는 생각하지 못하였고, 속도까지만 고려하여 물리 현상을 설명하려 한 것으로 보인다. 따라서 "움직이는 물체는 정지하려 한다." 혹은 "물체의 무게에 따라 낙하 속도가 다르다."와 같은 명제는 속도가 힘에 비례한다는 결과로 나온 것으로 옳지 않은 것이다.

MEMO

$$\vec{a}_{avg} = \frac{\vec{v}_f - \vec{v}_i}{t_f - t_i} = \frac{\Delta\vec{v}}{\Delta t} \ , \ \vec{a} = \frac{d\vec{v}}{dt}$$

가속도의 단위는 m/s^2이다. 속도와 가속도의 관계를 보다 직관적으로 이해하기 위해 아래와 같이 속도를 속력과 방향으로 분해하고, 시간으로 미분하여 가속도를 표현해 보자. 미분의 곱 규칙에 따라 아래 식을 전개해 보면 가속도는 속력의 변화와 방향 변화의 합으로 표시할 수 있다.

$$\vec{v} = |\vec{v}|\hat{v}$$
$$\vec{a} = \frac{d\vec{v}}{dt} = \frac{d|\vec{v}|}{dt}\hat{v} + |\vec{v}|\frac{d\hat{v}}{dt}$$

위 식의 우변의 첫 번째 항은 속도의 방향과 평행하게 작용하는 가속도 성분으로 속력을 변화시키는 성분이다. 두 번째 항은 속력의 변화 없이 속도의 방향만을 변화시키는 성분이다. 속력의 변화가 없도록 하려면 가속도의 성분 중에 속도의 방향과 평행한 성분을 제거하고 속도와 수직인 방향으로 작용하는 가속도 성분만 있어야 한다.

2.2 입자 운동

이제 속도와 가속도로부터 물체의 움직임을 컴퓨터로 재현해 보자. 물체는 원자, 분자 등으로 표현되는 매우 작은 입자로 구성되어 있고 이들의 상호작용으로 전체적인 움직임을 기술할 수 있다. 하지만, 수많은 입자를 고려하여 운동을 계산하고 예측하는 것은 너무 복잡하여 컴퓨터로 정확히 계산하는 것은 거의 불가능하다. 그래서 물체의 종류 및 상태 그리고 분석하거나 재현하고자 하는 목적에 따라 물리적으로 이상적인 모형을 가정하고 컴퓨터로 재현하여야 한다. 이 장에서는 물체를 부피가 없는 3차원 점으로 가정한 입자로 표현하였을 때의 운동 상태를

MEMO

기술한다. 이 입자 모형을 통해, 물체 운동의 물리적인 해석과 재현을 단순화시킬 수 있다. 이 입자 모형은 입자 물리학(particle physics)에서 다루는 전자나 광양자 등의 매우 작은 입자만을 뜻하는 것은 아니다. 이러한 작은 입자와 구별해서 표준적인 물리학 모형에서는 이를 질점(point mass)으로 표현하는데, 이 책에서 입자는 질점과 같은 개념으로 사용할 것이다. 다만, 3차원 물체로 그리면 점으로 나타내기보다는 일정한 부피를 갖는 물체로 표현할 것이다.

2.2.1 등속 운동

평균 속도와 변위의 관계식(2.1의 첫 번째 식)에서 $\vec{r}_f$를 좌변에 두고 이미 알고 있는 모든 값(처음 위치, 속도, 시간 간격)을 우변으로 넘겨서 나중 위치를 구하면 다음과 같다.

$$\vec{r}_f = \vec{r}_i + \vec{v}_{avg} \Delta t$$

이 식은 물체 운동의 재현에서 매우 중요한 식으로, 그 의미를 생각해보자. 먼저, 위 연산의 단위를 검사하면 SI 단위로 미터(m)이다. 또한, 벡터 연산이므로 성분별로 표시하면 다음과 같다.

$$\begin{gathered}\vec{r}_f(x_f, y_f, z_f) = \vec{r}_i(x_i, y_i, z_i) + \vec{v}_{avg}(v_x, v_y, v_z) \Delta t \\ x_f = x_i + v_x \Delta t \\ y_f = y_i + v_y \Delta t \\ z_f = z_i + v_z \Delta t\end{gathered}$$

이 식은 일정 시간 간격 전의 위치를 알 때, 그 시간 간격 후의 위치를 얻는 방법을 제시한 것으로 이를 반복적으로 적용하여 물체의 위치를 구해 나갈 수 있다. 한편, 속도의 변위에 대한 미분 정의로부터 적분을 통해 정해진 시간(t)에서의 위치를 얻을 수도 있다.

MEMO

$$\vec{r}(t) = \int \vec{v}(t)dt,\ \vec{v}(t) = \vec{v}_{avg}$$
$$\vec{r}(t) = \vec{r}(0) + \vec{v}_{avg}t$$

등속 운동의 경우는 속도가 변하지 않으므로 일정 시간 간격 후의 위치를 업데이트하는 것과 적분을 통해 구해지는 시간(t)에서의 위치는 같은 값임을 알 수 있다.

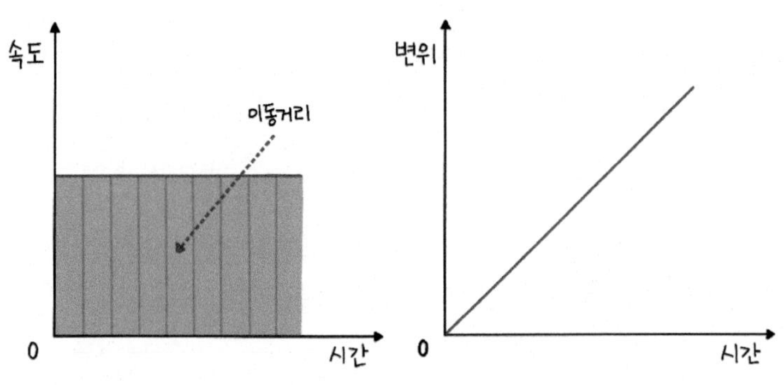

[그림 2-4] 등속 운동의 속도-시간 그래프, 변위-시간 그래프

위치를 반복해서 업데이트하는 방법을 생각해보면 구분구적법 방식으로 정적분을 하는 것임을 알 수 있다. 이렇게 컴퓨터의 연속적인 연산을 통해 적분하는 방식을 수치적분이라 하는데, 속도가 시간에 관한 함수로 정해지지 않아 부정적분을 할 수 없는 경우에도 적분할 수 있어 위치를 예측할 수 있는 장점이 있다. 하지만, 속도가 시간에 따라 변화가 심하면 시간 간격을 충분히 작게 해야지만 예측 위치의 정확도를 올릴 수 있다.

■ 등속 직선 운동의 코딩

(2.2.1)의 첫 번째 식으로부터 $\vec{r}_1$에서 $\vec{r}_2$를 구하고, 다시 $\vec{r}_2$에서 $\vec{r}_3$을 구하고, $\vec{r}_3$에서 $\vec{r}_4$을 구하는 식으로 반복해서 매시간 간격마다 위치를 구할 수 있다.

$$\vec{r_2} = \vec{r_1} + \vec{v}_{avg}\Delta t$$
$$\vec{r_3} = \vec{r_2} + \vec{v}_{avg}\Delta t$$
$$\vec{r_4} = \vec{r_3} + \vec{v}_{avg}\Delta t$$
$$\cdots$$

컴퓨터는 이처럼 반복되는 연산을 군말 없이 수행하므로 이를 이용해서 등속 직선 운동을 하는 물체의 애니메이션을 코딩해보자.

먼저 3차원 물체로 반지름이 0.2m인 공을 하나 만들자.

```
# 공 만들기
ball = sphere(radius = 0.2) ##m
```

물리 시뮬레이션에서는 물리량의 단위가 중요한데, 이 책의 모든 코드는 MKS 단위를 사용한다. 즉, 길이는 미터(m), 질량은 킬로그램(kg), 시간은 초(s)를 기본 단위로 사용한다. 공의 위치를 x축으로 -2m 이동한다고 하면, 다음 코드를 추가하면 된다.

```
ball.pos = vec(-2,0,0) #공의 초기 위치 ##m
```

이제 등속 직선 운동을 하도록 공의 속도를 x축 방향으로 초속 0.8m로 설정한다.

```
ball.v = vec(0.8,0,0) #공의 속도 ##m/s
```

공이 처음 출발하는 시간은 0초로 설정하고, 시간 간격은 1초로 한다.

```
# 시간 설정
t = 0 ##s
dt = 1 ##s
```

MEMO

MEMO

공이 움직일 때 공의 속도를 시각화하여 표현하기 위해서, 아래의 코드를 추가하여 공에 화살표를 부착한다.

```
# 화살표 부착
attach_arrow(ball, "v", shaftwidth = 0.1, color = color.green)
```

임의의 3차원 물체에 화살표를 부착하기 위해서는 attach_arrow() 함수를 사용하고 괄호 안에 인자를 받는다. 첫 번째 인자는 3차원 물체, 우리의 예에서는 ball이다. 두 번째 인자는 그 물체의 속성으로, 따옴표 안에 속성 이름만 넣어서 인자로 넘긴다. 우리의 예는 ball의 속도를 나타내려 하므로 "v"로 표현한다. 이 책에서는 변수의 혼동이 없도록 가능한 물리 방정식과 일치하도록 코드 변수를 사용할 것이다. 즉, 공의 속도를 나타내는 변수에 velocity의 약자인 v를 변수 이름으로 사용하였다. 화살표의 굵기는 0.1로 지정(shaftwidth=0.1)하였고, 색상은 녹색(color=color.green)으로 지정하였다. 이 책에서는 속도를 표현할 때 특별한 이유가 없는 한 녹색 화살표로 표현할 것이다. 이제 실행시키면, 속도를 표현하는 녹색 화살표가 달린 공이 화면에 그려진다.

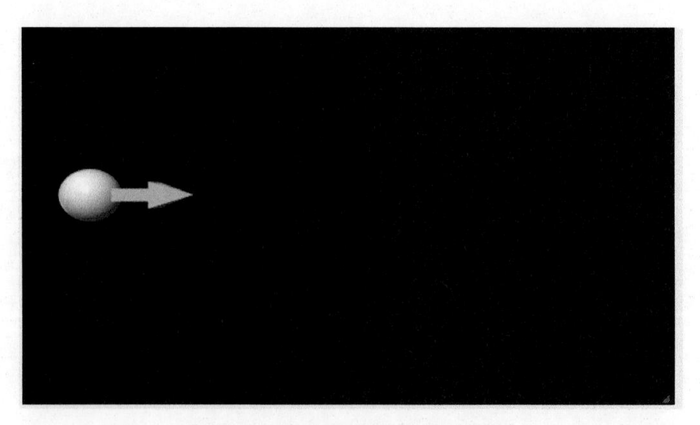

[그림 2-5] 속도 화살표가 달린 공

이제 1초 후에 이 공의 위치를 구하여 다시 화면에 그려보자. 먼저, VPython (GlowScript)에서는 화면을 나타내는 객체 변수가 scene으로 정의되어 있다.

scene에는 상호작용할 수 있도록 이를 위한 함수가 마련되어 있다. 대표적으로 마우스 클릭이 있을 때까지 기다리게 하려면 "scene.waitfor('click')" 을 호출하면 된다. 이 예제에서는 마우스를 클릭할 때마다 공이 1초씩 움직이도록 할 예정이므로 공의 위치가 업데이트되기 전에 매번 이 함수를 호출하기로 하자. 그럼 공의 다음 위치를 업데이트하는 코드를 작성해보자. 앞의 식에서 나타냈듯이 공의 다음 위치는 (이전 위치) + (속도) × (시간 간격)이다. 벡터 합의 연산으로 아래 코드로 표현할 수 있다.

```
# 위치 업데이트
ball.pos = ball.pos + ball.v * dt
```

공의 위치는 3차원 물체의 위치를 나타내는 속성으로 pos가 이미 있으므로 이 코드가 바로 식($\vec{r}_2 = \vec{r}_1 + \vec{v}_{avg}\Delta t$)을 그대로 표현한 것이다. 코드에서 달라진 부분은 $\vec{r}_1$ 위치에서 $\vec{r}_2$ 위치로 간다는 것을 ball.pos에 저장된 값을 새로 계산된 값으로 업데이트하고 새로운 변수를 설정하지 않은 것이다. 이렇게 한 이유는 공의 위치를 그다음 시간 간격의 위치로 바로 업데이트하기 위함이다. 더불어 시간도 그다음 시간으로 업데이트하는 코드를 작성해서 추가한다.

```
# 시간 업데이트
t = t + dt
```

여기까지 코드를 작성하면 1초 후의 공의 위치를 표현할 수 있다. 다음 마우스 클릭이 있을 때 2초 후의 공의 위치를 표현하려면 앞의 코드들을 반복하여 추가하면 된다.

```
scene.waitfor('clock') #마우스 클릭 대기
ball.pos = ball.pos + ball.v *dt #위치 업데이트
t = t + dt #시간 업데이트
```

MEMO

MEMO

3초 후, 4초 후의 위치도 마찬가지로 업데이트해 나갈 수 있다. 이것을 무한히 반복해서 계속해서 쓰면 1초마다 공의 위치를 표현할 수 있게 되는 셈이다. 일단 4초 후의 위치를 구하는 코드를 작성하고 실행해보자.

예제 2-2-1 등속 직선 운동 #1

```
# 공 만들기
ball = sphere(radius = 0.2) ##m

# 물리 성질 초기화
ball.pos = vec(-2,0,0) #공의 초기 위치 ##m
ball.v = vec(0.8,0,0) #공의 속도 ##m/s

# 시간 설정
t = 0 ##s
dt = 1 ##s

# 화살표 부착
attach_arrow(ball, "v", shaftwidth = 0.1, color = color.green)

# 위치 업데이트1
scene.waitfor('click')
ball.pos = ball.pos + ball.v*dt #r1 → r2
t = t + dt

# 위치 업데이트2
scene.waitfor('click')
ball.pos = ball.pos + ball.v*dt #r2 → r3
t = t + dt

# 위치 업데이트3
scene.waitfor('click')
ball.pos = ball.pos + ball.v*dt #r3 → r4
t = t + dt
```

```
# 위치 업데이트4
scene.waitfor('click')
ball.pos = ball.pos + ball.v*dt #r4 → r5
t = t + dt
```

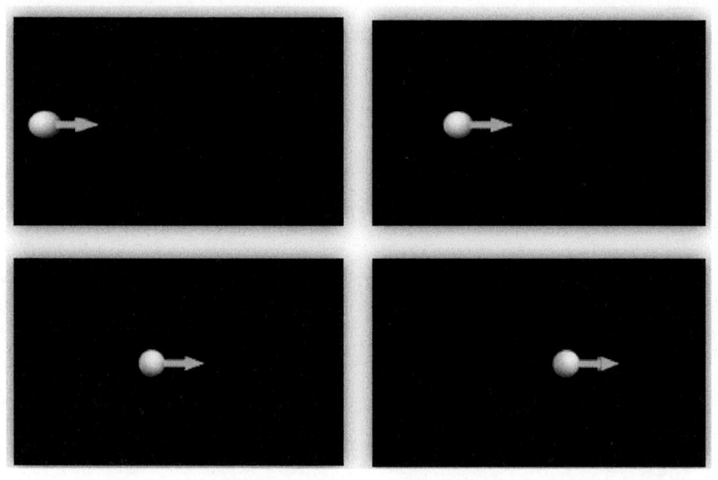

[그림 2-6] 등속 직선 운동 1

마우스를 클릭할 때마다 1초 후에 초속 0.8m로 오른쪽으로 전진하는 것을 확인할 수 있을 것이다. 그런데 100초 후의 위치를 지금처럼 구한다면 어떻게 될까? 이 코드에 위치를 업데이트하는 동일한 코드를 96번 반복해서 추가해야 한다. 이 방식은 매우 비효율적이고, 업데이트 코드에 실수가 있다면 이를 찾아내기도 수정하기도 어려울 것이다.

이렇게 비효율적인 코드 작성을 피하고자 파이썬과 같은 프로그래밍 언어는 반복문이라는 것을 마련해 두고 있다. 주절주절 썼던 앞의 코드를 while 문이라는 반복문을 이용하여 아래와 같이 깨끗하게 정리할 수 있다.

MEMO

예제 2-2-2 등속 직선 운동 #2

```
# 공 만들기
ball = sphere(radius = 0.2) ##m

# 물리 성질 초기화
ball.pos = vec(-2,0,0) #공의 초기 위치 ##m
ball.v = vec(0.8,0,0) #공의 속도 ##m/s

# 시간 설정
t = 0 ##s
dt = 1 ##s

# 화살표 부착
attach_arrow(ball, "v", shaftwidth = 0.1, color = color.green)

# 시뮬레이션 루프 (sleep 함수 이용)
while t < 4:
    sleep(1)
    # 위치 업데이트
    ball.pos = ball.pos + ball.v*dt
    # 시간 업데이트
    t = t + dt
```

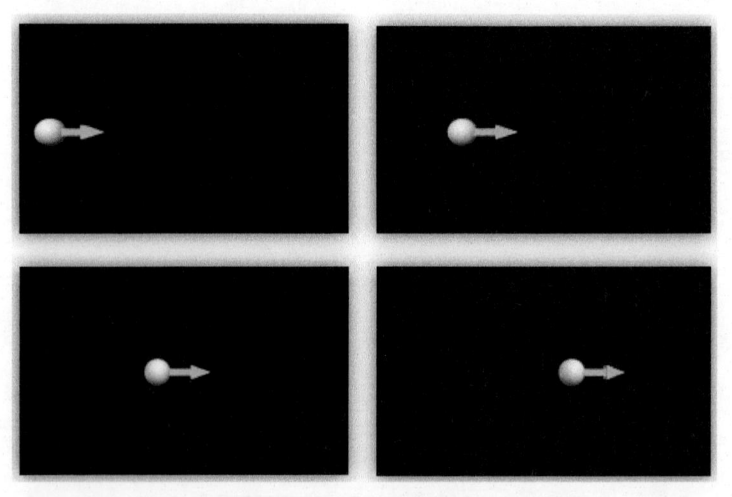

[그림 2-7] 등속 직선 운동 2

"while t < 4 :" 는 시간 t가 4초 미만인 동안에만 아래의 들여 쓴 코드 부분을 반복해서 실행하라는 의미이다. 즉, 0초부터 3초까지 공의 위치를 업데이트하게 된다. 바로 아래 코드 "sleep(1)"은 마우스를 클릭할 때 공이 움직이는 것이 아니라 1초 후에 저절로 다음 시간으로 공의 위치를 움직이도록 한 것이다. VPython (GlowScript)은 sleep이라는 함수를 제공하고 있는데, 이 함수는 인자로 시간(초)을 받으며 그 시간 동안은 아무 일도 하지 않고 쉬라는 의미이다. 이 코드에서는 1초를 인자로 입력했으므로 1초 동안 쉬었다가 다음 줄을 실행하게 된다. 이 코드를 실행해보면 마우스 클릭 없이 1초 후에 공의 위치가 업데이트되는 것을 알 수 있다. 하지만, 이 예제는 1초 후의 공의 위치를 계산하여 그려지는 것으로 공이 매끄럽게 등속 운동을 하는 것처럼 보이지는 않는다.

공이 끊김 없이 등속 직선 운동을 하는 애니메이션을 만들려면 코드의 어느 부분을 수정하면 될까? 공을 1초마다 그리지 않고 1/30초 이하로 상당히 짧은 시간 간격마다 그린다면 어떻게 될까? 잔상효과에 따르면 사람의 눈은 초당 30번 이상 연속해서 이미지를 보면 각 이미지를 분절된 것이 아니라 연속된 것으로 인지한다. 그래서 시간 간격인 dt를 충분히 작게 하여 공의 위치를 업데이트하면 마치 물체가 움직이는 것처럼 보이게 될 것이다. sleep 안의 인자도 1초가 아닌 dt로 설정해야 한다. 한편, VPython(GlowScript)은 sleep 대신에 rate라는 함수를 쓰는 것을 권장하는데, rate는 while 루프를 돌 때 초당 몇 번 이 구문을 실행하게 할 것인지로 초가 아닌 주파수(Hz)를 받는다. 예를 들어 rate(100)이라면 100분의 1초마다 이 라인을 실행하도록 하는 셈이므로 while 루프를 100분의 1초마다 한 번씩 실행시키는 셈이 된다. 그렇다면 실시간으로 물체가 움직이는 시뮬레이션을 하려면 어떻게 하면 될까? rate의 인자로 1/dt를 설정하면 될 것이다. 이후의 모든 코드에서는 sleep 함수보다는 rate 함수를 사용할 것이다. 이제 dt를 0.01, rate(1/dt)로 설정하여 충분히 짧은 시간 간격으로 공의 움직임을 시뮬레이션해보자. 공이 끊김 없이 등속 직선 운동을 하는 것을 확인 할 수 있다.

MEMO

MEMO

예제 2-2-3 등속 직선 운동 #3

```
# 공 만들기
ball = sphere(radius = 0.2) ##m

# 물리 성질 초기화
ball.pos = vec(-2,0,0) #공의 초기 위치 ##m
ball.v = vec(0.8,0,0) #공의 속도 ##m/s

# 시간 설정
t = 0 ##s
dt = 0.01 ##s

# 화살표 부착
attach_arrow(ball, "v", shaftwidth = 0.1, color = color.green)

# 시뮬레이션 루프 (rate 함수 이용)
while t < 4:
    rate(1/dt)
    # 위치 업데이트
    ball.pos = ball.pos + ball.v*dt
    # 시간 업데이트
    t = t + dt
```

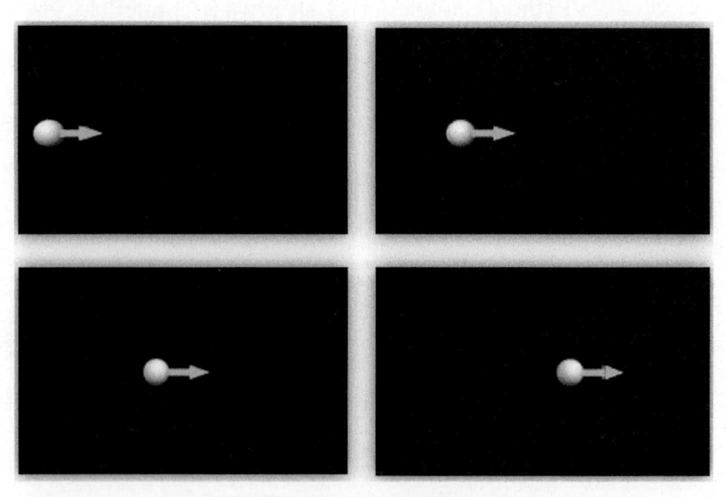

[그림 2-8] 등속 직선 운동 3

공의 초기 속도의 방향을 변경한다면 다른 방향으로 등속 운동을 하는 공의 시뮬레이션을 만들어 볼 수 있을 것이다. 예를 들어, 공의 초기 속도를 x축 방향으로 $0.9m$, y축 방향으로 $0.2m$로 설정(ball.v = vec(0.9, 0.2, 0))하면 약간 위로 올라가는 등속 직선 운동이 된다.

MEMO

예제 2-2-4 등속 직선 운동 #4

```
# 공 만들기
ball = sphere(radius = 0.2) ##m

# 물리 성질 초기화
ball.pos = vec(-2,0,0) #공의 초기 위치 ##m
ball.v = vec(0.9,0.2,0) #공의 속도 ##m/s

# 시간 설정
t = 0 ##s
dt = 0.01 ##s

# 화살표 부착
attach_arrow(ball, "v", shaftwidth = 0.1, color = color.green)

# 시뮬레이션 루프
while t < 4:
    rate(1/dt)
    # 위치 업데이트
    ball.pos = ball.pos + ball.v*dt
    # 시간 업데이트
    t = t + dt
```

MEMO

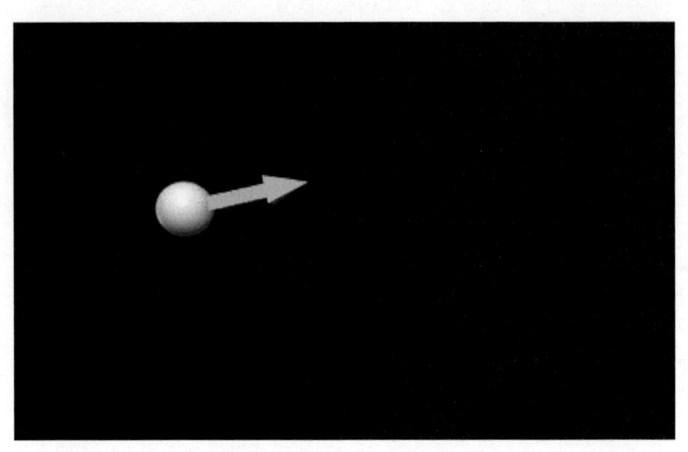

[그림 2-9] 등속 직선 운동 4

지구 위의 모든 물체에는 항상 힘이 작용하므로 우리가 실제 등속 직선 운동을 경험하기는 쉽지 않다. 하지만 무중력 실험의 경우, 물체가 던져지면 힘이 작용하지 않아, 등속 직선 운동을 하게 된다.

다양한 방향으로 작용하는 물체의 등속 운동을 코딩하면서, 시뮬레이션 루프에 익숙해지도록 하자.

예제 2-2-5 등속 직선 운동 수치적 방법과 해석적 방법 비교

```
# 벡터 pos_i, v_i 지정
pos_i = vec(-5, 0, 0)
v_i = vec(1.0, 0, 0)

# cart, acart 만들기 (자취 그리기 포함)
cart = box(pos = pos_i,size = vec(0.3,0.3,0.3), color = color.yellow,
make_trail = True, trail_type = "points", trail_radius = 0.02, interval = 2)
acart = box(pos = pos_i + vec(0,1,0), size = vec(0.3,0.3,0.3), color =
color.white, make_trail = True, trail_type = "points", trail_radius =
0.02, interval = 2)
```

```
# 화면 설정
scene.autoscale = True

# 시간 설정
t = 0 ##s
dt = 0.1 ##s

# 시뮬레이션 루프
while t < 10:
    rate(100)
    # 수치적인 방법으로 위치 업데이트
    cart.pos = cart.pos + v_i*dt
    t = t + dt
    # 해석적인 방법으로 위치 업데이트
    acart.pos = pos_i+vec(0,1,0) + v_i * t
```

[그림 2-10] 등속 직선 운동 비교

MEMO

2.2.2 등가속 운동

이번에는 등가속 운동을 재현해 보자. 등가속 운동은 가속도가 일정한 운동으로 등속 운동에서와 마찬가지로 평균 가속도와 속도의 관계, 속도와 변위의 관계를 순차적으로 적용해보면, 아래와 같이 나타낼 수 있다.

$$\vec{v}_f = \vec{v}_i + \vec{a}_{avg}\Delta t$$
$$\vec{r}_f = \vec{r}_i + \vec{v}_{avg}\Delta t$$

 MEMO

여기서 $\vec{a}_{avg}$는 상수이다. 하지만 속도는 시간에 따라 변하므로 $\vec{v}_{avg}$ 의 값을 무엇으로 해야 할지 정해야 한다. 등가속 운동의 경우 속도가 일정하게 증가하므로 시간 간격 동안의 평균이 가장 적합할 것이다.

$$\vec{v}_{avg} = \frac{1}{2}\left(\vec{v}_i + \vec{v}_f\right)$$

등속 운동과 마찬가지로 일정 시간 간격이 지난 후의 속도와 위치를 반복적으로 구한다. 한편, 위치→속도→가속도의 관계가 순차적으로 미분 관계이므로 반대로 가속도를 적분하여 속도를 구하고, 한 번 더 적분하여 위치를 해석적으로 구하는 것도 가능하다.

$$\vec{v}(t) = \int \vec{a}(t)dt,\ \vec{a}(t) = \vec{a}_{avg}$$
$$\vec{v}(t) = \vec{v}(0) + \vec{a}_{avg}t$$
$$\vec{r}(t) = \int \vec{v}(t)dt = \int (\vec{v}(0) + \vec{a}_{avg}t)dt$$
$$\vec{r}(t) = \vec{r}(0) + \vec{v}(0)t + \frac{1}{2}\vec{a}_{avg}t^2$$

위의 수치적분으로 구한 위치와 해석적인 해로 바로 구한 위치는 같다. 왜 그런지 생각해보자.

■ 가변가속도 운동

가속도도 상수가 아니고 시간에 대한 함수로 주어지지도 않는 경우, 위치와 속도의 해석적인 해를 구할 수 없을 수도 있다. 이럴 경우는 속도와 위치를 반복적으로 구해야 하는데, 가속도와 속도가 아무리 짧은 시간 간격(Δt) 동안일지라도 일정하지 않으므로 $\vec{a}_{avg}$와 $\vec{v}_{avg}$를 정확하게 정할 수 없다. 이럴 경우, 아래 식처럼 평균 가속도와 평균 속도를 처음 시점으로 간주하고 반복적으로 속도와 위치를 갱신하는 방법이 있다.

$$\vec{v}_f = \vec{v}_i + \vec{a}_i \Delta t$$
$$\vec{r}_f = \vec{r}_i + \vec{v}_i \Delta t$$

이 방법을 오일러 방법이라 하는데, 가속도의 변화가 심하고 시간 간격이 클 때 속도와 위치의 정확성이 떨어지는 것으로 알려져 있다. 따라서 이 책에서는 오일러 방법을 약간 변형한 오일러-크로머 방법을 통해 수치적분을 수행할 것이다.

$$\vec{v}_f = \vec{v}_i + \vec{a}_i \Delta t$$
$$\vec{r}_f = \vec{r}_i + \vec{v}_f \Delta t$$

위 식을 보면 처음 시점의 속도가 아닌 갱신된 속도로 위치를 갱신하는 것 이외에 오일러 방법과 차이점은 없으나 가속도의 변화가 심한 경우에도 더 정확한 결과를 얻을 수 있는 것으로 알려져 있다. 이외에 다양한 수치적분 방법은 4장에서 다루도록 하겠다.

MEMO

- 가속 운동의 코딩

앞서 등속 운동의 코딩에서 다음 위치를 속도로부터 구한 것처럼 속도도 가속도로부터 업데이트해 나갈 수 있다. 그런데 위치의 업데이트에서는 시간 간격 dt에서 속도가 일정하지 않으므로, 어떤 속도를 사용하는지에 따라 그 결과가 다를 수 있다. 초기 속도 $\vec{v}_i$를 사용할 수도 있고, 나중 속도 $\vec{v}_f$를 사용할 수도 있고, 아니면 이 둘의 산술 평균, $\vec{v}_{avg} = \frac{1}{2}(\vec{v}_i + \vec{v}_f)$를 사용할 수도 있을 것이다. 또는 시간 간격 중에 특별한 시점의 값들을 잘 골라 평균을 계산해 사용할 수도 있다. 위치의 업데이트를 위해 속도를 선택하는 방법이 상당히 많이 있는데, 등가속도 운동의 경우는 처음 속도와 나중 속도의 산술 평균이 정확도 면에서 가장 적절하다. 하지만 가속도가 변하면 정확하지 않을 수 있다. 가속도가 변한다는 의미는 힘이 시간 간격 안에서도 변한다는 것이고 이런 경우까지 시뮬레이션 할 수 있는 단순하고 효과적인 방법인 나중 속도 $\vec{v}_f$로 위치를 업데이트하는 것이다. 이 방법은

 MEMO

시간 간격이 너무 크지만 않으면 힘이 시간에 따라 변할 때도 오차가 커지지 않고 무엇보다도 물리 현상에 있어서 에너지를 잘 보존하는 것으로 알려져 있다.

이제 이를 기반으로 등속 직선 운동의 코드(예제 2-2-1)를 변경해서 물체가 가속도 운동을 하는 것으로 바꿔보자. 먼저 원래 코드에서 위치를 계산하기 전에 속도를 업데이트하는 코드를 추가한다. 즉, 오일러-크로머 방법에 따라 공의 속도를 먼저 업데이트하고, 업데이트된 속도를 가지고 위치를 업데이트한다. 참고로 이 코드의 순서를 바꾸면 위치를 먼저 업데이트하고 그 후에 속도를 업데이트 하므로 오일러 방법이 된다.

```
# 속도, 위치 업데이트
ball.v = ball.v + ball.a * dt
ball.pos = ball.pos + ball.v * dt
```

여기서 공의 가속도는 ball.a라는 속성으로 정의했다. a는 가속도(acceleration)의 약자이다. 등가속도 운동을 나타내기 위해 시뮬레이션 동안 변하지 않는 가속도로 아래와 같이 설정하였다.

```
ball.a = vec(0.35, 0, 0) #공의 가속도 ##m/s**2
```

속도 벡터를 녹색 화살표로 표현했던 것처럼 가속도는 빨간색 화살표로 나타내었다.

```
attach_arrow(ball, "a", shaftwidth = 0.05, color = color.red) #화살표 부착
```

이 코드에서 attach_arrow 함수의 두 번째 인자로 "a"를 입력받고, 화살표의 굵기는 속도 화살표보다 좀 더 얇게 0.05로 설정하였다. 지금까지 코드를 모으면 아래와 같다.

예제 2-2-6 등가속도 운동 #1

MEMO

```
# 공 만들기
ball = sphere(radius = 0.2)

# 물리 성질 초기화
ball.pos = vec(-2,0,0) #공의 초기 위치 ##m
ball.v = vec(0,0,0) #공의 초기 속도 ##m/s
ball.a = vec(0.35,0,0) #공의 가속도 ##m/s**2

# 시간 설정
t = 0 ##s
dt = 1 ##s

# 화살표 부착
attach_arrow(ball, "v", shaftwidth = 0.1, color = color.green)
attach_arrow(ball, "a", shaftwidth = 0.05, color = color.red)

# 속도, 위치 업데이트1
scene.waitfor('click')
ball.v = ball.v + ball.a*dt
ball.pos = ball.pos + ball.v*dt #r1 → r2
t = t + dt

# 속도, 위치 업데이트2
scene.waitfor('click')
ball.v = ball.v + ball.a*dt
ball.pos = ball.pos + ball.v*dt #r2 → r3
t = t + dt

# 속도, 위치 업데이트3
scene.waitfor('click')
ball.v = ball.v + ball.a*dt
ball.pos = ball.pos + ball.v*dt #r3 → r4
t = t + dt
```

MEMO

```
# 속도, 위치 업데이트4
scene.waitfor('click')
ball.v = ball.v + ball.a*dt
ball.pos = ball.pos + ball.v*dt #r4 → r5
t = t + dt
```

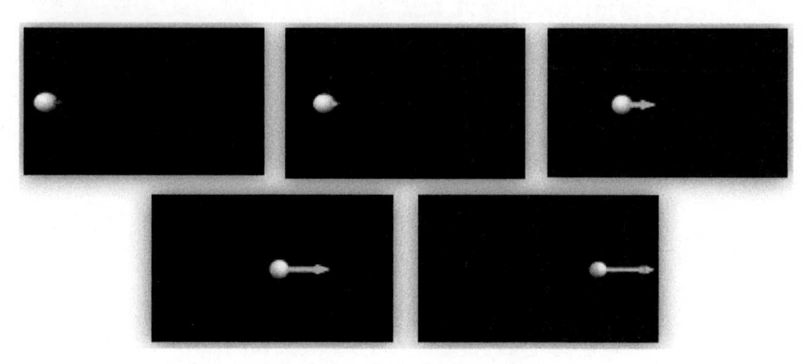

[그림 2-11] 등가속도 운동 1

이 코드를 실행해보자. 마우스를 클릭하면 1초 후의 공의 위치, 속도, 가속도를 구하고 화면에 표시한다. 마우스 클릭으로 시뮬레이션을 진행하면 빨간색 화살표로 표시된 가속도에 의해서 녹색 화살표의 크기, 즉 속도가 증가하는 것을 확인할 수 있다.

이제 등가속 운동을 애니메이션으로 표현하기 위해, while 루프에서 위치와 속도를 업데이트하고 시간 간격 dt도 0.01로 줄여서 코드를 고치면 아래와 같다.

예제 2-2-7 등가속도 운동 #2

```
# 공 만들기
ball = sphere(radius = 0.2)

# 물리 성질 초기화
ball.pos = vec(-2,0,0) #공의 초기 위치 ##m
ball.v = vec(0,0,0) #공의 초기 속도 ##m/s
ball.a = vec(0.35,0,0) #공의 가속도 ##m/s**2
```

MEMO

```
# 시간 설정
t = 0 ##s
dt = 0.01 ##s

# 화살표 부착
attach_arrow(ball, "v", shaftwidth = 0.1, color = color.green)
attach_arrow(ball, "a", shaftwidth = 0.05, color = color.red)

# 시뮬레이션 루프
while t < 4:
    rate(1/dt)
    # 속도, 위치 업데이트
    ball.v = ball.v + ball.a*dt
    ball.pos = ball.pos + ball.v*dt
    # 시간 업데이트
    t = t + dt
```

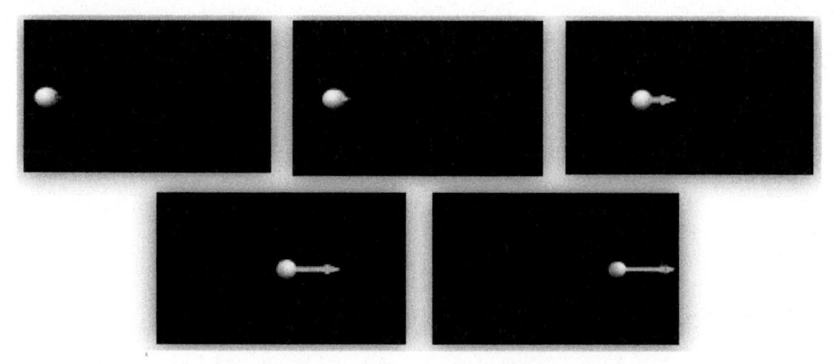

[그림 2-12] 등가속도 운동 2

실행시키면 처음에는 느리다가 점점 빨라지면서 속도 벡터의 크기도 증가하는 것을 확인 할 수 있다. 시간이 흐르면서 점진적으로 공이 가속되는 것이다. VPython(GlowScript)에서는 가속하는 것을 좀 더 명확하게 보기 위한 함수가 마련되어 있다. 움직이는 3차원 객체에 자취를 남기는 함수인 attach_trail()를 호출하면 된다. 이 함수는 첫 번째 인자로 객체 변수를 받으므로 ball을 넣고, 두 번째 인자는 자취의 형태인데 기본값은 선이다. 이 예제의 경우는 자취의 형태를 점을

MEMO

찍어 가속하는 것을 표현하려 한다. 이를 위해서 type = 'points' 로 설정한다. 마지막 인자로 초당 점의 개수(point per second)를 지정할 수 있는데, 5로 설정하였다(코드의 '#자취그리기' 부분 참조). 아래 수정된 전체 코드를 실행시키면 공의 뒤에 자취가 남는 것을 확인 할 수 있는데, 처음에는 느리다가 점점 빨라지는 것을 자취로 남는 포인트의 간격으로 확연히 알 수 있다.

예제 2-2-8 등가속도 운동 (trail 추가)

```
# 공 만들기
ball = sphere(radius = 0.2)

# 물리 성질 초기화
ball.pos = vec(-2,0,0) #공의 초기 위치 ##m
ball.v = vec(0,0,0) #공의 초기 속도 ##m/s
ball.a = vec(0.35,0,0) #공의 가속도 ##m/s**2

# 시간 설정
t = 0 ##s
dt = 0.01 ##s

# 화살표 부착
attach_arrow(ball, "v", shaftwidth = 0.1, color = color.green)
attach_arrow(ball, "a", shaftwidth = 0.05, color = color.red)

# 자취 그리기
attach_trail(ball, type = 'points', pps = 5)
# 시뮬레이션 루프
while t < 4:
    rate(1/dt)
    # 속도, 위치 업데이트
    ball.v = ball.v + ball.a*dt
    ball.pos = ball.pos + ball.v*dt
    # 시간 업데이트
    t = t + dt
```

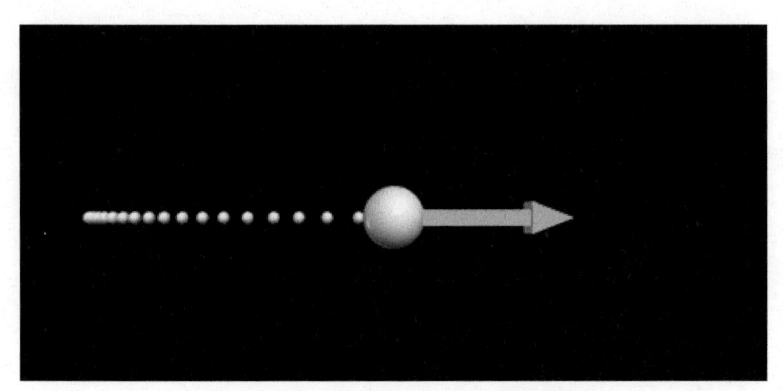

[그림 2-13] 등가속도 운동 (자취 추가)

아래의 예제는 등가속도 운동에서 오일러-크로머 방법과 실제 해석적인 방법으로 구한 위치의 오차를 표현한 것으로 코드를 실행하면서 확인해보자.

예제 2-2-9 등가속도 운동 (오일러-크로머 방법과 해석적 방법 비교)

```
# 벡터 pos_i, v_i, acc 지정
pos_i = vec(-5,0,0)
v_i = vec(0.1,0,0)
acc = vec(0.1,0,0)

# cart, acart 만들기 (자취 그리기)
cart = box(pos = pos_i, size = vec(0.3,0.3,0.3), color = color.yellow,
make_trail = True, trail_type = "points", trail_radius = 0.02, interval
= 2)
acart = box(pos = pos_i + vec(0,1,0), size = vec(0.3,0.3,0.3), color =
color.white, make_trail = True, trail_type = "points", trail_radius =
0.02, interval = 2)

# 물리 성질 초기화
cart.v = v_i #cart의 초기 속도 ##m/s
acart.v = v_i #acart의 초기 속도 ##m/s
scale = 2.0 #크기 조정을 위한 변수
attach_arrow(cart, "v", scale = 2.0, shaftwidth = 0.1) #화살표 부착
```

MEMO

MEMO

```
#cart_vel = arrow(pos = cart.pos, axis = scale*cart.v, shaftwidth = 0.1)

# 화면 설정
scene.autoscale = False

# 시간 설정
t = 0 ##s
dt = 0.1 ##s

# 시뮬레이션 루프
while t < 10:
    rate(30)
    # 수치적인 방법으로 속도, 위치 업데이트
    cart.v = cart.v + acc*dt
    cart.pos = cart.pos + cart.v*dt
    # 시간 업데이트
    t = t + dt
    # 해석적인 방법으로 위치 업데이트
    acart.pos = pos_i+vec(0,1,0) + v_i * t + 0.5*acc*t**2
    # 출력
    print(cart.pos, acart.pos, abs(acart.pos.x-cart.pos.x))
```

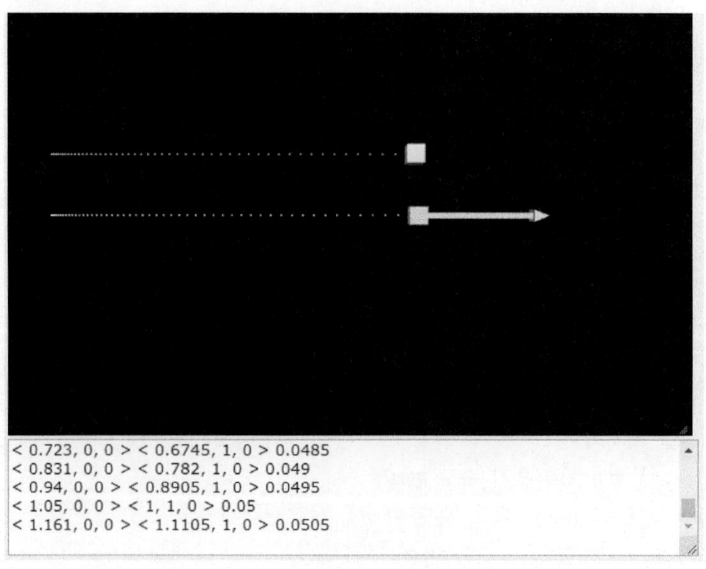

[그림 2-14] 등가속도 운동 비교

MEMO

■ 미분과 적분의 컴퓨터 연산적 해석

미적분을 이용하면 물체의 움직임을 정확하게 분석하고 재현할 수 있다. 하지만 속도 혹은 가속도가 시간에 대한 함수로 주어지지 않을 경우, 혹은 정적분이 불가능할 경우는 컴퓨터를 이용한 수치적분을 수행해야 한다. 이를 통해 역학적으로 다양한 상황에서도 물체의 위치를 추정할 수 있다. 물론 이렇게 추정된 위치와 실제 위치는 차이가 생길 수밖에 없다. 이는 컴퓨터를 이용한 수치미적분에는 극한 개념을 적용할 수 없어, 일정한 시간 간격을 통해서 미적분을 수행해야 하기 때문이다. 수치미분은 뺄셈 후 나눗셈으로 구성된 컴퓨터 연산으로 표현된 것이며, 수치적분은 수치미분의 역연산으로 곱셈 후 덧셈 연산을 반복적으로 수행한 것으로 생각해 볼 수 있다.

2.2.3 포물체 운동

포물체 운동은 지표면에서 일정한 중력 가속도를 갖는 물체의 움직임, 예를 들어, 포탄, 총알 등의 움직임에서부터 사람 혹은 동물의 점프까지 포물선을 그리는 움직임을 말한다.

[그림 2-15] 포물체 운동

MEMO

위 그림에서 주인공이 건물 안으로 들어갈 수 있는지 여러 포물선 자취를 그리면서 확인해보니, 인간의 도약 능력의 한계(점프할 때 초기 속도 방향과 크기가 제한되어 있으므로)로 인해, 건물 안으로는 못 들어간다. 그러면 왜 점프하는 사람의 자취 혹은 발사된 포탄이나 총알의 자취가 포물선 형태로 그려지는지 살펴보도록 하자. 지표면에서 지구 중력은 변하지 않는다고 가정하면, 중력 가속도가 지표면에 수직 아래 방향으로 일정하다는 의미 이므로 일종의 등가속도 운동이라 할 수 있다. 즉, 던져진 물체에 수직 아래 방향으로 일정한 가속도가 작용한다면 그 자취는 포물선을 그리게 된다. 이는 좌표계를 도입하고 속도 및 가속도에 관한 식을 적분해서도 증명할 수 있으니 한번 시도해 보기 바란다.

■ 포물체의 움직임 코딩

여기서는 포물선의 자취를 수식으로 구하지 않고 물리 시뮬레이션으로 나타내 보려 한다. 앞 절에서 예제 코드(2-2-8)를 약간 변형하면 공이 수직 아래 방향으로 포물선 운동을 하도록 만들 수 있다. 단지 가속도의 방향을 −y 방향으로 바꾸면 된다. 이번에는 바닥을 나타내는 객체도 추가하고 공의 중심 위치가 바닥에 닿았을 때 시뮬레이션을 멈추는 코드도 추가하도록 하자.

먼저, 바닥을 생성하는 코드를 공을 생성한 코드 아래 줄에 다음과 같이 추가한다.

```
# 바닥 만들기
ground = box(pos = vec(0,-4,0), size = vec(15, 0.01, 5))
```

ground라는 변수에 새로운 box 객체를 생성해 할당한다. 위치는 $4m$ 아래로 지정, 크기는 x축 방향으로 $15m$, z축 방향으로 $5m$, y축 방향인 두께는 얇게 $0.01m$로 지정한다. 이제 가속도를 속도와 다른 방향으로 −y축 방향으로 0.35 m/s^2으로 설정하였다.

```
ball.a = vec(0, -0.35, 0) #공의 가속도 ##m/s**2
```

MEMO

바닥에 공이 닿으면 시뮬레이션을 멈추게 해보자. 그렇게 하려면 while 루프의 조건문을 시간이 아니라 공이 바닥에 닿았는지로 변경하면 된다.

```
# 시뮬레이션 루프 (공이 바닥에 닿을 때까지)
while ball.pos.y > ground.pos.y
```

공의 y 좌표가 바닥의 y 좌표보다 크다는 조건을 만족할 때만 while 문을 수행하도록 변경하였다. 즉, 공의 y 좌표가 바닥의 y 좌표와 같거나 작으면 더는 while 루프를 수행하지 않고 시뮬레이션을 멈추게 된다. 이제 실행시켜 보도록 하자.

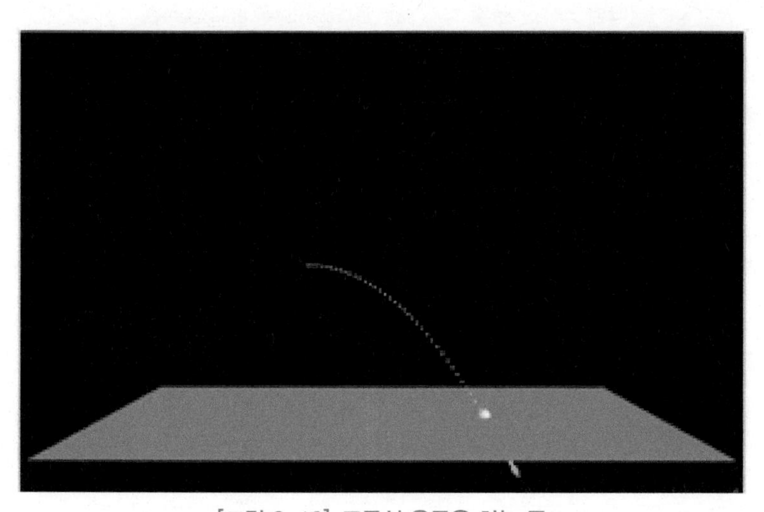

[그림 2-16] 포물선 운동을 하는 공

공이 포물선을 그리면서 점점 속도가 빨라지면서 떨어지다가 바닥에 닿으면 멈추는 것을 확인 할 수 있다. 이번에는 공을 약간 위로 던졌을 때를 시뮬레이션해보자. 공의 초기 속도를 (1, 1, 0)으로 변경하여 다시 실행시키면 공의 움직임은 아래의 그림과 같이 확인할 수 있다.

```
ball.v = vec(1,1,0) #공의 초기 속도 변경 ##m/s
```

MEMO

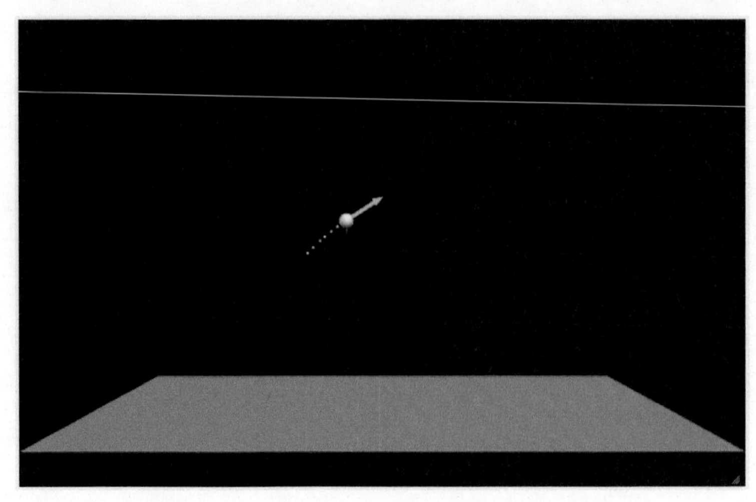

[그림 2-17] 공의 초기 속도를 변경한 후 공의 움직임

공이 어느 정도까지 올라가다가 다시 내려오는데, 역시 포물선 운동임에는 변함이 없다.

다음으로 물체의 운동을 표현하는 그래프를 그려보자. VPython(GlowScript)에서는 상당히 직관적으로 그래프를 그릴 수 있는데, 아래와 같은 코드를 추가하면 된다.

```
# 높이-시간 그래프
motion_graph = graph(title = 'position-time', xtitle = 't', ytitle = 'y')
```

motion_graph라고 명명한 변수에 그래프 객체를 할당한 것이다. 그래프 객체의 제목은 position-time, 그래프의 x축 제목은 시간인 t, 그래프의 y축 제목은 y(공의 높이인 y축 좌표값)로 정했다.

또 하나의 그래프인 속도와 시간의 그래프를 위한 코드는 다음과 같다.

```
# 속도-시간 그래프
motion_graph2 = graph(title = 'velocity-time', xtitle = 't', ytitle = 'vy')
```

이제 그래프에 실제 데이터를 선 형태로 그리려면 gcurve()로 객체를 생성해서 변수에 할당하면 된다.

```
# 그래프 그리기
g_bally = gcurve()
g_ballvy = gcurve(color = color.green)
```

gcurve라는 객체를 불러서 g_bally라는 변수에 할당하고, 시뮬레이션 중에 공의 y 좌표를 받아서 그리면 된다. 마찬가지로 공의 속도의 y 성분을 그리기 위한 변수 g_ballvy도 마련해 둔다. 속도는 녹색으로 그리기 위해, 색상을 녹색으로 설정한다. 시뮬레이션 중에 데이터를 받아서 그리기 위해서는 while 루프 내부에 다음의 코드를 추가한다.

```
    # 그래프 업데이트
    g_bally.plot(pos = (t, ball.pos.y))
    g_ballvy.plot(pos = (t, bal.v.y))
```

공의 높이(y좌표)를 그리기 위해 g_bally 객체 변수의 속성 함수 plot을 호출하고 인자로 pos=(t,ball.pos.y)로 설정한다. t는 g_bally 커브의 x 좌표값이고 ball.pos.y는 y 좌표값이다. 시간-속도 커브도 같은 방법으로 설정한다. 이제 모든 코드를 아래와 같이 완성하고 실행해보자.

예제 2-2-10 등가속도 운동 : 포물체의 움직임

```
# 공, 바닥 만들기
ball = sphere(radius = 0.2)
ground = box(pos = vec(0,-4,0), size = vec(15,-0.01,5))

# 물리 성질 초기화
ball.pos = vec(-2,0,0) #공의 초기 위치 ##m
ball.v = vec(1,1,0) #공의 초기 속도 ##m/s
ball.a = vec(0,-0.35,0) #공의 가속도 ##m/s**2
```

MEMO

MEMO

```
# 시간 설정
t = 0 ##s
dt = 0.01##s

# 화살표 부착
attach_arrow(ball, "v", shaftwidth = 0.1, color = color.green)
attach_arrow(ball, "a", shaftwidth = 0.05, color = color.red)

# 자취 그리기
attach_trail(ball, type = 'points', pps = 5)

# 그래프
motion_graph = graph(title = 'position-time', xtitle = 't', ytitle = 'y')
g_bally = gcurve()
motion_graph2 = graph(title = 'velocity-time', xtitle = 't', ytitle =
'vy')
g_ballvy = gcurve(color = color.green)

# 시뮬레이션 루프 (공이 바닥에 닿을 때까지)
while ball.pos.y > ground.pos.y:
    rate(1/dt)
    # 속도, 위치 업데이트
    ball.v = ball.v + ball.a*dt
    ball.pos = ball.pos + ball.v*dt
    # 그래프 업데이트
    g_bally.plot(pos = (t,ball.pos.y))
    g_ballvy.plot(pos = (t,ball.v.y))
    # 시간 업데이트
    t = t + dt
```

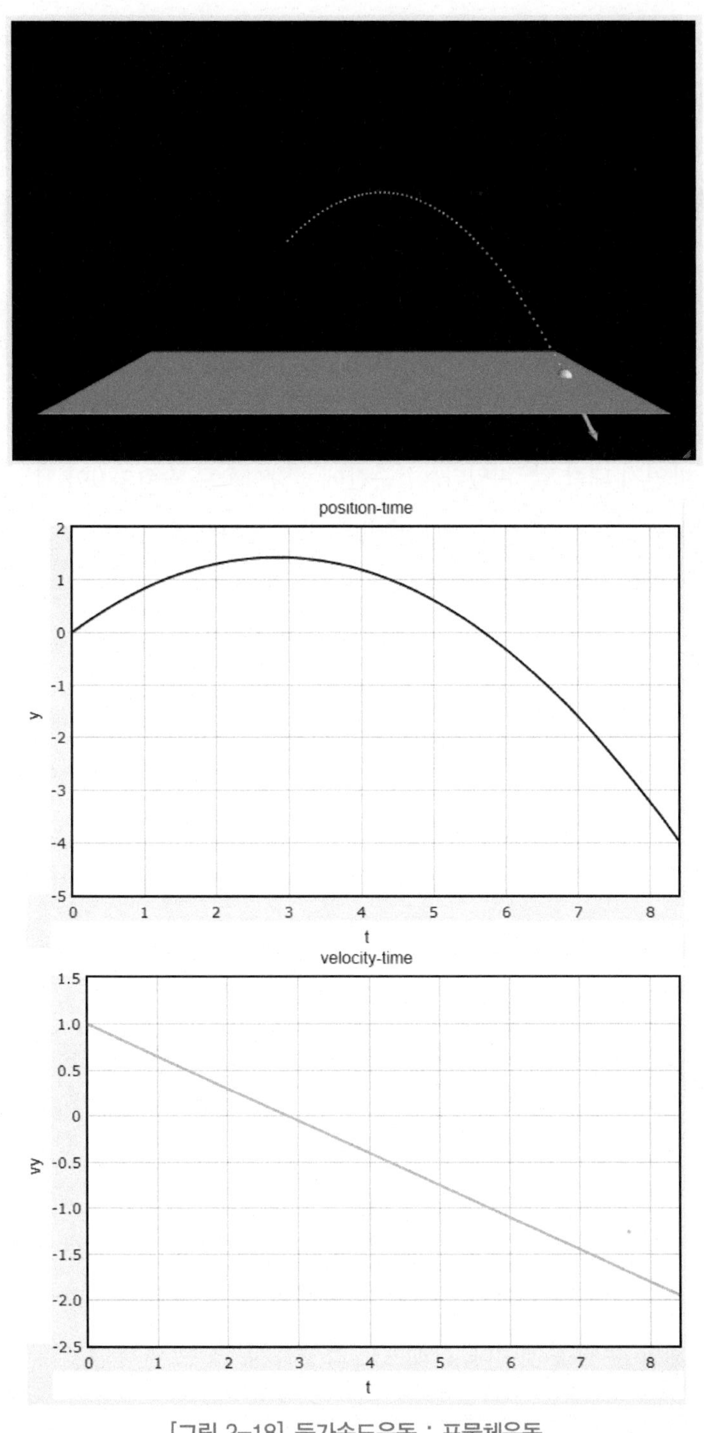

[그림 2-18] 등가속도운동 : 포물체운동

MEMO

그래프 창은 3차원 공간을 표시하는 화면(scene 객체)의 아래에 나타난다. 위치-시간 그래프, 속도-시간 그래프 순으로 위에서 아래로 배열된다. 흥미로운 점은 시뮬레이션 중에 실시간에 그래프가 그려진다는 점이다. 위치-시간 그래프를 보면 공의 높이의 변화가 시간에 대해 포물선으로 그려지는 것을 확인할 수 있다. 속도-시간 그래프를 살펴보면 속도는 시간이 지날수록 일정하게 감소하는 형태임을 알 수 있다. 즉, -y축 방향으로 등가속 운동을 하는 것을 확인할 수 있다. 이처럼 그래프를 통해 실제적인 값을 빠르게 확인하거나 운동의 추이를 쉽게 살펴볼 수 있다. 예를 들어 위치-시간 그래프에서 공의 최대 높이가 얼마이고 그때의 시간은 얼마인지 대략 알 수 있다. 그 순간에 y 방향으로 속력이 0이 되는 것도 알 수 있다. 이때의 공은 2.7초 ~ 2.8초 사이에 최대 높이로 올라가고, y 좌표값은 약 1.4m이다. 바닥에 떨어졌을 때의 시간은 약 8.4초이고, 속도의 y 성분은 약 -2 m/s이다.

하지만 컴퓨터 시뮬레이션에서 구한 값들은 근삿값임에 유의해야 한다. 물론 이 예처럼 단순한 포물선 운동의 경우에는 수치 오차가 크지 않을 수도 있지만, 힘이 변하여 가속도가 변하면 오차도 커진다. 시뮬레이션 오차는 시간 간격을 무한정으로 작게 할 수 없다는 것에서 주로 기인한다. 가속도로부터 속도를 구하고, 속도로부터 위치를 업데이트할 때 일정한 시간 간격을 가정한다. 이러면 당연히 시간 간격 안에서 변화하는 현상의 경우는 정확히 반영할 수 없다. 힘 혹은 가속도가 많이 변한다거나 속도가 짧은 시간에 많이 변한다고 하면 오차는 더 심하게 증가할 수 있는 것이다. 이외에도 컴퓨터로 시뮬레이션하기 때문에 소수점에 대한 오차(부동 소수점 오차)도 있다.

이제 예제 코드에서 초기 위치, 초기 속도, 가속도의 방향, 시간 간격 등을 변경해서 시뮬레이션 실험을 해보면서, 위치, 속도, 가속도의 관계에 대해 여러 측면에서 깊이 이해할 수 있을 것이다. 그래프도 다양하게 그려보면서 물체의 운동을 이해해보자.

아래 예제는 오일러-크로머 방법으로 포물체 운동을 재현한 것과 미적분 연산을 통해 해석적으로 구한 방법을 비교한 것이다. 스스로 코드를 분석한 후, 실행하여 두 방법에 따른 결과의 차이를 살펴보자.

MEMO

예제 2-2-11 포물체 운동(오일러-크로머)

```
# 벡터 pos_i, v_i, acc 지정
pos_i = vec(-5,0,0)
v_i = vec(1.0,0.5,0)
acc = vec(0.0,-0.2,0)

# cart, acart 만들기
cart = box(pos = pos_i, size = vec(0.3,0.3,0.3), color = color.yellow,
make_trail = True, trail_type = "points", trail_radius = 0.02, interval = 2)
acart = box(pos = pos_i + vec(0,1,0), size = vec(0.3,0.3,0.3), color =
color.white, make_trail = True, trail_type = "points", trail_radius =
0.02, interval = 2)

# 물리 성질 초기화
cart.v = v_i #cart의 초기 속도 ##m/s
acart.v = v_i #acart의 초기 속도 ##m/s

scale = 2.0  #크기 조정을 위한 변수

# cart의 속도 벡터 표현
cart_vel = arrow(pos = cart.pos, axis = scale*cart.v, shaftwidth = 0.1)

# 화면 설정
scene.autoscale = False #수동으로 화면 조정
#scene.range = 5

# 시간 설정
t = 0 ##s
dt = 0.1 ##s
```

MEMO

```
# 시뮬레이션 루프
while t < 10:
    rate(30)
    # 수치적인 방법으로 속도, 위치 업데이트
    cart.v = cart.v + acc*dt
    cart.pos = cart.pos + cart.v*dt
    # 벡터 cart_vel 업데이트
    cart_vel.pos = cart.pos #시작 좌표
    cart_vel.axis = scale*cart.v #축
    # 시간 업데이트
    t = t + dt
    # 해석적인 방법으로 위치 업데이트
    acart.pos = pos_i + vec(0,1,0) + v_i * t + 0.5*acc*t**2

    # 출력
    print(cart.pos, acart.pos, mag(acart.pos-cart.pos)-1)
```

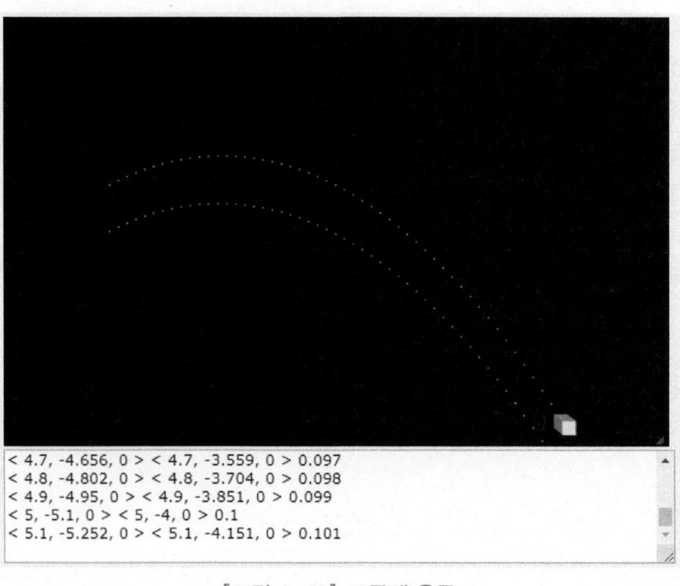
< 4.7, -4.656, 0 > < 4.7, -3.559, 0 > 0.097
< 4.8, -4.802, 0 > < 4.8, -3.704, 0 > 0.098
< 4.9, -4.95, 0 > < 4.9, -3.851, 0 > 0.099
< 5, -5.1, 0 > < 5, -4, 0 > 0.1
< 5.1, -5.252, 0 > < 5.1, -4.151, 0 > 0.101

[그림 2-19] 포물체 운동

아래 예제는 각 축에 대해 위치-시간, 속도-시간, 가속도-시간에 대한 그래프도 함께 나타낸 것으로 이는 우리가 알고 있는 위치, 속도, 가속도의 미적분 관계와 동일함을 알 수 있다.

예제 2-2-12 포물체 움직임

MEMO

```
# 벡터 pos_i, v_i, acc 지정
pos_i = vec(-5,0,0)
v_i = vec(1.0,1.5,0)
acc = vec(0.0,-0.2,0)

# cart 만들기
cart = box(pos = pos_i, size = vec(0.3,0.3,0.3), color = color.yellow,
make_trail = True)

# 물리 성질 초기화
cart.v = v_i #cart의 초기 속도 ##m/s

# 그래프
gd = graph(xmin = 0, xmax = 20, ymin = -12, ymax =12)
gcart_vy = gcurve()
gcart_y = gcurve(color = color.cyan)

scale = 2.0  #크기 조정을 위한 변수

# 벡터 cart_vel 표현 (cart의 속도 벡터)
cart_vel = arrow(pos = cart.pos, axis = scale*cart.v, shaftwidth = 0.1)

# 화면 설정
scene.autoscale = False
scene.range = 10

# 시간 설정
t = 0 ##s
dt = 0.1 ##s

# 시뮬레이션 루프
while t < 20:
    rate(30)
    # 속도, 위치 업데이트
    cart.v = cart.v + acc*dt
```

MEMO

```
cart.pos = cart.pos + cart.v*dt
# 벡터 cart_vel 업데이트
cart_vel.pos = cart.pos #시작 좌표
cart_vel.axis = scale*cart.v #축

# 그래프 업데이트
gcart_vy.plot(pos = (t,cart.v.y))
gcart_y.plot(pos = (t,cart.pos.y))
# 시간 업데이트
t = t + dt
```

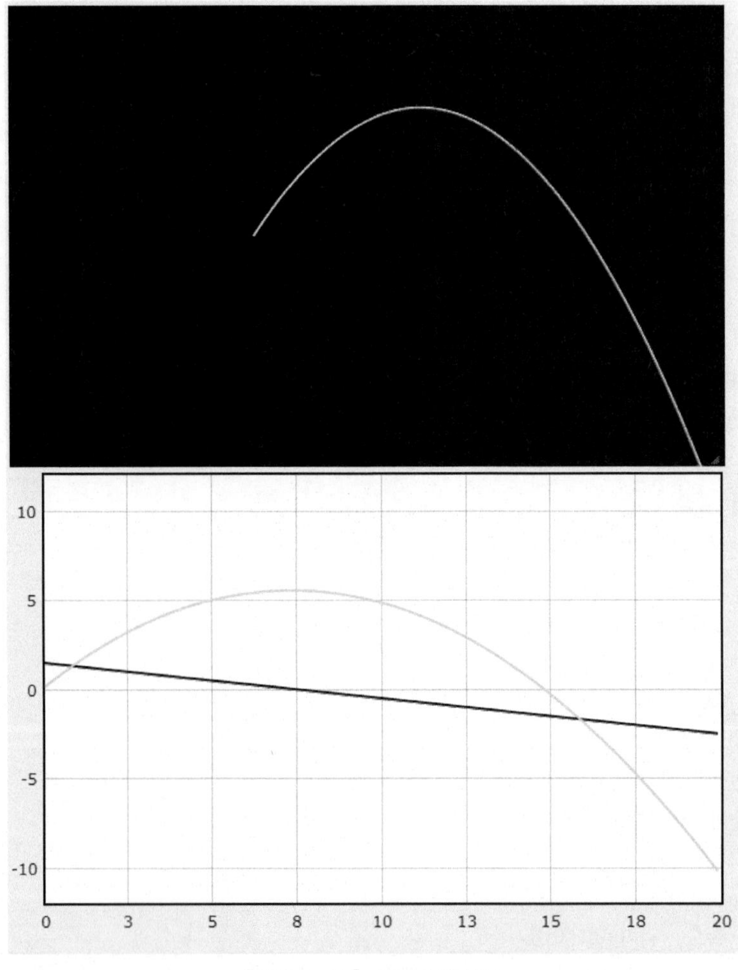

[그림 2-20] 포물체 움직임

2.2.4 포물체 운동의 응용 : 불꽃놀이

MEMO

지금까지 학습한 등가속도 운동의 응용으로 불꽃놀이를 만들어보자. 이 예제에서 생성할 불꽃놀이는 100개의 입자가 모여서 수직으로 올라오다가 적당한 시간이 지나면 폭발해서 흩어지게 할 것이다. 흩어지면서 밑으로 떨어질 때는 포물선의 자취를 그리도록 하자. 이미 포물체 운동을 하는 물체 하나를 만드는 것은 어렵지 않으니 이러한 물체를 100개 생성하기만 하면 된다. 다만 불꽃을 표현하는 입자가 상당히 많으므로 입자마다 하나씩 객체 변수를 생성하는 것은 비효율적이다. 이를 피하기 위해 Python에서는 여러개의 객체를 한번에 다룰 수 있는 리스트 자료형을 제공하고 있다. 또한, 일반적으로 리스트에 임의의 값을 설정하거나 연산할 때 또 다른 반복문의 형태인 for문을 사용할 수 있다. 리스트와 for문을 사용하여 불꽃놀이 현상을 흉내내보자.

먼저, 불꽃놀이의 불꽃 입자들의 위치 벡터를 rList라는 변수를 지정하여 리스트 형태로 담을 수 있도록 하자.

```
# 위치 벡터 리스트 생성
rList = list() // rList = []
```

어느 변수를 리스트로 설정하는 것은 이 코드처럼 list() 혹은 []로 지정하면 된다. 또한, rList의 위치 좌표위에 불꽃 입자들을 표현하는 3차원 물체를 objList에 저장할 수 있도록 한다.

```
# 불꽃 입자 리스트 생성
objList = list() // objList = []
```

불꽃이 떨어지는 바닥도 만들도록 하자.

```
# 바닥 만들기
ground = box(pos = vec(0,-5,0), size = vec(15, 0.01,15))
```

MEMO

이제 각 리스트에 들어갈 원소를 for 루프를 사용하여 지정한다.

```
# 위치 벡터 리스트 초기화
for i in range(0,100):
    rList.append(vec(0,-4,0))
```

for i in range(0, 100): 은 i를 0부터 100-1까지 1씩 증가하면서 들여쓰기 된 부분의 코드를 실행시키도록 하는 반복문이다. 즉, 0부터 99까지니까 100번 반복하면서 리스트 변수 rList에 (0,-4,0)의 3차원 위치 벡터를 append() 함수를 통해 100번 반복해서 추가 하게 된다. 바닥부터 $1m$ 위에 위치하도록 100개의 불꽃 입자의 위치를 설정한 것이다.

그 아래 불꽃 입자를 표현하는 for 문을 하나 더 작성하자.

```
# 불꽃 입자 리스트 초기화
for r in rList:
    objList.append(sphere(pos = r, radius = 0.1, color = vec(random(),
    random(), random()), make_trail = True, retain = 30))
```

for r in rList: 는 rList의 객체를 하나씩 가져와서 r이라는 변수에 차례로 지정하고 들여쓰기 된 부분의 코드를 반복하라는 것이다. rList의 객체를 모두 가져오면 for 반복문을 나가게 된다. 이 예제의 경우 위치 벡터가 총 100개 있으므로, 이 코드를 100번 반복할 것이다.

```
objList.append(sphere(pos = r, radius = 0.1, color = vec(random(),random(),
random()), make_trail = True, retain = 30))
```

즉, 리스트 변수 objList에는 반지름이 0.1이고 위치가 r이며, 색은 무작위로 지정된 3차원 구가 100개 들어가게 된다. 또한, 불꽃 입자의 자취를 보기 위해, make_trail 속성을 참(True)으로 설정하고 자취의 지속 길이를 30으로 설정(retain = 30) 한다. 불꽃 입자를 다채로운 색을 갖는 구들로 표현한 것이다. 지금까지는 3

차원 물체의 색 속성(color)에 직접 색의 명칭을 지정하였으나, 이번에는 임의의 값을 3차원 벡터로 지정하였는데, 이는 색 체계를 3차원의 RGB 색공간(그림 2-21)으로 표현한 것이다. RGB 색공간에서는 빛의 3원색인 빨간색, 녹색, 파란색을 적절히 혼합하여 수많은 색을 표현한다.

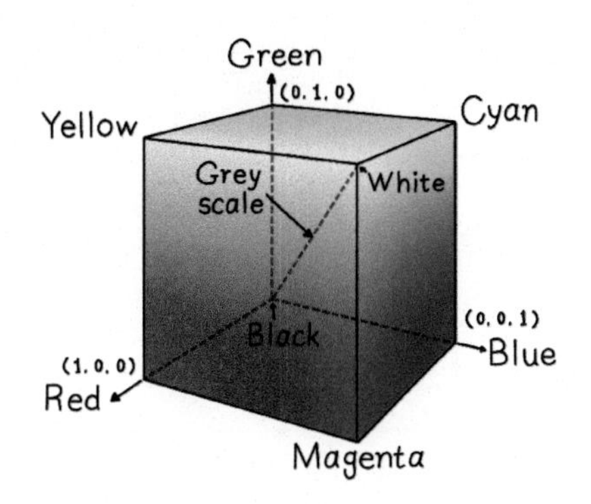

[그림 2-21] RGB 색공간

```
...color = vec(random(), random(), random())...
```

위 코드는 호출할 때마다 0부터 1사이의 실수 값을 무작위로 반환하는 함수 random()을 호출하여, 지정할 색상의 빨간색, 녹색, 파란색의 비율을 무작위로 정의하는 것으로 반복문 안에서 불꽃 입자의 수만큼 반복 호출해 불꽃 입자가 서로 다른 색을 갖게 한다.

```
# 벡터 vi, a 지정
vi = vec(0,5.0,0)
a = vec(0,-3,0)

explosion = False #폭발 여부

# 불꽃 입자의 초기 속도 설정
for obj in objList:
    obj.v = vi
```

MEMO

 MEMO

다음으로 모든 불꽃 입자의 초기 속도를 y방향으로 $5m/s$ 설정하고, 가속도는 y축 방향으로 -3 m/s^2으로 설정하였다. 가속도 값을 조정하면 무중력 혹은 중력이 더 큰 행성에서의 불꽃놀이도 시뮬레이션해 볼 수 있을 것이다. 또한, 불꽃이 폭발했는지를 확인할 수 있는 플래그 변수 explosion을 추가한다. 일단, 폭발 전인 상태를 나타내는 False로 설정해 두었다가 폭발하는 순간에 explosion 값을 True로 변경할 것이다. 마지막으로 for문을 이용해서 100개의 불꽃 입자들의 초기 속도를 모두 같게 설정한다.

이제 시뮬레이션 루프(while문)를 작성하자. 불꽃놀이가 시작되고 1초 후에 폭발하도록 만들기 위해 if 조건문을 이용한다.

```
    # 폭발 (불꽃놀이 시작 1초 후 & 아직 폭발하기 전)
    if t > 1 and explosion == False:
        print("explosion!")
        explosion = True #폭발 여부 업데이트
        # 모든 입자에 대해 폭발 시 속도 변경
        for obj in objList:
            vp = vec(random()-0.5, random()-0.5, random()-0.5)
            obj.v = obj.v + vp
```

if 조건으로 시간이 1초보다 크고, explosion이 False이면, 즉 아직 폭발하지 않았다면, “explosion!”을 프린트를 하고 플래그 변수 explosion을 True로 변경한다. 이와 같이 작성하면 while 루프를 수행하면서 폭발은 딱 한번만 일어나게 할 수 있다. if문의 마지막 for문은 폭발 후에 불꽃 입자가 흩어지는 것을 표현한 것으로 objList에 있는 불꽃 입자를 하나씩 꺼내 각각의 입자 속도에 무작위 속도를 더한다. 더해지는 속도 벡터는 각 축 방향으로 -0.5에서 0.5 사이의 임의의 값을 갖도록 random()-0.5로 설정한다. 만약 더 많이 흩어지게 하려면 0.5를 적절히 더 큰 값으로 변경하면 될 것이다.

그 다음 코드는 속도와 위치의 업데이트를 위한 코드로 오일러-크로머 방법으로 속도, 위치 순으로 업데이트한다. 모든 입자에 대해서 해야 하므로 for 문을 사용하였다.

```
    # 모든 입자에 대해 속도, 위치 업데이트
    for obj in objList:
        obj.v = obj.v + a*dt
        obj.pos = obj.pos + obj.v*dt
```

for obj in objList:을 통해, objList로부터 입자를 하나씩 가져와서, 가속도로부터 속도를 업데이트하고, 업데이트된 속도들을 이용하여 물체의 위치를 업데이트한다. 이제 실행시켜보자. 100개의 불꽃 입자들이 모여서 올라오다가 1초 후에 폭발하고, 각기 다른 포물선의 자취를 그리면서 떨어지는 것을 볼 수 있다. 그런데 곧 바닥 아래로 모두 내려가 버리게 된다. 원래 불꽃 입자와는 다르게 불꽃 입자가 바닥에 닿으면 튀어 오르게 하는 것을 코드로 작성해보자. 불꽃 입자가 바닥과 충돌하여 반응하는 코드를 for 문 속에 아래와 같이 추가한다.

```
        # 바닥과 충돌 확인
        if obj.pos.y < ground.pos.y:
            # 충돌 처리
            obj.pos.y = ground.pos.y
            obj.v.y = -0.8*obj.v.y
            obj.color =  vec(random(), random(), random())
```

각 불꽃 입자의 y 좌표와 바닥의 y 좌표를 비교하여 충돌을 판별한 후, 충돌되었다면 불꽃의 높이를 바닥의 높이와 같게 한다.

```
# 불꽃 입자 위치 변경
obj.pos.y = ground.pos.y
```

그리고 입자의 충돌 후 속도의 크기는 충돌 전 속도 크기의 80%로 변경하고 입자가 튀어오를 수 있도록 -1을 곱해 방향이 반대가 되도록 한다.

```
# 불꽃 입자 속도 변경
obj.v.y = -0.8*obj.v.y
```

MEMO

하지만 위의 코드에서 볼 수 있듯이 바닥과 수직인 성분, 즉 속도의 y 방향 성분만을 변경하고 x 방향의 성분이나 z 방향의 성분으로는 아무런 변화를 주지 않았으므로 입자의 x, z 방향은 변하지 않을 것이다. 또 하나 재미있게 하기 위해 튀어오를 때 입자의 색깔이 바뀌는 코드도 추가하였다.

```
# 불꽃 입자 색 변경
obj.color =  vec(random(), random(), random())
```

이제 다시 실행시키면 바닥과 상호작용하는 가상의 불꽃 입자를 볼 수 있다. 통통 튀면서도 자취는 포물선을 그리는 것을 알 수 있다.

이 예제에서는 입자를 100개 사용하여 불꽃놀이를 구현해 보았다. 입자를 수천개부터 수백만 개를 사용한다면 영화나 게임에서 사용할 수 있는 매우 다양한 특수효과도 표현할 수 있을 것이다.

컴퓨터 그래픽스 분야에서는 많은 수의 입자들을 집합체로 간주하고 일정한 법칙에 따라 생성, 이동, 변형 및 삭제되게 한 것을 입자 시스템으로 모델링 하였다고 한다. 입자 시스템을 사용한 특수효과는 구현하기 간단하고 병렬연산도 가능할 수 있도록 변경할 수 있으므로 속도 측면에서 유리하다. 물론 불꽃놀이 예제보다 훨씬 많은 수의 입자를 사용하려면 파이썬 언어로 구현하기보다 효율적인 언어인 C 혹은 C++가 더 적합할 것이다.

예제 2-2-13 불꽃놀이

```
# 리스트 생성
rList = list()
objList = list()

# 바닥 만들기
ground = box(pos = vec(0,-5,0), size = vec(15, 0.01,15))
```

MEMO

```
# 위치 벡터 리스트 초기화
for i in range(0,100):
    rList.append(vec(0,-4,0))

# 불꽃 입자 리스트 초기화
for r in rList:
    objList.append(sphere(pos = r, radius = 0.1, color = vec(random(),
    random(), random()), make_trail = True, retain = 30))

# 벡터 vi, a 지정
vi = vec(0,5.0,0)
a = vec(0,-3,0)

explosion = False #폭발 여부

# 불꽃 입자의 초기 속도 설정
for obj in objList:
    obj.v = vi

# 시간 설정
t = 0
dt = 0.01

# 시뮬레이션 루프
while t < 12:
    rate(1/dt)
    # 폭발 (불꽃놀이 시작 1초 후 & 아직 폭발하기 전)
    if t > 1 and explosion == False:
        print("explosion!")
        explosion = True  #폭발 여부 업데이트
        # 모든 입자에 대해 폭발 시 속도 변경
        for obj in objList:
            vp = vec(random()-0.5, random()-0.5, random()-0.5)
            obj.v = obj.v + vp
    # 모든 입자에 대해 속도, 위치 업데이트 적용
    for obj in objList:
```

MEMO

```
    obj.v = obj.v + a*dt
    obj.pos = obj.pos + obj.v*dt
    # 바닥과 충돌 시 불꽃 입자의 위치, 속도, 색 변경
    if obj.pos.y < ground.pos.y:
        obj.pos.y = ground.pos.y
        obj.v.y = -0.8*obj.v.y
        obj.color =  vec(random(), random(), random())

# 시간 업데이트
t = t + dt
```

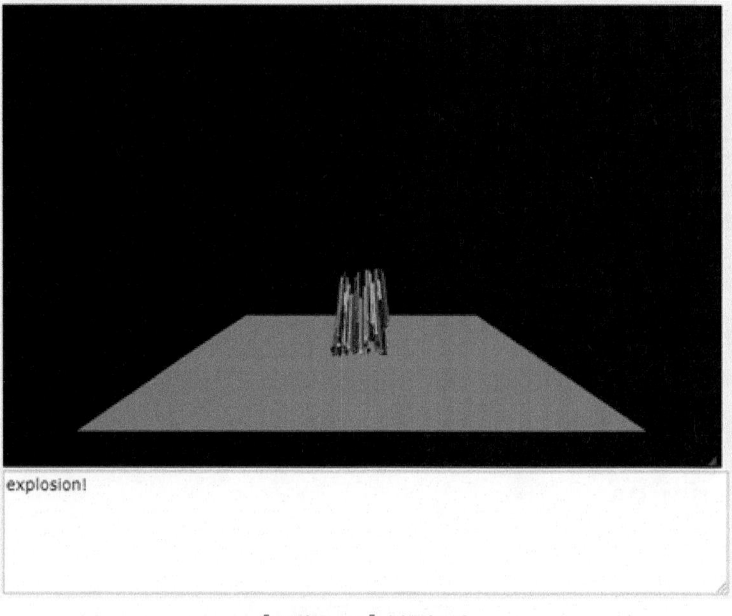

[그림 2-22] 불꽃놀이

2.2.5 주기적으로 진동하는 운동(단순 조화 운동)

이번에는 진동하는 입자의 운동을 생각해보자. x축으로만 진동하고 y축과 z축으로 움직임이 없다고 가정해 위치를 시간에 대한 함수로 표현하면 아래와 같다.

$$\vec{r}(t) = (Asin\omega t, 0, 0)$$

MEMO

여기서 A는 진폭이고, ω는 진동 주파수를 뜻하며 클수록 빠르게 진동한다. 이러한 입자의 운동을 단순 조화 운동이라 한다(그림 2-23).

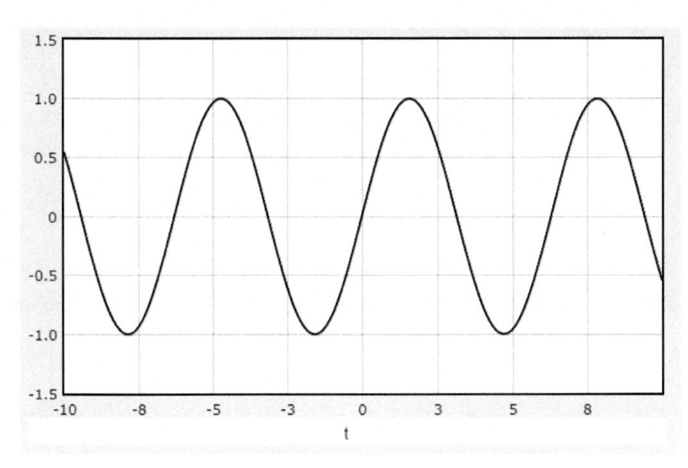

[그림 2-23] 위치-사인 그래프 (단순조화운동)

이제 위의 식을 1차 미분, 2차 미분하여 속도와 가속도를 구하면 아래와 같다.

$$\vec{v}(t) = (\omega Acos\omega t, 0, 0),\ \vec{a}(t) = (-\omega^2 Asin\omega t, 0, 0)$$

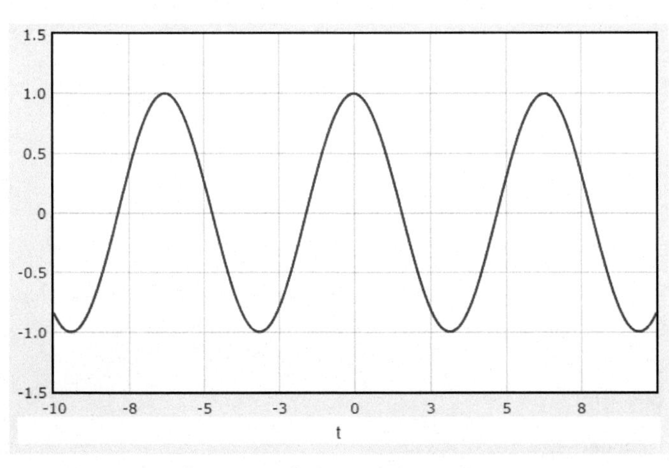

[그림 2-24] 속도-코사인 그래프

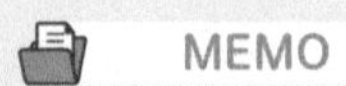

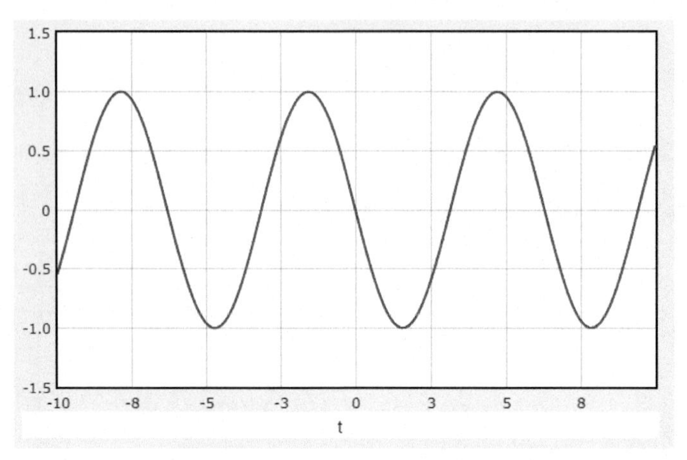

[그림 2-25] 가속도-사인 그래프

여기서, 위치, 속도, 가속도의 관계를 자세히 보자. 위치, 속도, 가속도의 위상 차이가 차례로 90도이다. 이는 위치가 0일 때, 속도가 최대, 가속도는 0이라는 의미이고, 위치가 최소 혹은 최대일 때, 속도가 0이며, 가속도는 최대 혹은 최소(가속도는 음의 부호를 가짐에 유의)가 됨을 의미한다. 가속도는 입자가 원점에 멀어질수록 멀어지지 않도록 원점 방향으로 가속되고 있음을 의미한다. 조화 운동은 용수철에 달린 입자의 운동으로 3.5장에서 힘과 함께 다룰 것이다.

예제 2-2-14 단순 조화운동

```
# 상수 초기화
A = 1 #진폭
w = 1 #주파수

# 그래프
gh1 = graph( xtitle = 't')
f_rt = gcurve(graph = gh1, color = color.black, label = "r(t)")
f_vt = gcurve(graph = gh1, color = color.blue, label = "v(t)")
f_at = gcurve(graph = gh1, color = color.red, label = "a(t)")

# 그래프 업데이트
for t in arange(-10, 10, 0.01):
```

```
f_rt.plot(pos = (t, A*sin(w*t))) #위치
f_vt.plot(pos = (t, w*A*cos(w*t))) #속도
f_at.plot(pos = (t,-w**2*A*sin(w*t)) ) #가속도
```

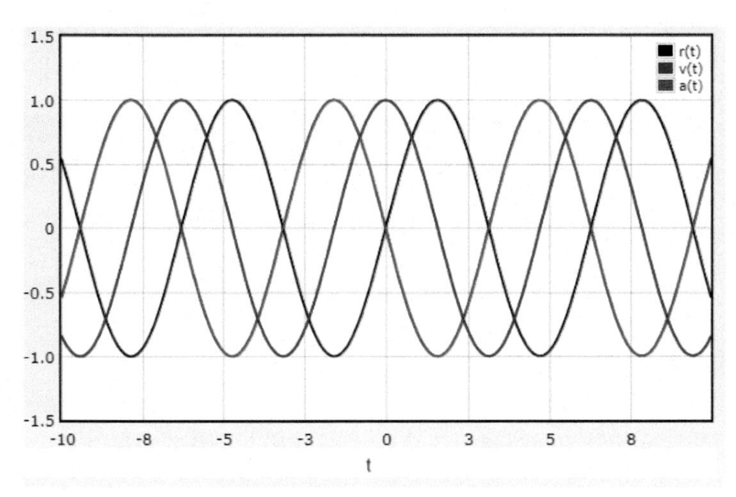

[그림 2-26] 단순 조화운동

2.2.6 원운동

이번에는 원점을 중심으로 일정한 속력으로 원 궤도를 도는 입자의 운동을 살펴보자. 이 운동에서는 입자의 속력(속도의 크기)만 일정하다는 것이지, 속도의 방향은 계속 변하므로 속도는 변한다. x-y 평면에서 반지름 R인 원 궤도를 반시계 방향으로 돌고 있는 입자의 위치, 속도, 가속도는 아래와 같다.

$$\vec{r}(t) = (R\cos\omega t, R\sin\omega t, 0)$$
$$\vec{v}(t) = (-R\omega\sin\omega t, R\omega\cos\omega t, 0)$$
$$\vec{a}(t) = (-R\omega^2\cos\omega t, -R\omega^2\sin\omega t, 0)$$

여기서도 조화 운동과 마찬가지로 ω는 진동수를 의미하나, 원운동을 하므로 주기와 관련이 있고, 이를 각진동수라 한다. 원 궤도를 한 바퀴 돌아서 제자리로 오는 시간 T는 위치에 관한 식으로 나타내면 아래와 같다.

MEMO

$$T = \frac{2\pi}{\omega}$$

위 운동에서 벡터의 내적을 통해 위치와 속도가 항상 수직이고, 속도와 가속도도 항상 수직이 됨을 알 수 있다. 또한, 가속도와 위치 벡터는 방향이 반대이다. 즉, 가속도는 입자의 위치와 관계없이 항상 중심(원점)을 향한다. 원운동은 회전과 관련된 다른 물리량(각속도, 각가속도, 돌림힘, 회전관성 등)과 더불어 회전운동(7장)에서 자세히 다룰 것이다.

2.2.7 속도장 내에서 입자 운동

일정한 공간에 유체의 흐름이 속도장으로 주어지거나 계산이 가능한 경우, 아래와 같이 유체의 흐름에 따라 움직이는 입자를 수치적으로 적분하여 표현할 수 있다.

$$\vec{r}_f = \vec{r}_i + \vec{v}_{fluid}\Delta t$$

이 식을 이용하면 입자의 질량이 무시할 수 있을 정도로 작아서 유체의 속도에 따라 부유하는 입자를 표현할 때 적합하다. 아래 그림은 예제 2-2-15 코드의 결과로서 일정 격자 단위의 주어진 속도장에서 입자의 자취를 표현한 것이다.

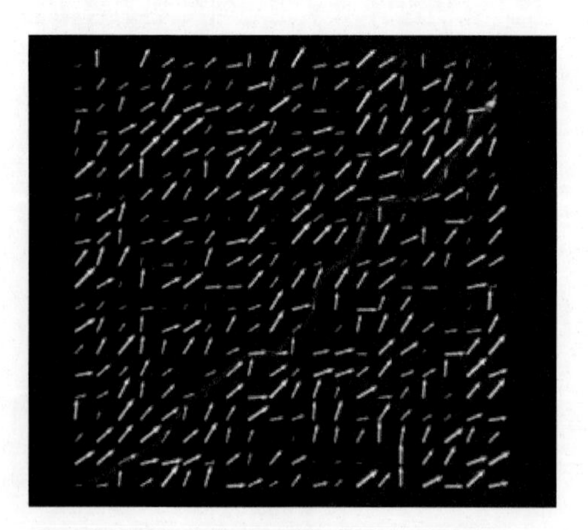

[그림 2-27] 속도 장 내의 입자 운동

입자가 격자점 사이를 지나면서 격자점 이외의 입자의 속도를 구할 때는 입자를 둘러싼 격자의 속도장을 아래의 그림과 같은 방법으로 보간(interpolation)하면 된다.

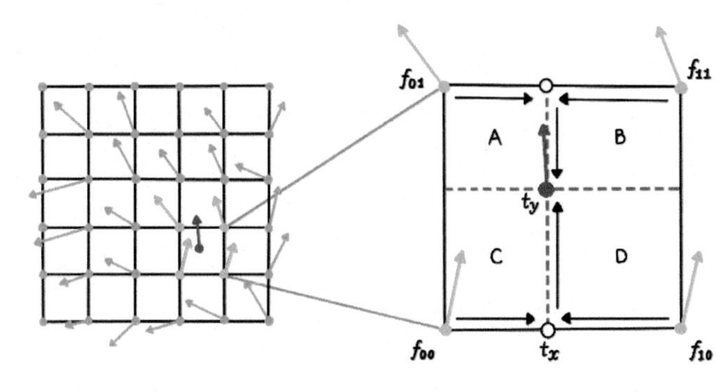

$A = t_x \cdot (1 - t_x)$
$B = (1 - t_x) \cdot (1 - t_y)$
$C = t_x \cdot t_y$
$D = (1 - t_x) \cdot t_y$

$$f = A \cdot f_{10} + B \cdot f_{00} + C \cdot f_{11} + D \cdot f_{01}$$

[그림 2-28] 2차원 선형 보간법

예제 2-2-15 속도장 내에서 입자운동

```
# 2차원 선형 보간 함수
def biInterp(pos, dx, dy, grid):
    # 현재 위치 찾기
    cellx = int(pos.x/dx)
    celly = int(pos.y/dy)
    # 현재 위치에 cellbox 만들기
    cellbox = box(pos = vec((cellx+0.5)*dx,(celly+0.5)*dy,-0.1),
              length = dx, height = dy, width = 0.05)
    # 선형 보간
    rx = pos.x - cellx * dx
    ry = pos.y - celly * dy
    resultx0 = grid[cellx][celly]*(dx-rx)/dx +
               grid[cellx+1][celly]*rx/dx
    resultx1 = grid[cellx][celly+1]*(dx-rx)/dx +
               grid[cellx+1][celly+1]*rx/dx
    result = resultx0*(dy-ry)/dy + resultx1*ry/dy
    return result
```

MEMO

```
# 그리드 설정
n = 20
m = 20
dx = 1
dy = 1

# 화면 설정
scene.center = vec(n*dx/2,m*dy/2,0)

# 리스트 생성
rList = []
objList = []

# rList, objList 리스트 초기화
for i in range(0,n):
    rList.append([])
    objList.append([])
    for j in range(0,m):
        rList[i].append(vec(random(), random(), 0))
        objList[i].append(arrow(pos=vec(i*dx,j*dy,0),
axis=rList[i][j]), shaftwidth = 0.2)


# 벡터 r_i 지정
r_i = vec(random(), random(), 0)

# 공 만들기
ball = sphere(pos = r_i, radius = 0.2, color = color.yellow, make_Trail
= True)

# 물리 성질 초기화
ball.vel = vec(0,0,0) #공의 초기 속도

attach_arrow(ball, "vel") #화살표 부착
attach_trail(ball, color = color.red) #자취 그리기
```

MEMO

```
# 시간 설정
t = 0
dt = 0.1

# 시뮬레이션 루프 (그리드를 벗어나면 종료)
while (ball.pos.x < (n-1)*dx and ball.pos.y < (m-1)*dy):
    rate(100)
    # 속도, 위치 업데이트 (bilinterp 함수 이용)
    ball.vel = biInterp(ball.pos,dx,dy,rList,objList)
    ball.pos += ball.vel*dt
    # 시간 업데이트
    t += dt

# 출력
print("loop out")
```

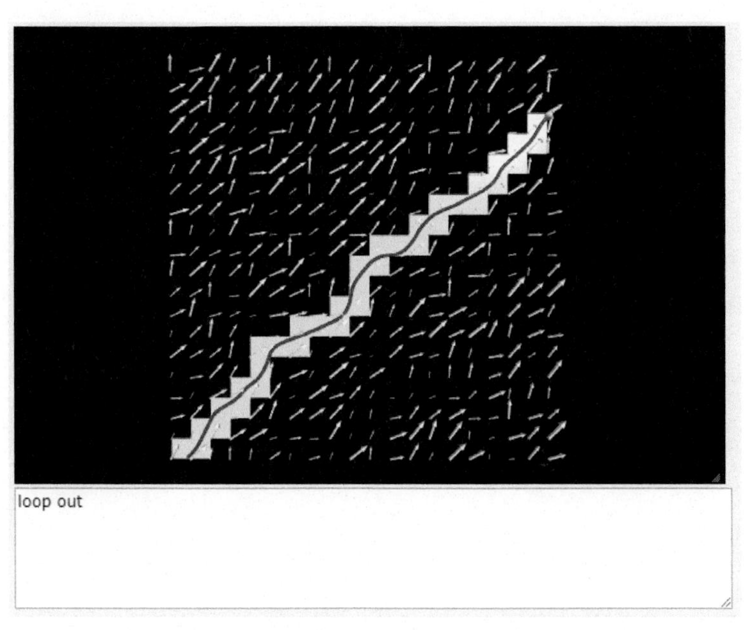

[그림 2-29] 속도 장 내에서 입자 운동

 MEMO

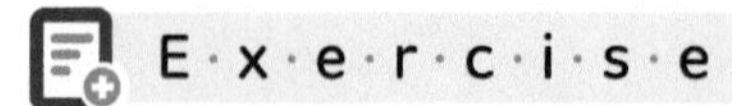

1. 등속 원 운동하는 물체의 경우, 그 물체에 작용하는 가속도가 어떻게 되는지 속도 방향에 따른 성분으로 분해하여 설명해 보라.

2. 코드 (a), (b) 중에 더 효율적인 코드를 선택하고, 그 이유를 적으시오.

(a)

```
ball.pos = ball.pos + ball.v*dt
t = t + dt

ball.pos = ball.pos + ball.v*dt
t = t + dt

ball.pos = ball.pos + ball.v*dt
t = t + dt

ball.pos = ball.pos + ball.v*dt
t = t + dt
```

(b)

```
while t < 4:
    rate(1/dt)
    ball.v = ball.v + ball.a*dt
    ball.pos = ball.pos + ball.v*dt
    t = t + dt
```

3. 어느 입자의 위치벡터가 시간(t)에 대한 함수로 아래와 같이 주어진다고 하자.

$$\vec{r}(t) = (\cos\pi t, \sin\pi t, 0)$$

(1) 속도와 가속도를 구하시오.

(2) 위치, 속도, 가속도의 방향 성분만을 볼 때, 어떤 관계인지 설명하시오.

4. 아래의 조건을 만족하는 프로그램을 작성하고 물음에 답하여라.

① 상자 A(빨간색)는 x방향으로 $3m/s$의 속도로 등속도 운동을 한다.

② 상자 B(파란색)는 x방향으로 $1m/s^2$의 가속도로 등가속도 운동을 한다.

③ 상자 B가 상자 A를 따라잡으면 프로그램을 종료한다.

④ 초기 조건은 다음과 같다.

분류	〈상자 A〉	〈상자 B〉
초기위치	(-8,0,0)	(-8,2,0)
크기	(2,1,1)	(2,1,1)
색상	빨간색	파란색
시간 간격(s)	0.01	

(1) 상자 B가 상자 A를 따라잡는 시간은 몇 초인가? 그 때 상자 B의 위치는?

(2) 상자 A, B의 시간-위치 그래프를 그리시오.

5. 아래 그래프는 엘리베이터의 수직방향 속도성분을 시간에 따라 나타낸 것이다.

(1) 10초후 엘리베이터의 위치는 어디인가?

(2) 엘리베이터 탑승객이 중력보다 더 작은 힘을 느끼는 시간 구간은 몇 초부터 몇 초까지인가? (복수 구간이 답일 수도 있음)

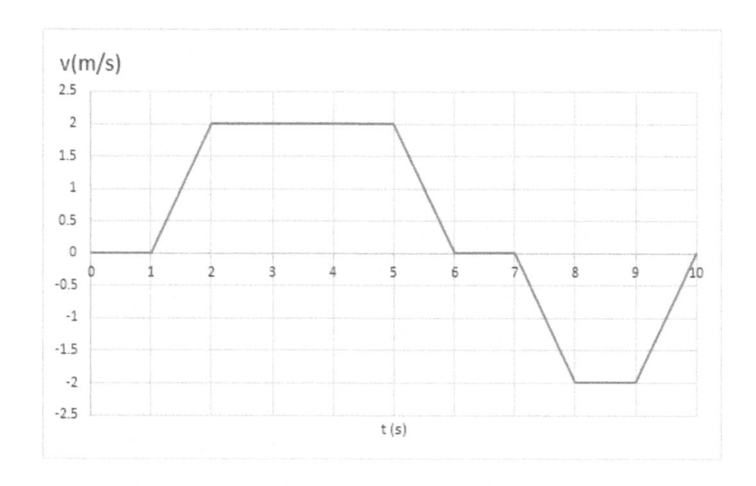

(3) 이 엘리베이터의 움직임을 재현하는 코드를 작성하시오.

MEMO

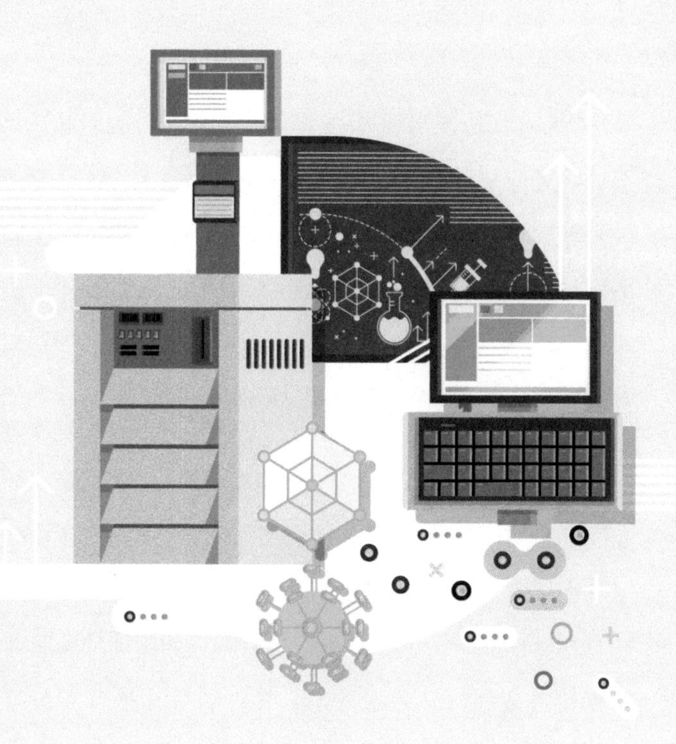

CHAPTER 3

힘

 MEMO

힘은 "물체의 운동 상태 또는 모양을 변화시키는 작용"이라고 정의할 수 있다. 여기서 모양을 변화시키는 것은 변형체와 유체와 관련지어 생각해 볼 수 있다. 모든 물체에 질점 개념을 도입하면 물체의 모양이 변하는 것도 물체를 이루는 질점의 운동 상태를 변하게 하는 것으로 볼 수 있으므로 결국엔 물체의 운동 상태를 변하게 하는 작용이 된다. 이는 뉴턴에 의해 개념적으로 정립되었으며 힘의 단위도 뉴턴의 업적을 기려서 뉴턴(N)을 사용한다.

뉴턴 이전 시절에는 힘과 에너지를 정확히 구별하지 못했다. 18세기 이전에는 운동하는 물체는 어떤 물리량을 갖게 된다는 사실을 알고는 있었으나, 이 물리량의 정의에 대한 논쟁이 벌어졌다. 데카르트는 질량×속도를 주장했으며 라이프니츠는 질량×(속도의 제곱)을 주장했었다. 만약, 데카르트의 주장 혹은 라이프니츠의 주장이 맞는다고 가정하였을 경우 현재의 물리 현상이 어떻게 변화되는지 컴퓨터로 시뮬레이션 해보는 것도 재미있을 것이다.

3.1 힘과 운동

여기서는 몇 가지 일반적인 힘의 종류에 대해서 설명하겠다. 역학에 관련된 힘을 중심으로 다룰 것이며, 전자기장이나 양자역학 분야의 힘에 대해서는 논의하지 않는다. 먼저 힘과 운동에 대한 직관적 이해를 위해 아래의 물리 시뮬레이션 코드를 실행해보자. 물체의 운동 상태(속도와 위치)를 시간에 따라 구하려면 앞서 살펴본 대로 시간에 대해 수치적분을 수행하면 된다. 운동 상태의 업데이트를 위해 필요한 것은 가속도이므로 뉴턴의 제2법칙($F = ma;\ a = F/m$)을 이용하여 힘으로부터 매 시간마다 가속도를 구하여, 물체의 운동 상태를 업데이트하면 된다. 즉, 수치적분보다 먼저, 힘을 연산하는 코드를 추가하면 된다. 물체에 작용하는 힘이 여럿일 때는 벡터의 덧셈으로 알짜 힘(합력)을 구한다.

예제 3-1-1 힘과 운동

MEMO

```
GlowScript 3.0 VPython
# 화면 설정
scene.range = 20

# 객체 만들기
ball = []
N = 50 #공의 개수

side = 10.0
thk = 0.3
s2 = 2*side - thk
s3 = 2*side + thk

wallR = box(pos = vec( side, 0, side-4), size = vec(thk, s2, 6))
wallL = box(pos = vec(-side, 0, side-4), size = vec(thk, s2, 6))
wallB = box(pos = vec(0, -side, side-4), size = vec(s3, thk, 6))
wallT = box(pos = vec(0,  side, side-4), size = vec(s3, thk, 6))
wallBK = box(pos = vec(0, 0, side-4), size = vec(s2, s2, thk))

for i in range(N):
    ball[i] = sphere(radius = 0.5 + random(), color = vec(random(),
            random(),random()))
    ball[i].pos = 0.8*side*vec.random()
    ball[i].v = side*vec.random()
    ball[i].m = ball[i].radius**3 ##kg
    # 2D
    ball[i].pos.z = side - 2
    ball[i].v.z = 0
    ball[i].mousedrag = False

# UI (마우스 조작 / 체크박스)
scene.bind("mousedown", down)
scene.bind("mousemove", move)
scene.bind("mouseup", up)
gravity_exist = checkbox(text = 'Zero-Gravity', bind = setGravity)

drag = False
chosenObj = None
chosenIdx = 0
```

MEMO

```
# 조작 함수
def down():
    global drag, chosenObj
    chosenObj = scene.mouse.pick()
    drag = True
def move():
    global drag, chosenObj, chosenIdx, ball
    if drag == True:
        for i in range(N):
            if chosenObj == ball[i]:
                chosenIdx = i
                if -side < scene.mouse.pos.x  < side and -side
                    < scene.mouse.pos.y  < side :
                    ball[i].pos.x = scene.mouse.pos.x
                    ball[i].pos.y = scene.mouse.pos.y
                    ball[i].pos.z = side - 2
                    ball[i].mousedrag = True
def up():
    global drag, chosenObj
    chosenObj = None
    drag = False
    ball[chosenIdx].mousedrag = False

def setGravity(b):
    return b.checked

# 물리 성질 초기화
g = 9.8 #중력가속도 ##m/s**2
ks = 100 #스프링 계수
kd =  1 #댐퍼 계수
e = 0.9 #탄성 계수

# 시간 설정
t = 0
dt = 0.01
scene.waitfor('click')

# 시뮬레이션 루프
while True:
    rate(1/dt)
    for i in range(N):
        # 중력
```

```
    if gravity_exist.checked == False:
        ball[i].f = ball[i].m*vec(0,-g,0)
    else:
        ball[i].f = vec(0,0,0)
    # 공 충돌 처리
    for j in range(N):
        if i == j:
            continue
        r_ij = ball[i].pos - ball[j].pos
        v_ij = ball[i].v - ball[j].v
        sum_radius = ball[i].radius + ball[j].radius
        # 스프링 & 댐퍼힘
        if sum_radius > mag(r_ij):
            ball[i].f = ball[i].f - ks*(mag(r_ij) - sum_radius)*norm(r_ij)
            ball[i].f = ball[i].f - kd*(dot(v_ij,norm(r_ij))*norm(r_ij))

# 벽면 충돌 처리
for i in range(N):
    side_b = side - thk*0.5 - ball[i].radius
    if not (side_b > ball[i].pos.x > -side_b):
        ball[i].pos.x = min(side_b, ball[i].pos.x)
        ball[i].pos.x = max(-side_b, ball[i].pos.x)
        ball[i].v.x = -e*ball[i].v.x
    if not (side_b > ball[i].pos.y > -side_b):
        ball[i].pos.y = min(side_b, ball[i].pos.y)
        ball[i].pos.y = max(-side_b, ball[i].pos.y)
        ball[i].v.y = -e*ball[i].v.y
    if not (side_b > ball[i].pos.z > -side_b):
        ball[i].pos.z = min(side_b, ball[i].pos.z)
        ball[i].pos.z = max(-side_b, ball[i].pos.z)
        ball[i].v.z = -e*ball[i].v.z

# 속도, 위치 업데이트
for i in range(N):
    if ball[i].mousedrag == False:
        ball[i].v = ball[i].v + ball[i].f/ball[i].m*dt
        ball[i].pos = ball[i].pos + ball[i].v*dt

# 시간 업데이트
t = t + dt
```

MEMO

MEMO

[그림 3-1] 힘과 운동

3.2 만유인력

[그림 3-2] 소행성과 지구의 충돌 순간

위 그림처럼 소행성이 충돌하여 지구에 큰 재앙이 일어날 수 있다는 영화들이 많이 있다. 실제로 일어날 가능성도 있는데, 그렇다면 소행성과 지구는 어떠한 힘으로 충돌하는 것일까? 소행성이 지구로 접근하면서 지구와 소행성은 서로 잡아당긴다. 두 행성이 가까워질수록 더욱 큰 힘으로 잡아당긴다. 잡아당기는 힘은 인력이라고 하고, 질량을 지닌 물체 사이에 인력이 작용하는 것을 만유인력이라 한다.

만유인력은 17세기에 뉴턴이 세 가지 운동 법칙과 함께 자신의 책 프린키피아에서 처음 소개한 물리 법칙이다. 만유인력을 식으로 정리하면 아래와 같다.

$$\vec{F} = -\frac{Gm_1m_2}{|r|^2}\hat{r}$$

* G(만유인력상수): $6.67 \times 10^{-11} Nm^2/kg^2$
$m_1,\ m_2$: 두 물체의 질량
$\vec{r} = \vec{r_2} - \vec{r_1}$

이 식은 질량이 있는 두 물체 사이에 작용하는 상호 작용력을 나타낸 식으로 뉴턴의 제3법칙에 따라 크기는 같고 방향이 반대인 힘으로 서로 잡아당기는 것을 표현하고 있으며, 이를 만유인력의 법칙이라 한다. 부연하여 설명하면, 정확히는 이 식은 두 물체 중 물체 2에 작용하는 힘을 나타낸다. 물체 1에 작용하는 힘은 작용, 반작용으로 방향은 반대이고 크기는 같다. 만유인력상수(G)는 측정된 값이며 중력상수라고도 한다. 이 상수는 매우 작아서 우리가 만유인력을 느끼려면 물체의 질량이 행성 정도로 상당히 커야 한다. 두 물체의 상대 위치는 각 물체 위치의 벡터의 차로 정의된다. 위 식을 살펴보면 거리의 제곱에 반비례하여 만유인력이 감소한다는 점도 주목해야 한다. 아래의 그래프에서 볼 수 있듯이 거리가 어느 정도 멀어지면 힘이 매우 작게 작용하고, 그 변화도 매우 작음을 알 수 있다.

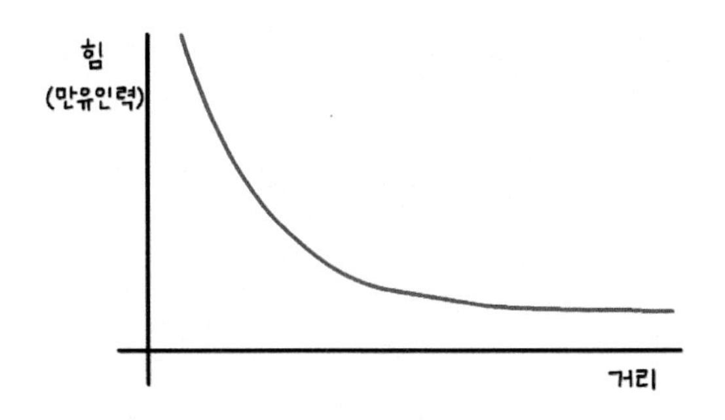

[그림 3-3] 만유인력과 거리 그래프

이제 만유인력으로 인한 지구와 달의 움직임을 시뮬레이션 해보자. 먼저, 어떠한 이유에서든 달이 멈췄다면 어떻게 될까? 만유인력에 의해 지구와 달은 서로 잡아

MEMO

 MEMO

당기고 있는 상태였을 것이고, 상당히 멀리 떨어져 있다고 할지라도 인력이 작용하니까 점점 가까워질 것이다. 작용 반작용의 법칙에 따라 달이 지구 방향으로 가까워지는 것뿐만 아니라 지구도 달 방향으로 끌려갈 것이다. 가까워질수록 힘의 크기는 더욱 커지므로 더욱 두 천체는 가속하게 된다. 점점 가까워지면 충돌하게 될까? 만약 충돌하게 된다면, 달은 작은 소행성에 비해 질량 및 크기가 훨씬 크므로 소행성 충돌해 비해 매우 큰 재앙이 될 것이다.

먼저, 달이 멈췄다고 가정하고 충돌까지 남은 시간이 얼마나 될지 코딩을 통해 구해보자. 지금부터는 힘도 고려하여 물체의 운동을 재현하는 것이므로 약간씩 복잡해질 수 있다. 코드가 복잡해질수록 논리적인 절차의 명확성이 필요한데, 코딩하기 전에 전체적인 구조를 세우고 필요한 사항을 정리하고 순서에 맞게 코딩하는 것이 코딩 실수를 줄이는 것에 도움이 된다. 또한, 이 과정은 다른 사람들로 하여금 작성된 코드를 한층 읽기 쉽게 만들어 주기도 한다.

일반적으로 물리 시뮬레이션 코드는 절차적으로 구성되므로 코딩의 구조를 세우는 것은 어렵지 않다. 이 책의 예제들과 같이 길지 않은 코드에서는 순서대로 작성해야 될 부분을 주석으로 표시하는 것으로 코딩을 시작하자.

```
# 달, 지구 만들기

# 물리 성질 & 상수 초기화 & 시간 설정

# 시뮬레이션 루프
# while ...
    # 힘

    # 속도, 위치 업데이트 (Euler - Cramer Method)
```

먼저 물체를 생성하는 코드 부분은 “#달, 지구 만들기”로 구분하여 작성하고, 다음은 “#물리 성질 & 상수 초기화 & 시간 설정”으로 구분하여 지구와 달의 물리적 성질과 시간 설정, 물리적인 상수 등을 작성한다. 그 다음 코드는 속도와 위치를 반복해서 업데이트하는 부분으로 시뮬레이션 루프를 작성하는데 while문으로 시

 MEMO

작할 것이다. 시뮬레이션 루프 안의 첫 부분은 힘을 연산하는 코드를 넣을 것이므로 "#힘"으로 써 둔다. 여기에는 만유인력을 연산하는 식을 코드로 나타내면 된다. 다음 부분은 오일러-크로머 방법에 따라 힘으로부터 가속도를 구해 속도, 위치를 순서대로 업데이트하면 된다(#속도, 위치 업데이트(Euler-Cramer Method)).

대략적으로 절차적인 구조가 형성되었으니 물체 생성으로 지구를 만들어보자. 변수명을 earth라고 지정하고, sphere 객체를 원점에 두고 반지름은 지구의 실제 반지름 6400km를 미터로 바꾸어 6,400,000으로 설정한다. 이 지구에 색을 지정해도 되지만, 실제 지구처럼 표현하기 위해 생성되는 구의 표면에 실제 지구 사진 텍스처를 설정할 수 있다. VPython에서 텍스처 설정은 texture 속성에 값을 넣으면 되는데, 지구 사진은 textures.earth로 되어 있으므로 이를 지정하였다.

```
# 지구 만들기
Earth = sphere(pos = vec(0,0,0), radius = 6400000, texture = textures.earth) ##m
```

여기까지 작성하고 실행시켜보면, 아래 그림처럼 나타난다.

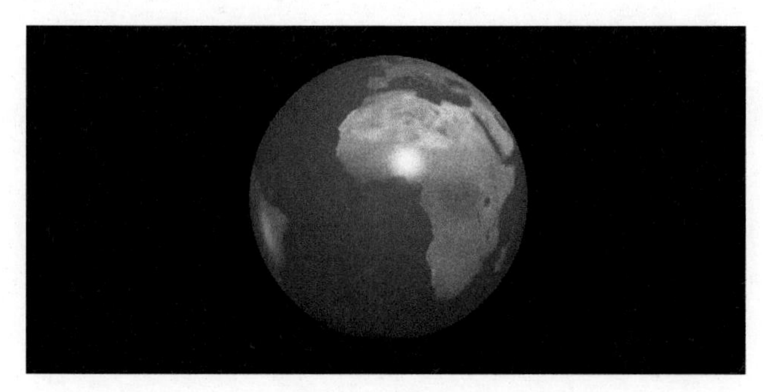

[그림 3-4] 지구

우주 공간에 지구가 있는 것처럼 보이는데, VPython(GlowScript)에서는 기본적으로 카메라를 생성된 물체 전체가 보이도록 적절히 카메라를 조정해 둔다. 그래서 매우 큰 물체 혹은 작은 물체를 생성하더라도 적절한 크기로 보이게 된다. 이 상태에서 마우스 혹은 터치로 지구를 돌려볼 수도 있고, 카메라를 줌-아웃해서 지구를 작게 보거나 아니면, 줌-인해서 자세히 볼 수도 있다. 이제 아랫줄에 달도 만들어보자.

MEMO

```
# 상수 초기화
r = 385000e3 #지구와 달 사이의 거리 ##m

# 달 만들기
Moon = sphere(pos = vec(r,0,0), radius = 173700, color = color.white,
make_trail = True) ##m
```

달도 역시 마찬가지로 하면 된다. 지구와 달 사이는 거리를 변수 r에 넣는다. 약 385,000km 떨어져 있으므로 미터로 바꾸어 설정한다. 이번에는 지수로 표시하는 방법으로 숫자를 설정하겠다. 10의 3제곱은 파이썬 코드에서는 e3으로 표시하면 되므로, r = 385000e3으로 작성한다. 달도 구 형태이므로 sphere 객체로 만들고 생성 위치는 x축 방향 +r만큼 떨어지게 한다. 또한, 실제 달의 반지름 1,737km를 미터로 설정한다. 마지막으로 달이 움직일 때는 자취가 남도록 make_trail을 true로 설정한다. 지구와 달을 실제 크기와 실제 떨어진 거리로 만들어보았는데, 코드를 실행시켜 결과를 확인해보자. 예상했던 것과는 달리 지구와 달이 꽤 작게 보일 것이다.

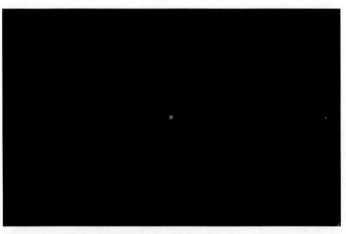

[그림 3-5] 지구와 달

우리가 다큐멘터리 실제 우주 공간에서 지구하고 달을 동시에 보면 이 크기로 보이는 것이 맞다. 하지만 전체를 시뮬레이션하는 동안은 약간 과장하여 익숙한 크기로 변경하자. 변수 sf에 6을 설정하고, 달과 지구의 반지름을 6배씩 확대한다.

```
sf = 6 #크기 조정을 위한 변수
Earth.radius = sf * Earth.radius
Moon.radius = sf * Moon.radius
```

MEMO

[그림 3-6] 반지름을 6배씩 확대한 지구와 달

이제 달과 지구의 물리 상수와 물리적인 속성을 코드로 작성해 넣도록 한다. 만유인력상수 G와 지구 질량, 달의 질량을 각 변수에 할당한다.

```
# 물리 성질 & 상수 초기화
G = 6.67e-11 #만유인력상수 ##N*m**2/kg**2
Earth.mass = 5.972e24 #지구 질량 ##kg
Moon.mass = 7.36e22 #달 질량 ##kg
Earth.v = vec(0,0,0) #지구 초기 속도 ##m/s
Moon.v = vec(0,0,0) #달 초기 속도 ##m/s
```

VPython(GlowScript)에서는 물체에 새로운 속성을 쉽게 추가 할 수 있는데, 기존 속성에 접근하는 것과 같이 "."을 사용하면 된다. 위 코드에서처럼 지구의 질량은 earth.mass, 달의 질량은 moon.mass라는 속성 변수로 설정한다. 일단 지구와 달이 모두 멈춰있는 것을 가정하려 하므로 두 천체의 속도도 0으로 설정한다. 마지

 MEMO

막으로 시뮬레이션 루프에 들어가기 전에 꼭 해야 할 것은 시간에 대한 설정이다. 시작 시각은 0초로 한다. 시간 간격 dt를 정해야 하는데, 지구와 달 사이의 거리가 상당히 멀기 때문에, 너무 짧게 하면 안 된다. 달이 대략 한 번 공전하는데 한 달 정도 걸리니까, 0.03초로 하면 시뮬레이션으로 달의 움직임을 보려면 상당한 시간을 기다려야 할 것이다. 일단 1분(60초) 정도로 설정하고 움직임을 살펴보도록 하자.

```
# 시간 설정
t = 0 ##s
dt = 60 ##s
```

시뮬레이션 루프는 while문으로 시작하고 특별한 일이 없으면 무한히 반복되도록 설정하자. 즉, while문의 조건을 판단하는 부분을 True로 한다. rate 값을 천체의 실제 속도로 하면 너무 느리므로 1,000으로 설정하여 1/1,000초마다 달과 지구의 움직임을 업데이트한다.

```
# 시뮬레이션 루프
while True:
    rate(1000)
```

이제 만유인력을 계산하는 코드를 추가하도록 하자. 이는 만유인력 식을 참고로 작성하면 된다. 먼저, 지구에서 달까지의 위치 벡터 r을 아래와 같이 지정하게 하자. 이 위치 벡터는 시뮬레이션하는 동안에 계속 바뀔 테니까 while 루프 안에서 힘을 구하기 전에 항상 다시 계산해야 한다. 다음으로 달이 받는 힘(Moon.f)을 만유인력 식을 참고로 지정하였다. 즉, 만유인력상수(G)×지구 질량(Earth.mass)×달 질량(Moon.mass) / 지구-달 사이 거리(mag(r))의 제곱으로 만유인력의 크기를 구하고, 마지막으로 달의 받는 힘의 방향(-norm(r))을 곱하면 된다. 지구가 받는 힘은 작용 반작용 법칙에 따라서 달의 받는 힘의 부호만 바꾸면 된다(Earth.f = -Moon.f). 지구와 달 사이의 거리가 계속해서 변함에 따라 만유인력도 변하므로,

이 만유인력을 계산하는 코드 역시 매 시간 간격마다 구해야 하므로 while 루프 안에 넣어져야 한다.

```
# 시뮬레이션 루프
while True:
    ...
    # 만유인력
    r = Moon.pos - Earth.pos
    Moon.f = -G*Earth.mass*Moon.mass/mag(r)**2*norm(r)
    Earth.f = -Moon.f #뉴턴 제 3법칙 적용(작용 반작용)
```

다음은 오일러-크로머 방법을 통해 시간에 대하여 수치적으로 적분하는 코드를 작성한다. 달과 지구의 속도를 먼저 업데이트하는 코드에서 가속도를 설정해야 하는데, 이는 뉴턴의 제2법칙($\vec{F} = m\vec{a}$) 식에서 가속도는 힘을 질량으로 나눈 것이므로 이를 바로 적용하면 된다. 즉, 달의 가속도는 Moon.f/Moon.mass이고 지구의 가속도는 Earth.f/Earth.mass가 된다. 이 후, 각 천체의 위치를 업데이트하고 시간도 잊지 않고 업데이트한다.

```
# 속도, 위치 업데이트
Moon.v = Moon.v + Moon.f/Moon.mass*dt
Earth.v = Earth.v + Earth.f/Earth.mass*dt
Moon.pos = Moon.pos + Moon.v*dt
Earth.pos = Earth.pos + Earth.v*dt

# 시간 업데이트
t = t + dt
```

이제 코드 작성을 거의 마쳤다. 하지만 이 시뮬레이션을 통해 달과 지구가 충돌하는데 걸리는 시간도 알아보려고 한다. 그래서 달과 지구의 충돌을 여부를 검사하고 그 시간을 기록하는 코드도 작성한다.

MEMO

 MEMO

```
# 지구와 달의 충돌 시 시뮬레이션 루프 탈출
if Earth.radius + Moon.radius > mag(r):
    print("Collision!")
    print( t/60/60/24, "days")
    break
```

지구와 달이 충돌했는지 어떻게 알 수 있을까? if 조건문을 이용하면 되는데, 지구의 반지름과 달의 반지름의 합이 지구와 달 사이의 거리보다 커지는 상황이면 충돌한 것으로 판단할 수 있다. 충돌하면 "Collision!"을 출력하고 시간 단위를 하루로 바꾸어 출력하는 코드를 작성한다. 시간 t는 단위가 초이므로 하루로 바꾸려면 60으로 나누어 분으로, 다시 60으로 나누어 시간으로, 또 다시 24로 나누어 하루로 바꾼다. 마지막으로 충돌 후에는 시뮬레이션 루프를 빠져나오도록 break를 꼭 설정해야 한다. 그렇지 않으면 충돌 후에도 무한 루프를 돌 것이다. 모든 코드를 완성했으면 실행해보자. 만유인력에 의해 달이 지구 쪽으로 움직이는 것을 확인할 수 있다. 지구는 달보다 질량이 80배 이상 크기 때문에 약간 움직이는데, 확대해서 보지 않으면 알기 어렵다. 두 천체가 움직이다가 충돌하게 되면 아래의 출력 창에 Collision!과 충돌한 시간 약 4.74일이 출력된다. 만약에 달이 멈춘다면 인류에게 남은 시간은 5일도 채 되지 않는다는 것이다. 그렇다면 실제로 이렇게 달이 지구와 온전하게 충돌하게 되는 것일까? 그렇지는 않다. 달이 갑자기 멈춰서 지구에 접근한다고 해도 달의 부피가 상당히 크기 때문에 달이 지구에 점점 가까워지는 어떤 지점에서는 지구가 당기는 힘이 달의 중심에서 그 지점을 당기는 힘보다 커지게 된다. 그렇게 되면 달은 구 형태를 유지하지 못하고, 타원으로 길게 늘어지면서 부서지게 된다. 이 때문에 달 전체가 모양을 유지한 채 지구와 충돌하지는 않는다. 달이 이렇게 부서지기 시작하는 지점은 지구로부터 약 9,500km 떨어져 있으며, 이를 로슈 한계라고 한다.

하지만 지금까지 코딩한 달과 지구의 운동을 계산하는 모형에서는 이 부분을 포함하지 않았다. 그래서 달이 부서지지 않고 그대로 충돌하는 것으로 시뮬레이션된 것이다. 소행성의 경우는 크기가 달보다 반지름이 수백km 이하로 훨씬 작고 모양을 유지하는 것도 소행성 자체 중력이 아니라, 자체 결합력이라고 할 수 있다. 일반적인 암석들이 모양을 유지하는 것과 마찬가지로 형태를 유지하는 것이다. 그래서 소행성의 경우는 결합력이 중력에 비해서 훨씬 크니까 지구로 끌어당겨졌을 때 부서지지 않고 충돌할 수도 있게 된다.

지금까지 지구와 달의 움직임을 코딩하고 충돌 시간까지 시뮬레이션으로 구할 수 있었다. 물론, 종이와 펜을 이용해서 식을 계산하고 적분을 직접 풀 수도 있다. 하지만 적분에 익숙하지 않고, 식을 정리하거나 연산을 잘 못 한다고 해도 몇 줄 안 되는 코드로 충돌 시간을 근사적으로 구할 수 있다. 이것이 물리 시뮬레이션을 코딩하는 또 다른 재미라 할 수 있겠다.

MEMO

예제 3-2-1 만유인력의 법칙 (지구와 달)

```
# 지구, 달 만들기
Earth = sphere(pos = vec(0,0,0), radius = 6400000, texture = textures.earth)
Moon = sphere(pos = vec(385000e3,0,0), radius = 1737000, make_trail = True)

sf = 6 #크기 조정을 위한 변수
Earth.radius = sf*Earth.radius
Moon.radius = sf*Moon.radius

# 물리 성질 & 상수 초기화
G = 6.67e-11 #만유인력상수
Earth.mass = 5.972e24 #지구 질량
Moon.mass = 7.347e22 #달 질량
Earth.v = vec(0,0,0) #지구 초기 속도
Moon.v = vec(0,0,0) #달 초기 속도

# 시간 설정
t = 0
dt = 60

# 시뮬레이션 루프
while True:
    rate(1000)
```

MEMO

```
# 만유인력
r = Moon.pos - Earth.pos
Moon.f = -G*Earth.mass*Moon.mass/mag(r)**2*norm(r)
Earth.f = -Moon.f #뉴턴 제 3 법칙 적용(작용 반작용)

# 속도, 위치 업데이트
Moon.v = Moon.v + Moon.f/Moon.mass*dt
Earth.v = Earth.v + Earth.f/Earth.mass*dt
Moon.pos = Moon.pos + Moon.v*dt
Earth.pos = Earth.pos + Earth.v*dt

# 시간 업데이트
t = t + dt

# 지구와 달의 충돌 시 시뮬레이션 루프 탈출
if Earth.radius + Moon.radius > mag(r):
    print("Collision!")
    print( t/60/60/24, "days")
    break
```

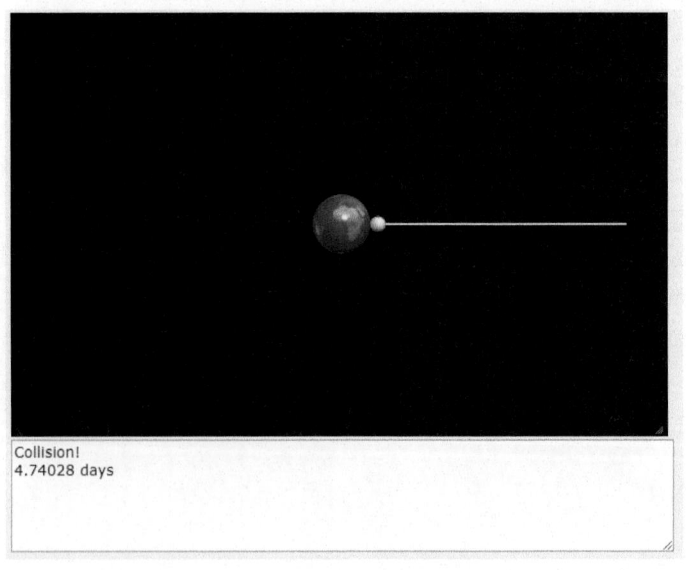

[그림 3-7] 달이 멈춘다면

MEMO

■ 달의 공전

실제로는 달이 멈춰있지 않으므로 달의 초기 속도를 변경해보자. 실제 달의 공전 속도는 약 초속 1022미터 이므로 이를 초기 속도 설정에 반영하고, 속도의 방향은 지구에서 달까지의 위치 벡터와 수직으로 설정한다.

```
Moon.v = vec(0,1022,0) ##m/s
```

코드를 이렇게 숫자 하나만 바꾸고 실행시켜보면 달이 지구 주위를 거의 원형으로 공전하게 됨을 알 수 있다.

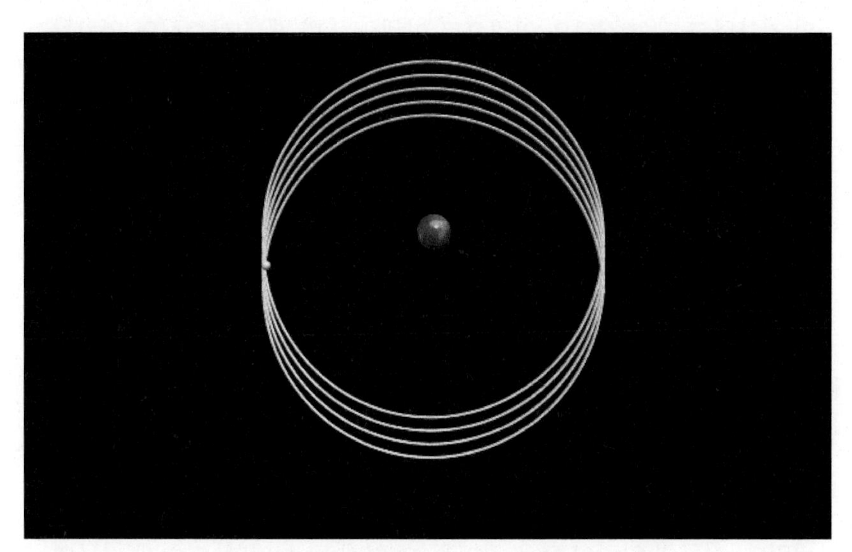

[그림 3-8] 조금씩 위로 올라가는 달의 공전 궤도

지구의 움직임을 자세히 보기 위해 줌 인을 하면 지구도 작은 원을 그리며 움직이는 것을 확인 할 수 있다. 사실 달과 지구 모두 두 천체의 질량중심을 기준으로 원운동을 한다. 그런데 시뮬레이션이 진행되는 것을 보면 달의 궤도가 점점 위로 올라가고 있고, 지구의 궤도도 마찬가지로 조금씩 위로 올라가고 있다. 그 이유는 달의 초기 속도가 +y축 방향이기에 만유인력에 의하여 지구도 조금씩 +y축 방향으로 이동했기 때문이다. 즉, 두 천체질량 중심이 전체적으로 위로 움직이는 경향

MEMO

이 생긴 셈이다. 궤도가 위로 올라가는 것처럼 보이지 않게 하려면 어떻게 해야 할까? 달의 초기 속도가 있는 것처럼 지구에도 초기 속도를 설정하면 된다. 달과 지구의 질량중심이 움직이지 않게 하려면, 달의 초기 속도 방향과는 반대 방향으로 지구의 초기 속도 방향을 설정 한다. 물론 지구는 달보다 훨씬 무겁기 때문에 속도의 크기는 작아야 한다. 정확히는 지구의 속도를 (달의 속도)×(달의 질량)/(지구의 질량)으로 설정한다. 코드에 반영하여 실행시켜보자.

이렇게 설정하는 이유는 나중에 배우게 될 운동량보존법칙 때문이다. 지구와 달을 하나의 시스템으로 생각했을 때, 총 운동량이 0이 되도록 한 것이다. 즉, (달의 질량)×(달의 속도) + (지구의 질량)×(지구의 속도)를 0으로 만든 것이다. 이렇게 하면 지구하고 달이 서로의 인력으로 인해 운동할 때 질량중심의 위치는 변하지 않는다. 다시 실행시키면 달과 지구가 위로 올라가지 않고 원운동을 하는 것을 확인할 수 있다. 지구도 자세히 보면, 달과 지구의 질량중심으로 아주 작은 원운동을 하고 있는 걸 알 수 있다.

이제 달의 원래 공전 속도를 원래의 반으로 조정하고 실행시켜보면, 공전 궤도가 작은 타원이 된다. 자세히 보면 지구와 가까워졌을 때, 달의 움직임이 빨라지고 지구와 멀어졌을 때는 느려진다. 이는 케플러 제2법칙에 정확히 부합하는 현상이다. 다음으로 달의 원래 공전 속도의 1.2배를 해서 시뮬레이션하면 큰 타원 궤도를 형성한다. 마지막으로 원래 공전 속도의 1.5배 정도로 높게 설정하면, 달은 멀리 가버린다. 지구의 인력이 달을 잡아둘 수 없게 된 셈이다. 이렇게 지구의 중력을 이기고 탈출할 정도의 속력을 탈출 속력이라고 한다. 추후 에너지 단원에서 정확하게 탈출 속력 식을 유도하도록 하겠다. 지금까지 우리는 뉴턴이 머리로 생각하고 수학적으로 정리한 궤도를 컴퓨터로 재현한 것이다. 다만 컴퓨터 재현이라는 점에서 수학적으로 구한 궤도만큼 정확하지 않음에 유의해야 한다. 궤도를 확대해서 살펴보면 곡선이 아니라 작은 직선의 연속임을 알 수 있으며 이는 시간 간격이 무한히 작지 않은 것에 의한 것이다.

MEMO

지구상의 물체에 작용하는 중력의 경우는 지구와 물체 사이의 질량의 비가 매우 크고 물체의 고도가 많이 변하지 않고 물체의 이동거리도 짧다고 가정한다면, 만유인력 식을 간략화 할 수 있다. 게다가 물체와 비교해, 지구는 매우 크므로 지표면을 평면으로 가정할 수 있고, 중력의 방향도 지표면의 법선으로 가정하여 중력 방정식을 근사한 방정식을 아래와 같이 만들 수 있다.

$$\vec{F} = -mg\hat{y}$$

여기서, $\hat{y}$는 y축 방향 벡터이며, $g = GM/R^2 \approx 9.8m/s^2$ 이 된다. 이를 중력 가속도라 한다. 가속도와 단위가 같다. 간혹, 물체의 질량과 구분되어 무게(w)라는 용어를 사용하는데, 그 둘은 차이가 있다. 무게는 질량에 중력 가속도가 곱해진 스칼라량($w = mg$)으로서, 지구상의 어느 위치에서 측정하느냐에 따라 다른 값을 갖는다. 적도 근처보다는 극지방이, 고도가 낮은 곳보다는 높은 곳에서 무게는 미세하게나마 감소한다. 이는 지구 중심에서 거리가 미세하게나마 멀기 때문이다.

■ 3체 운동

지금까지는 2개 물체 사이에서의 만유인력에 관해서 알아 보았다. 2개 물체에서의 만유인력에 의한 물체의 궤적은 (1)직선, (2)원, (3)타원, (4)포물선, (5)쌍곡선 중에 하나로 표현할 수 있다. 하지만, 물체가 3개 이상일 때의 만유인력에 의한 궤적은 훨씬 복잡할 수 있으며, 사실상 해석적인 해를 쉽게 구할 수 없다고 알려져 있다. 아래의 코드 예처럼 목성 근처 소행성의 움직임을 보면, 소행성의 움직임에 태양과 목성이 동시에 작용하여 복잡한 궤도가 형성됨을 알 수 있다. 이러면 해석적인 해는 비록 구하지 못할지라도, 아래의 그림처럼 3체 각각 인력의 합을 구하여 알짜 힘을 계산한 후 시뮬레이션 시간마다 적용하여 행성의 궤적을 예측해 낼 수 있다. 물론 수치 적분으로 예측하므로 오차는 항상 고려해야 한다.

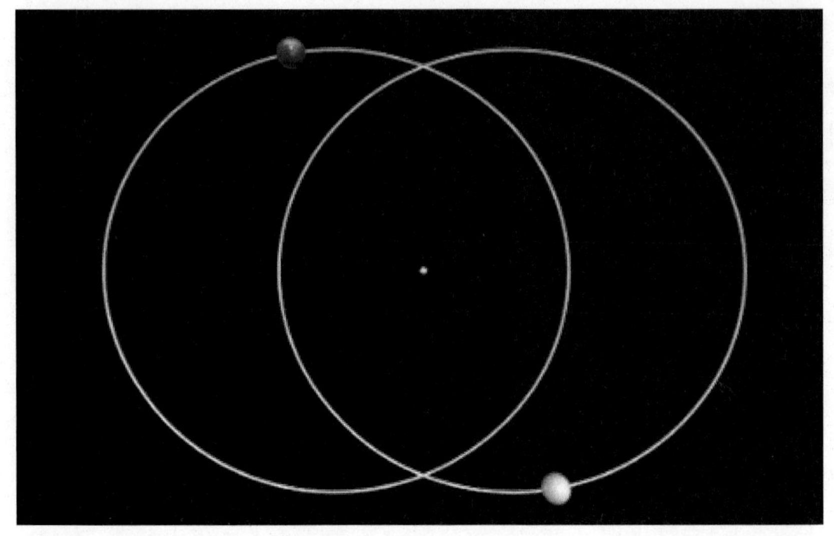

[그림 3-9] 3체의 만유인력

■ 초기 조건에 따른 운동의 변화

2체 운동의 경우는 초기 조건에 약간의 변화를 주면 궤도가 약간 변화할 뿐이다. 하지만 3체 이상일 경우는 초기 조건이 아주 약간 변화하더라도 그 움직임은 매우 크게 변할 수 있다(그림 3-10 참고).

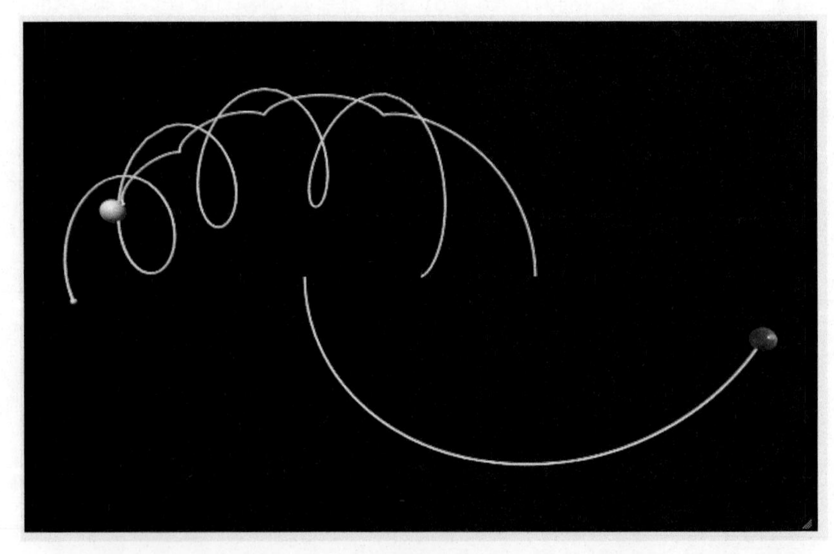

[그림 3-10] 3체 운동에서 초기 위치의 변화

아래의 예제들을 통해 만유인력에 대한 다양한 상황을 시뮬레이션 해보자.

MEMO

예제 3-2-2 지구중력과 사과의 궤도 운동

```
# 화면 설정
scene.range = 20000

# 크기 조정을 위한 변수
sf = 10000
sf_e = 1

# 지구, 사과 만들기
earth = sphere(pos = vec(0,-6400000,0), radius = sf_e*6400000, color =
color.blue)
apple = sphere(pos = vec(0,1000,0), radius = sf*0.1, color = color.red,
make_trail = True)

# 물리 성질 & 상수 초기화
apple.m = 0.1 #사과 질량 ##kg
apple.v = vec(7900,0,0) #사과 초기 속도 ##m/s
earth.m = 5.98e24 #지구 질량
earth.v = vec(0,0,0) #지구 초기 속도
G = 6.67e-11 #중력상수 ##N*m**2/kg**2

# 시간 설정
t = 0 ##s
dt = 1 ##s

# 시뮬레이션 루프
while t < 10000:
    rate(10000)
    # 만유인력
    F = -G*earth.m*apple.m/mag(earth.pos-apple.pos)**2*norm(earth.pos-apple.pos)
    # 뉴턴 제 3법칙 적용 (작용 반작용)
    earth.force = F
    apple.force = -F
```

MEMO

```
# 속도, 위치 업데이트
apple.v = apple.v + apple.force/apple.m*dt
earth.v = earth.v + earth.force/earth.m*dt
apple.pos = apple.pos + apple.v*dt
earth.pos = earth.pos + earth.v*dt

print(t/3600,":",mag(apple.pos-earth.pos)) #출력

scene.center = apple.pos #화면 업데이트

# 시간 업데이트
t += dt
```

[그림 3-11] 지구 중력과 사과의 궤도 운동

예제 3-2-3 달 탐사선

MEMO

```
# 지구, 달 탐사선, 달 만들기
Earth = sphere(pos = vec(0,0,0), radius = 6.4e6, color = color.blue)
craft = sphere(pos = vec(-10*Earth.radius,0,0), radius = 1e6, color =
color.yellow, make_trail = True)
Moon  = sphere(pos = vec(4e8,0,0), radius = 1.75e6)

# 물리 성질 & 상수 초기화
G = 6.7e-11 #중력 상수
Earth.m = 6e24 #지구 질량
craft.m = 15e3 #달 탐사선 질량
Moon.m = 7e22 #달 질량

# 달 탐사선 초기속도 초기화
craft.v = vec(0,2e3,0) #1.달이 없을 경우
#craft.v = vec(0,4e3,0)  #2.쌍곡선1
#craft.v = vec(0,3.5e3,0) #3.쌍곡선2
#craft.v = vec(0,3.27e3,0) #4.임계속도

# 시간 설정
t = 0
dt = 60

# 시뮬레이션 루프
while t < 10*365*24*60*60:
    rate(500)
    # 지구 - 달 만유인력
    r = craft.pos - Earth.pos
    rmag = mag(r)
    rhat = r/rmag
    Earth.f = -G*Earth.m*craft.m/rmag**2*rhat
    # 달 - 달 탐사선 만유인력
    rmoon = craft.pos - Moon.pos
    rmoon_mag = mag(rmoon)
    rmoon_hat = rmoon/rmoon_mag
    Moon.f = -G*Moon.m*craft.m/rmoon_mag**2*rmoon_hat
```

MEMO

```
# 알짜힘 (달과 지구가 달 탐사선에 가하는 힘)
craft.f = Earth.f + Moon.f
#print("Fnet = ", craft.f) #출력

# 속도, 위치 업데이트
craft.v = craft.v + craft.f/craft.m*dt
craft.pos = craft.pos + craft.v*dt

# 시간 업데이트
t = t + dt
```

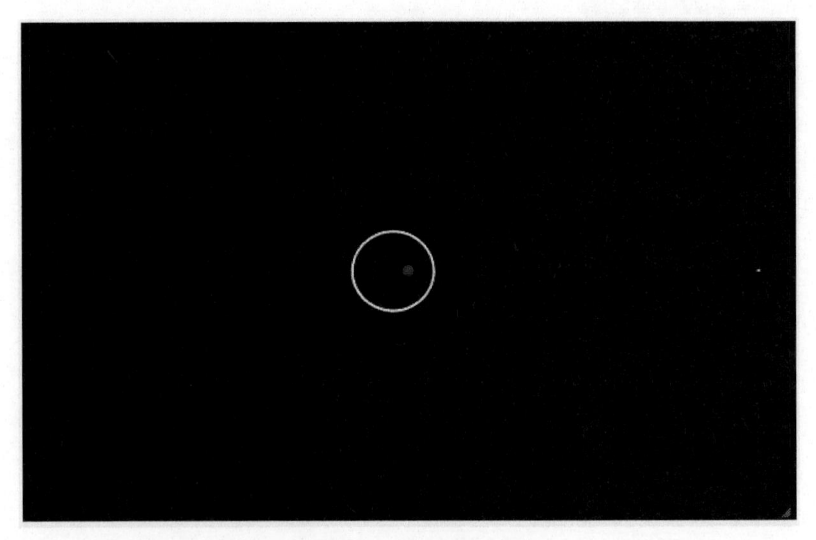

[그림 3-12] 달 탐사선

예제 3-2-4 중력 응용: 달 착륙선 게임

```
# 화면 설정
scene.range = 20

# 배경(curve 메소드 사용), 착륙지점, 달 착륙선 만들기
obs = curve() #배경
obspos = list() #배경 꼭짓점 위치 리스트
```

MEMO

```
land = list() #착륙지점
landpos = list() #착륙지점 위치 리스트
landcount = 0 #착륙지점 개수
height = -10.05
interval = 0 #간격
st = True #시작 지점인지 아닌지 판별하기 위한 변수

for i in range(40):
    flag = random()
    if st == True: #시작지점일 경우 무조건 바닥에서 시작
        obspos.append(vec(random()*2+interval, height, 0))
        st = False
    else:
        if flag < 0.2 :
            temppos = vec(random()+interval, random()*10+random(), 0)
            obspos.append(temppos) #배경 꼭짓점 위치
            flag2 = random()
            if flag2 < 0.5:
                landpos.append(temppos) #착륙지점 위치
                landcount += 1
        elif flag < 0.4:
            temppos = vec(random()+interval, random()*10*2, 0)
            obspos.append(temppos) #배경 꼭짓점 위치
            flag2 = random()
            if flag2 < 0.5:
                landpos.append(temppos) #착륙지점 위치
                landcount += 1
        elif flag < 0.6:
            temppos = vec(random()+interval, random()*10*4, 0)
            obspos.append(temppos) #배경 꼭짓점 위치
            flag2 = random()
            if flag2 < 0.5:
                landpos.append(temppos) #착륙지점 위치
                landcount += 1
        else:
            #배경 꼭짓점 위치
```

MEMO

```
            obspos.append(vec(random()+interval, height, 0))
        interval += 10 #간격 10씩 증가
obs.append(obspos) #배경
for i in range(landcount): #착륙지점
    land.append(cylinder(pos = landpos[i], axis = vec(0, 1, 0), radius =2,
                         color = color.blue))

#달착륙선 만들기
spaceship = box(pos = vec(0,8,0), size = vec(2,5,2), color = color.yellow)

# 물리 성질 & 상수 초기화
spaceship.m = 1 #달 착륙선 질량
spaceship.v = vec(0 ,0 ,0) #달 착륙선 초기 속도
g = 1/6 * vec(0,-10,0) #달 중력가속도(지구의 1/6배)

# 시간 설정
t = 0
dt = 0.05

scale = 5.0 #크기 조정을 위한 변수

# 게임을 위한 변수 설정
fuel = 200 #연료
point = 0 #점수
clickcount = 0 #클릭횟수

# 게임 라벨
gametxt = label( pos = scene.center - vec(scene.range, 0,0), text='left
fuel : ' + fuel + '\n' + 'point : ' + point )

# 벡터 Fthrust 지정 (추력)
Fthrust  = vec(0,0,0)

# 중력, 추력 벡터 표현
FgravArrow  =  arrow(pos  =  spaceship.pos,  axis  =  scale*spaceship.m*g,
color = color.red)
```

```
FthrustArrow = arrow(pos = spaceship.pos, axis = Fthrust, color =
color.cyan)

# 키보드 조작 함수1 (키를 누를 경우)
def keydown(evt):
    # 키에 따라 추력 벡터 값 변환
    s = evt.key
    if s == 'left':
        global Fthrust
        Fthrust = vec(-2,0,0)
    if s == 'right':
        global Fthrust
        Fthrust = vec(2,0,0)

# 키보드 조작 함수2 (키를 눌렀다 뗄 경우)
def keyup(evt):
    s = evt.key
    if s == 'left' or s == 'right' :
        global Fthrust
        global fuel
        Fthrust = vec(0,0,0) #추력 제거
        fuel -=5 #연료 감소



# 마우스 조작 함수1 (마우스 버튼이 눌릴 경우 추력 벡터의 y값 변환)
def down(ev):
    global Fthrust
    global fuel
    global clickcount
    #처음 클릭 시 연료 사용 안함(첫 시뮬레이션 시작에서 사용)
    if clickcount != 0:
        fuel -= 5 #연료 감소
    clickcount +=1 #클릭 횟수 증가
    Fthrust = vec(0,4,0) #추력 증가
```

MEMO

MEMO

```
# 마우스 조작 함수2 (마우스 버튼을 눌렀다 뗄 경우 추력 제거)
def up(ev):
    global Fthrust
    Fthrust = vec(0,0,0) #추력 제거

# 키보드/마우스 조작함수 등록
scene.bind('mouseup', up)
scene.bind('mousedown', down)
scene.bind('keydown', keydown)
scene.bind('keyup', keyup)
scene.waitfor('click')

Flag = True #중력이 작용하는지 체크
cFlag = False #충돌이 된 상태인지 체크

# 시뮬레이션 루프
while t < 1000:
    rate(100)
    # 달 착륙선이 비행 중인 상태
    if Flag == True:
        #중력
        Fgrav = spaceship.m * g
        #알짜힘
        Fnet = Fgrav + Fthrust
    #착륙지점에 착륙해 대기 중인 상태
    else:
        scene.waitfor('click') #클릭 대기
        Fthrust = vec(0,4,0)
        Flag = True
        cFlag = True

    # 착륙지점에서 다시 비행을 시작하는 상태
    if (spaceship.pos.y - spaceship.size.y/2)
            - (land[i].pos.y + land[i].size.y/2) > 1 and cFlag == True:
        cFlag = False
        Flag = True
```

MEMO

```
        Fthrust = vec(0,0,0)

    # 속도, 위치 업데이트
    spaceship.v = spaceship.v + Fnet/spaceship.m*dt
    spaceship.pos = spaceship.pos + spaceship.v*dt

    # 착륙지점에 막 착륙한 상태
    if cFlag == False :
        for i in range(landcount):
            if abs(spaceship.pos.x - land[i].pos.x) < 2
              and  0  <=  (spaceship.pos.y  -  spaceship.size.y/2)  -
                          (land[i].pos.y + land[i].size.y/2) <= 0.5:
                Flag = False
                spaceship.pos  =  vec(land[i].pos.x,  land[i].pos.y  +
spaceship.size.y/2, 0)
                spaceship.v = vec(0,0,0) #달 착륙선 정지
                point += 5 #점수 획득
                break

    # 게임 라벨 업데이트
    gametxt.pos = scene.center - vec(scene.range, 0,0)
    gametxt.text = 'left fuel : ' + fuel + '\n' + 'point : ' + point

    #화면 업데이트
    scene.center = vec(spaceship.pos.x, 0,0)
    if spaceship.pos.y > 20:
        scene.range = spaceship.pos.y + 5

    # 중력, 추력벡터 업데이트
    FgravArrow.pos = spaceship.pos
    FgravArrow.axis = scale*Fgrav
    FthrustArrow.pos = spaceship.pos
    FthrustArrow.axis = scale*Fthrust

    # 연료가 부족할 경우 시뮬레이션 루프 탈출
    if fuel <= 0:
```

MEMO

```
    print("연료부족")
    spaceship.pos = vec(spaceship.pos.x, height, 0) #위치 업데이트
    FgravArrow.visible = False #중력 벡터 삭제
    FthrustArrow.visible = False #추력 벡터 삭제
    break

# 바닥과 충돌시 시뮬레이션 루프 탈출
if spaceship.pos.y < height:
    print("바닥과충돌")
    break

# 시간 업데이트
t = t + dt
```

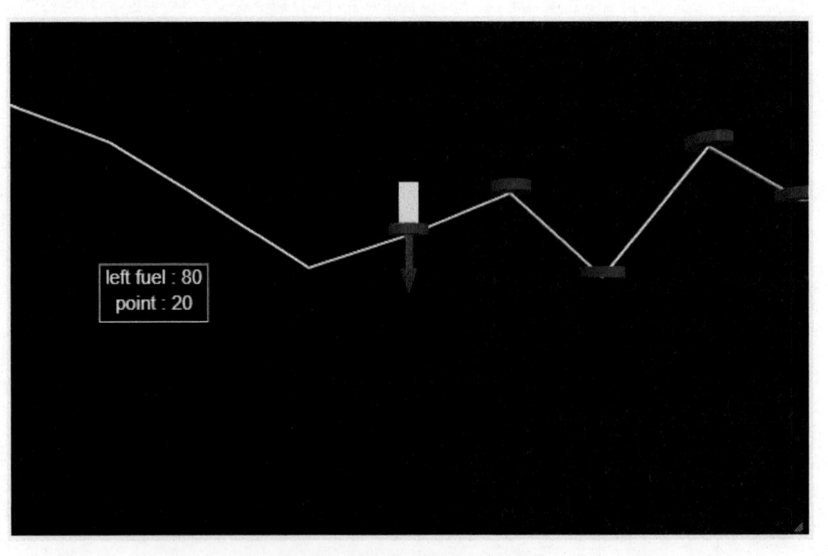

[그림 3-13] 달착륙선 게임

3.3 공기 저항력

MEMO

갈릴레이 이전에는 무거운 물체가 가벼운 물체보다 먼저 떨어진다고 생각했다. 일반적인 환경에서는 깃털과 볼링공의 낙하 실험을 해보면 볼링공이 먼저 떨어짐을 알 수 있다. 하지만 이 실험을 진공상태에서 하면 동시에 떨어지는 것을 관찰할 수 있으므로 물체가 중력 이외에 다른 힘을 받고 있다는 것으로 귀결될 수 있다. 이 힘은 공기 때문에 발생하는 것으로 아래 그림에서 보면 깃털은 떨어지는 순간을 제외하고는 거의 낙하 속도가 일정(등속 운동)함을 알 수 있다. 이는 깃털의 낙하 후 공기에 의해서 중력의 반대 방향으로 같은 크기의 힘이 작용하는 것을 의미한다. 이는 물체가 움직일 때 공기 속을 지나면서 기체 분자와 부딪혀서 물체가 감속되는 것으로 공기 저항력이라 한다.

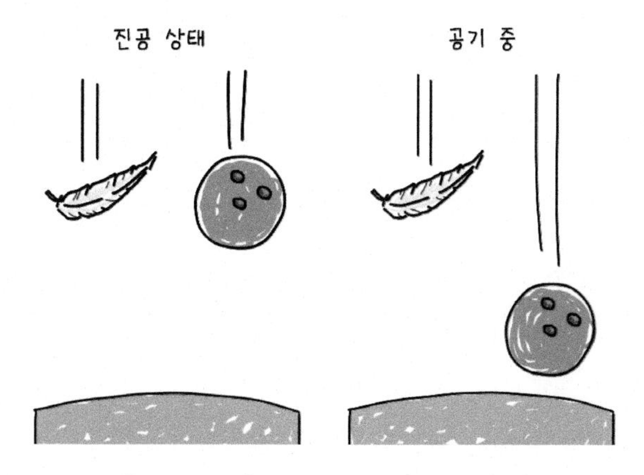

[그림 3-14] 깃털과 볼링공의 낙하실험

공기 저항력을 측정해 보면 물체의 형태와 속도에 영향을 받는 것으로 알려져 있으며, 아래 식은 실험적으로 얻어낸 공기 저항력에 대한 식이다.

$$\vec{F}_{air\,drag} = -\frac{1}{2}C_d\rho A v^2\hat{v}$$

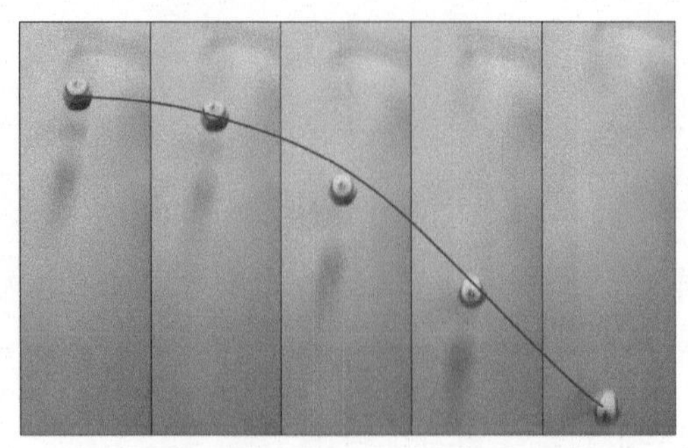

[그림 3-15] 야구공 낙하 스냅샷

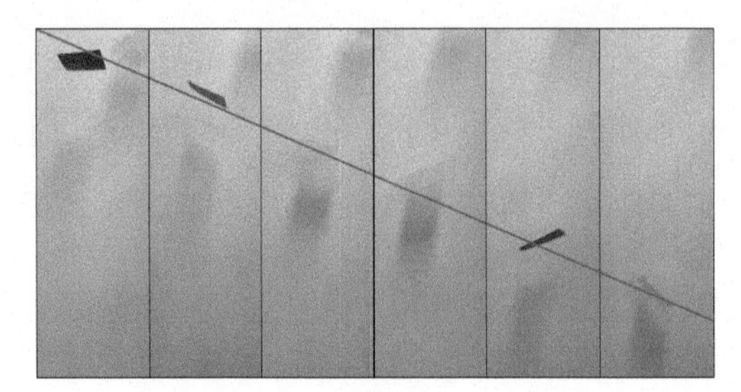

[그림 3-16] 종이 낙하 스냅샷

C_d는 공기저항계수, A는 물체의 단면적, ρ 는 공기의 밀도이다. 여기서, C_d는 무차원의 값으로 물체의 형태에 따라 다른 값을 갖는다(그림3-17). 즉, 유선형 물체는 저항계수가 작으며, 그렇지 않으면 저항계수는 커진다. 주어진 식에서 공기 저항력에 영향을 주는 요인인 물체의 크기, 형태, 속도, 유체(공기)의 밀도와 힘과의 관계를 생각해보자.

형태	공기 저항 계수	형태	공기 저항 계수
구체	0.47	원통형	0.62
반구체	0.42	짧은 원통형	1.15
원뿔	0.50	물방울 형상	0.04
정육면체	1.06	반쪽 물방울 형상	0.09
45도 회전시킨 정육면체	0.80		

[그림 3-17] 물체의 형태에 따른 저항계수

공기 저항력은 움직이는 물체에 수많은 공기 분자가 부딪쳐서 물체의 운동을 방해하는 힘이라 할 수 있다. 실험적으로 측정한 결과 물체 속도의 제곱에 비례해서 저항이 발생하고 힘의 크기는 반대이다. 또한, 물체의 단면적에 비례하여 부딪히는 공기의 분자의 수가 늘어나므로 저항력도 그에 따라 증가한다. 마찬가지로 공기의 밀도가 높을 때도 분자의 수가 높은 것을 의미하므로 저항력이 밀도에 비례함은 당연하다. 공기저항계수는 간단하지 않은데, 물체의 형태에 따라 다르며, 속도에 따라서도 달라질 수 있다. 공기가 물체의 표면을 따라 잘 흐를 수 있으면 저항 계수가 낮고, 그렇지 않으면 저항계수가 높다. 골프공처럼 물체의 표면에 홈을 만들면 물체가 움직일 때, 공기와의 접촉이 덜 일어날 수 있도록 난류 형태의 와류를 만들어 저항계수를 더더욱 낮출 수 있다.

한편, 분무기에서 분사되는 물방울 혹은 먼지처럼 크기가 매우 작은 물체의 경우는 속도의 제곱이 아니라 속도에 비례한 저항력을 갖는다. 또한, 물체를 둘러싼 유체가 점성이 높은 꿀과 같은 액체일 경우는 물체의 크기가 클지라도 저항력은 속도에 비례하게 된다. 이는 물체와 유체의 분자가 충돌한다기보다는 유체의 점성이 물체를 끈적하게 잡아당기는 마찰(Viscous Friction)에 기인하기 때문이다.

MEMO

예제 3-3-1 공기 저항력(프리킥)

```
# 땅, 공 만들기
ground = box(pos = vec(0,-0.05,0), size = vec(100,0.10,70), color =
color.green)
ball = sphere(pos = vec(0,0.11,0), radius = 0.11, color = color.yellow,
make_trail = True)

# 물리 성질 & 상수 초기화
ball.m = 0.45 #공의 질량
ball.speed = 32
ball.angle = 45*pi/180 ##rad
ball.v = ball.speed*vec(cos(ball.angle),sin(ball.angle),0) #공의 초기 속도
wind_speed = 0
```

MEMO

```
wind_v = wind_speed*vec(1,0,0) #바람의 초기 속도
g = -9.8 #중력가속도
rho = 1.204 #공기 밀도 ##kg/m**3
Cd = 0.275#0.3#0.3#1 #공기 저항계수

# 그래프
#gd = graph(xmin = 0, xmax = 20, ymin = -12, ymax = 12)
gball_vy = gcurve()
#gball_y = gcurve(color = color.cyan)

scale = 0.2 #크기 조정을 위한 변수

# 벡터 ball_vel 표현 (공의 속도 벡터)
ball_vel = arrow(pos = ball.pos, axis = scale*ball.v, shaftwidth = 0.1)

# 화면 설정
#scene.autoscale = False
scene.range = 30

# 시간 설정
t = 0
dt = 0.005

# 시뮬레이션 루프
while t < 20:
    rate(100)

    # 중력
    grav = ball.m * vec(0,g,0)
    # 공기저항력
    ball.v_w = ball.v - wind_v
    drag = -0.5*rho*Cd*(pi*ball.radius**2)*mag(ball.v_w)**2*norm(ball.v_w)
    print(mag(grav), mag(drag))
    # 알짜힘
    ball.f = grav + drag
```

```
# 속도, 위치 업데이트
ball.v = ball.v + ball.f/ball.m*dt
ball.pos = ball.pos + ball.v*dt

# 공의 속도 벡터 업데이트
ball_vel.pos = ball.pos
ball_vel.axis = scale*ball.v

# 그래프 업데이트
gball_vy.plot(pos = (t,mag(ball.v)))
#gball_y.plot(pos = (t,ball.pos.y))

# 공과 바닥의 충돌 시 시뮬레이션 루프 탈출
if ball.pos.y - ball.radius < 0:
    print(ball.pos.x)
    break

# 시간 업데이트
t = t + dt
```

MEMO

MEMO

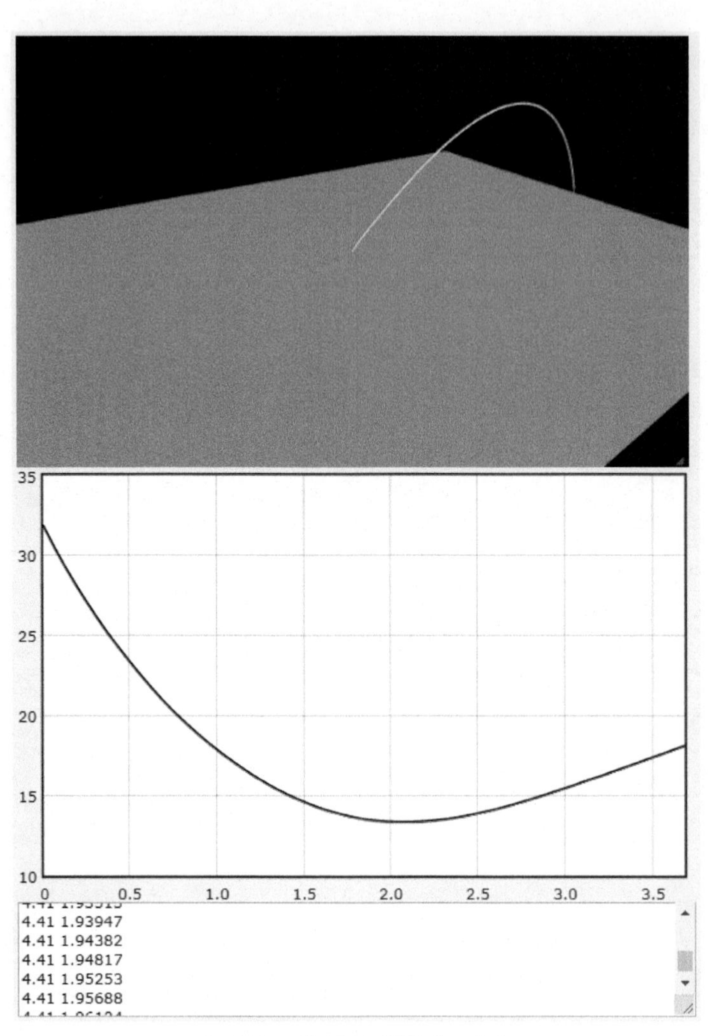

[그림 3-18] 공기저항력 (프리킥)

예제 3-3-2 공기 저항력(공 던지기)

```
# 상수 초기화
g = 9.8 #중력상수
R = 0.035 #공의 반지름
C = 0.35  #공의 저항계수
```

MEMO

```
L = 250 #field의 길이
thick = 1 #field의 두께
density = 1.3 #공기 밀도 ##kg/m**3

# ball, ballnoair, field 만들기
ball = sphere(pos = vec(10,0,0), radius = 20*R, color = color.white)
ballnoair = sphere(pos = vec(10,0,0), radius = 20*R, color = color.red)
field = box(pos = vec(L/2.,-thick/2.,0), size = vec(L,thick,L/4.),
color = color.green)

# 물리 성질 초기화
ball.m = ballnoair.m = 0.155 #ball, ballnoair의 질량
v0 = 100*1600/3600.
theta0 = 45*2*pi/360.
ball.p = ballnoair.p = ball.m*vec(v0*cos(theta0),v0*sin(theta0),0) #운동량

# 화면 설정
scene.width = 800
scene.height = 600
scene.x = scene.y = 0
scene.center = vec(0.45*L,0,0)
scene.forward = -vec(-L/4.,L/4.,L)

# 자취 그리기 (curve 함수 이용)
ball.trail = curve(color = ball.color, radius = ball.radius)
ballnoair.trail = curve(color = ballnoair.color, radius = ballnoair.radius)

# 벡터 Fgrav 지정 (중력)
Fgrav = vec(0,-ball.m*g,0)

# 시간 설정
dt = 0.01

for b in [ball, ballnoair]:
    t = 0
    # 시뮬레이션 루프 (바닥과 충돌 시 루프 탈출)
    while b.pos.y >= 0:
```

MEMO

```
        rate(300)
        # 경우1. ball
        if b == ball:
            # 중력 + 공기저항력
            F = Fgrav-0.5*C*density*pi*R**2*mag(b.p/b.m)*(b.p/b.m)
        # 경우2. ballnoair
        else:
            # 중력
            F = Fgrav
        # 운동량, 위치 업데이트
        b.p = b.p + F*dt
        b.pos = b.pos + (b.p/b.m)*dt

        b.trail.append(pos=b.pos) #자취 업데이트

    # 시간 업데이트
    t = t+dt

scene.waitfor('click') #클릭 대기
```

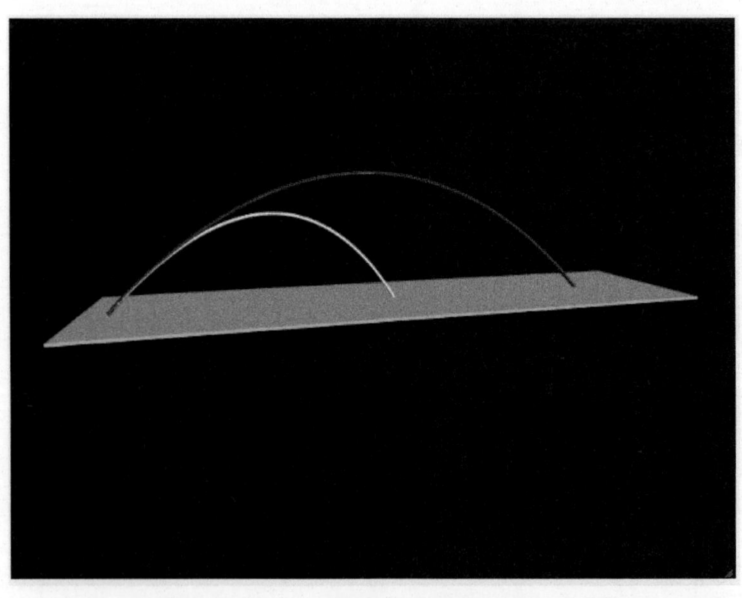

[그림 3-19] 공기 저항력이 있는 경우와 없는 경우

MEMO

3.3.1 마그누스 효과

아래 그림(그림 3-20)에서 보듯이 공기 속에서 구 모양의 물체가 반시계방향으로 회전하면, 공기와 물체의 상대 속도에 따라 물체 위쪽의 공기 분자는 더 강하게 부딪치고, 아래쪽은 더 약하게 부딪힌다. 물체가 각 공기 분자에 가하는 힘의 반작용 힘을 모두 더해 계산하면 그림 3-20처럼 아래쪽으로 힘이 작용한다. 이 힘을 마그누스 힘이라 하는데 아래의 식으로 표현할 수 있다.

$$\vec{F}_{magnus} = \frac{1}{2} C_m \rho A r w v (\hat{w} \times \hat{v})$$

여기서 C_m은 마그누스 계수, ρ는 밀도, A는 구의 단면적, r은 구의 반지름, w는 구의 각속력, v는 공의 속력, $\hat{w} \times \hat{v}$ 은 힘의 방향으로 물체의 회전 각속도 방향과 물체의 운동 방향 모두의 수직이며 오른손 법칙에 따라 결정된다.

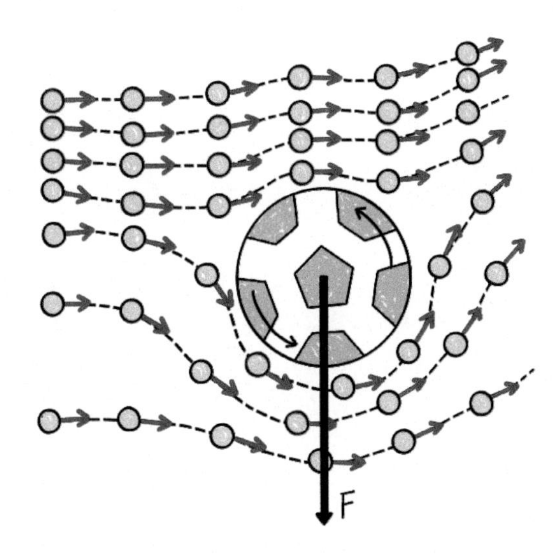

[그림 3-20] 공이 회전하는 모습과 유체의 흐름

MEMO

[그림 3-21] 초기 각속력에 따른 프리킥 궤적의 변화

예제 3-3-3 마그누스 효과(UI 포함)

```
# ground, ball 만들기
ground = box(pos = vec(0,0,0), size = vec(100,0.10,70), color = color.green)
init_pos = vec(-30,0.11,0) #ball의 초기 위치
ball = sphere(pos = init_pos, radius = 0.11, color = color.orange,
make_trail = False) ##m

# 크기 조정
sf = 5 #크기 조정을 위한 변수
ball.r = 0.11
ball.radius = sf*0.11
ball.pos.y = ball.radius

# 물리 성질 초기화
ball.m = 0.45 ##kg
ball.speed = 25 #공의 속력 ##m/s
ball.angle = radians(35) ##degree to radian
ball.v = ball.speed*vec(cos(ball.angle),sin(ball.angle),0) #공의 속도

# 화살표 부착
attach_arrow(ball, "v", shaftwidth = 0.1, scale = 0.3, color=color.yellow)

# 화면 설정
scene.range = 30
```

MEMO

```
# 상수 초기화
g = -9.8 ##m/s**2
rho = 1.204 #공기밀도 ##kg/m**3
Cd = 0.3#0.3#0.3#1 #공기저항 계수 #laminar
Cm = 1 #마그누스 계수 #0.5
w = 10*2*pi #각속력(10rev/sec)

# 캡션
scene.append_to_caption('\nInitial Values\n\n')

# 속도 슬라이더
velocitySlider = slider(min = 0, max = 45, value = 25, bind = setVelocity)
scene.append_to_caption('\nVelocity:',velocitySlider.min, 'to',
velocitySlider.max, '\n\n')

# 속도 슬라이더 조작함수
def setVelocity():
    global ball
    ball.speed = velocitySlider.value
    ball.v = ball.speed*vec(cos(ball.angle),sin(ball.angle),0)

# 각도 슬라이더
angleSlider = slider(min = 0, max = 90, value = 35, bind = setAngle)
scene.append_to_caption('\nAngle:',angleSlider.min, 'to',
angleSlider.max, '\n\n')

# 각도 슬라이더 조작함수
def setAngle():
    global ball
    ball.angle = radians(angleSlider.value)
    ball.v = ball.speed*vec(cos(ball.angle),sin(ball.angle),0)

# 각속도 슬라이더
angularvSlider = slider(min = -10, max = 10, value = 10, bind = setAngualr)
scene.append_to_caption('\nAngular velocity:',angularvSlider.min, 'to',
angularvSlider.max, '\n\n')
```

MEMO

```
# 각속도 슬라이더 조작함수
def setAngualr():
    global w
    w = angularvSlider.value*2*pi

# 스타트 버튼
btnStart = button(text = 'Shoot', bind = startbtn)

# 스타트 버튼 조작함수
def startbtn(b):
    b.disabled = True
    return b.disabled

# 시간 설정
t = 0
dt = 0.01

# 시뮬레이션 루프
while t<20:
    rate(1/dt)

    # 버튼이 눌렸을 때
    if btnStart.disabled == True:
        ball.make_trail = True
        # 중력
        grav = ball.m * vec(0,g,0)
        # 공기저항력
        drag = -0.5*rho*Cd*(pi*ball.r**2)*mag(ball.v)**2*norm(ball.v)
        # 마그누스힘
        magnus = 0.5*rho*Cm*(pi*ball.r**2)*ball.r*w*mag(ball.v)
*cross(vec(0,1,0),norm(ball.v))
        # 알짜힘
        ball.f = grav + drag + magnus

        # 시간, 속도 업데이트
        ball.v = ball.v + ball.f/ball.m*dt
        ball.pos = ball.pos + ball.v*dt
```

```
# 땅과 공의 충돌 시 운동 초기화
if ball.pos.y - ball.radius < 0:
    scene.waitfor('click') #클릭 대기
    btnStart.disabled = False
    ball.pos = init_pos
    ball.v = ball.speed*vec(cos(ball.angle),sin(ball.angle),0)
    ball.pos.y = ball.radius
    ball.make_trail = False
    t = 0

# 시간 업데이트
t = t + dt
```

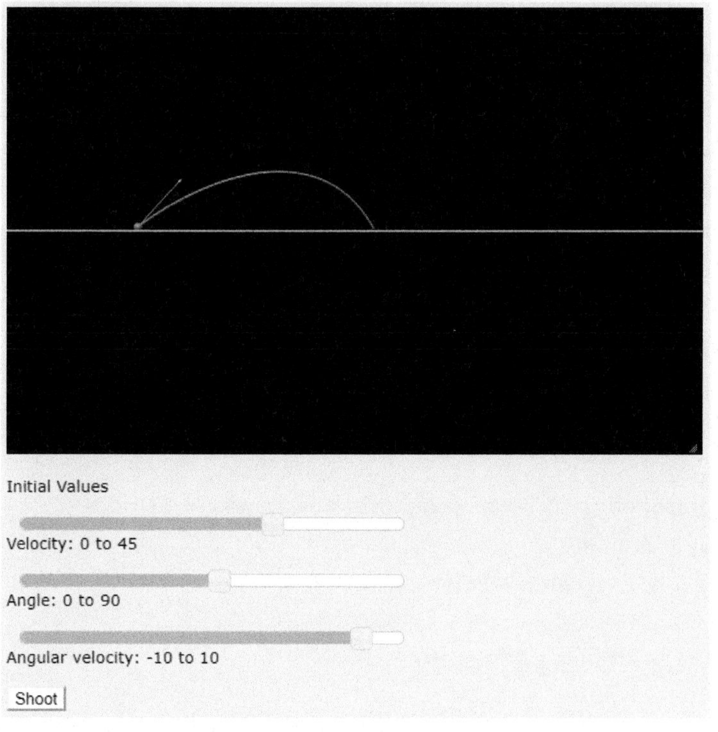

[그림 3-22] 프리킥 (공기저항력 + 마그누스 효과 포함)

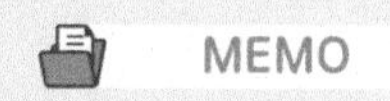

MEMO

예제 3-3-4 마그누스 효과(난류 효과 포함)

```
# ground, ball 만들기
ground  = box(pos = vec(0,-0.05,0), size = vec(100,0.10,70), color = color.green)
ball = sphere(pos = vec(0,0.11,0), radius = 0.11, color = color.yellow,
make_trail = True)

# 물리 성질 초기화
ball.m = 0.45 #공의 질량
ball.speed = 32
ball.angle = 20*pi/180 ##rad
ball.v = ball.speed*vec(cos(ball.angle),sin(ball.angle),0) #공의 초기 속도
wind_speed = 0
wind_v = wind_speed*vec(1,0,0) #바람의 속도

# 상수 초기화
g = -9.8 #중력 가속도
rho = 1.204 #공기 밀도
Cdl = 0.275#0.3#0.3#1 #공기 저항계수(층류)
Cdt = 0.05 #공기 저항계수(난류)
w = 10*2*pi #각속도
Cml = 1 #마그누스 계수(층류)
Cmt = 0.05 #마스누스 계수(난류)

# 그래프
#gd = graph(xmin = 0, xmax = 20, ymin = -12, ymax = 12)
gball_vy = gcurve()
gball_y = gcurve(color = color.cyan)

scale = 0.2 #크기 조정을 위한 변수

# 공의 속도 벡터 표현
ball_vel = arrow(pos = ball.pos, axis = scale*ball.v, shaftwidth = 0.1)

# 화면 설정
#scene.autoscale = False
scene.range = 10
```

MEMO

```
#scene.waitfor('click')

# 시간 설정
t = 0 ##s
dt = 0.01 ##s

# 시뮬레이션 루프
while t < 20:
    rate(100)
    # 중력
    grav = ball.m * vec(0,g,0)
    # 공기저항력 & 마그누스 힘
    ball.v_w = ball.v - wind_v
    vhat_per = cross(vec(0,1,0),norm(ball.v))
    # 경우1. 난류
    if mag(ball.v) > 30:
        Cd = Cdt
        Cm = Cmt
    # 경우2. 층류
    else:
        Cd = Cdl
        Cm = Cml
    drag = -0.5*rho*Cd*(pi*ball.radius**2)*mag(ball.v_w)**2*norm(ball.v_w)
    magnus = 0.5*rho*Cm*ball.radius*w*mag(ball.v_w)*(pi*ball.radius**2)
*vhat_per
    print(mag(grav), mag(drag), mag(magnus))
    # 알짜힘
    ball.f = grav + drag + magnus

    # 속도, 위치 업데이트
    ball.v = ball.v + ball.f/ball.m*dt
    ball.pos = ball.pos + ball.v*dt

    # 공의 속도 벡터 업데이트
    ball_vel.pos = ball.pos
    ball_vel.axis = scale*ball.v
```

MEMO

```
# 그래프 업데이트
gball_vy.plot(pos = (t,mag(ball.v)))
gball_y.plot(pos = (t,ball.pos.y))

# 공과 바닥의 충돌 시 시뮬레이션 루프 탈출
if ball.pos.y - ball.radius < 0:
    print(ball.pos.x)
    break

# 시간 업데이트
t = t + dt
```

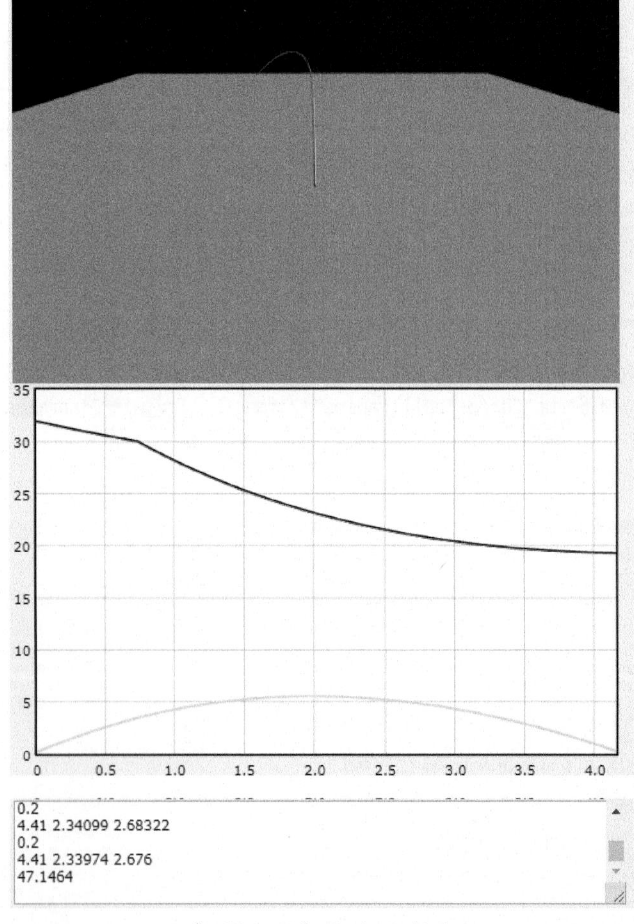

[그림 3-23] 마그누스 효과

3.4 마찰력

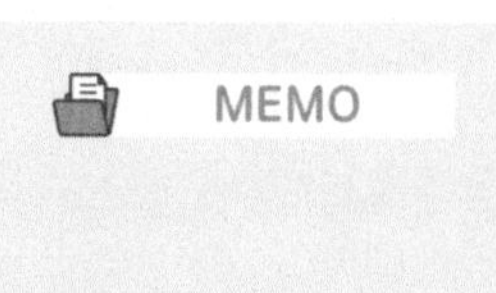

마찰력은 물체가 다른 물체에 맞닿은 채 움직이려 할 때 혹은, 미끄러져 움직이고 있을 때, 움직임을 방해하는 힘이다. 마찰력은 앞서 배운 중력처럼 실질적인 힘이라기보다는 물체 표면에서 일어나는 분자단위의 상호작용 때문에 결정되는 합력이라 할 수 있고, 항상 물체를 움직이는 실질적인 힘과 반대 방향으로 작용하는 것으로 상정하며, 물체가 닿는 면과 평행한 방향으로 작용하는 것으로 한다.

마찰력의 원인은 물체 표면의 분자단위의 상호작용이다. 물체의 표면을 분자단위로 자세히 관찰하면 상당히 불규칙하며 물체와 물체 사이의 접촉면은 실제 보이는 부분보다 훨씬 적은 부분만 접촉됨을 알 수 있다. 이때 작은 분자들끼리 직접 부딪히면 일반적으로 일부 분자들 사이에서는 전자를 공유하려는 인력이 작용하게 된다. 하지만 고등학교 화학시간에 배운 실질적인 공유 결합이 되는 경우는 매우 적기 때문에, 어느 정도의 힘만 가하면 서로 분리가 된다. 분자단위가 아닌 현실적인 크기에서 본다면, 단지 물체의 움직임을 방해하는 정도로만 느껴지는 것이다. 마찰력은 정지 마찰력과 운동 마찰력이 있는데, 일반적으로 운동 마찰력이 작다. 그 이유는 분자 사이에서 접촉하여 인력이 작용하는 시간이 작기 때문이며, 게다가 운동 마찰력은 실제로 측정해 보면 불규칙적인데, 그 이유는 접촉되는 부분이 움직이면서 계속 변하기 때문이다.

그러면 마찰력에 의해서 소모되는 운동에너지는 어떻게 될까? 대부분은 열로 변환되어 물체의 표면 온도를 높이는데 쓰이고, 마찰 때문에 소리가 날 경우는 소리의 파동을 만드는 데에도 일부 사용된다.

보통 어떤 물체를 힘을 가하여 움직이도록 하면, 점차 속도가 느려지고 결국 정지하게 된다. 물체의 운동을 지금과 같이 힘과 가속도와 같이 두 번 미분한 성질의 물리량을 고려하지 않았던 고대에는 물체는 정지하려고 하는 본성이 있다고 생각하는 것이 자연스러웠다. 아리스토텔레스는 물체를 움직이는 것을 작용(Action)이라고 정의하고 작용이 일어나는 물체가 결국 정지하게 되는 이유는 물

 MEMO

체의 본성이라고 생각한 것이다. 마찰이 힘의 일종이라고 생각하지 못한 결과라 할 수 있다. 이를 뉴턴이 정리한 방식으로 다시 생각해 보면, 관성의 법칙 대신에 정지의 법칙(물체는 외부 작용이 없는 한 정지한다.)으로, 가속도의 법칙 대신에 속도의 법칙(물체에 작용이 있으면 그 작용에 비례해서 속도가 발생한다.)을 제시할 수도 있을 것이다.

$$\vec{A} = m\vec{v}$$

$\vec{A}$는 물체에 작용하는 힘과 비슷한 물리량으로 가정할 수 있으며, 위 식을 이용하여, 아리스토텔레스가 생각했던 물리 세계를 컴퓨터로 시뮬레이션해 볼 수 있을 것이다. 다음의 동역학 장은 "뉴턴의 세계"를 시뮬레이션하는 것인데, 이를 "아리스토텔레스의 세계"와 비교해 보는 것은 흥미로울 것이다.

마찰력은 사실 레오나르도 다 빈치가 최초로 발견한 것으로 알려져 있다. 하지만 공표를 하지 않았고 법칙으로 정리하지 않았기 때문에, 후대 과학자들에 의해 마찰력의 법칙이 재정립되었다. 15세기부터 18세기에 실험을 통해 미끄럼 마찰력의 기본 성질이 다음과 같이 정리되었다.

- 마찰력의 크기는 물체가 접촉면을 누르는 수직항력에 비례한다.
- 마찰력은 접촉 면적과 관계가 없다.
- 운동 마찰력은 미끄러지는 속도와 관계가 없다.

위의 두 번째 성질은 언뜻 보면 우리의 직관과 달라 보인다. 하지만 같은 물체에 대해, 접촉면이 좁아지면 마찰이 발생하는 접촉 부분은 작아지지만 그만큼 수직항력은 커지게 되어 마찰력이 변하지 않는다. 재미있는 것은 접촉 부분이 매우 작아지는 경우이다. 접촉 부분이 매우 작으면 마찰이 일어나는 부분을 파괴해서 아예 미끄러지지 않는 경우가 있다. 이러한 성질을 이용한 대표적인 것이 마찰력이 매우 작은 얼음길, 눈길에 사용하는 자동차용 스노우 체인이다. 마찰력 시뮬레이션 실험에서 자동차 타이어의 종류를 스노우 체인으로 하면 미끄럼 마찰이 아닌 표면 자체를 바꾸는 것으로 아래와 같은 마찰력 식에 의한 역학 운동이 아니다.

$$|\vec{F}| = \mu|\vec{N}|$$

여기서, F 는 마찰력, N은 수직항력이며, μ는 실험으로 측정된 값으로 물체마다 다르다. 마찰 계수는 주로 접촉면의 물리적 특성에 관계된 것으로 정지 마찰 계수와 운동 마찰 계수가 있으며, 그에 대응되는 힘이 정지 마찰력과 운동 마찰력이다. 정지 마찰력은 정지한 물체가 움직임에 저항하는 힘이고, 운동 마찰력은 움직이는 물체의 운동을 방해하는 힘으로 표면 마찰 때문에 발생한다. 즉, 정지 마찰력은 가변적인 힘이다. 물체에 힘을 가했는데도 물체가 움직이지 않았다면, 그 힘과 방향은 반대이고 같은 크기의 정지 마찰력이 발생한 것으로 간주한다. 따라서 정지 마찰력은 물체에 작용하는 힘에 따라 달라진다. 여기서, 최대 정지 마찰력이라는 개념이 있는데, 물체가 움직이는 순간에 나타나는 정지 마찰력으로 정지 마찰력 중에 가장 큰 값이다. 반면에 운동 마찰력은 대개 최대 정지 마찰력보다 작다. 이를 그래프로 나타내면 아래 그림과 같다.

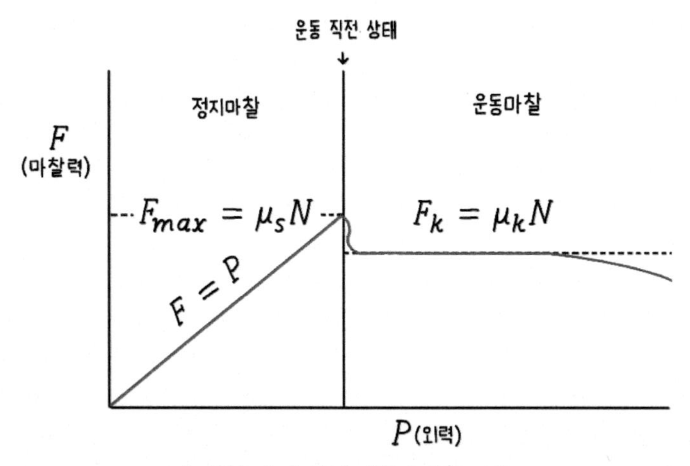

[그림 3-24] 정지 마찰과 운동 마찰

 MEMO

한편, 접촉면 사이에서 미세하게 긁히는 힘(마찰)은 아니지만, 굴러가는 물체를 방해하는 힘으로 구름마찰력(rolling resistance)이 있다. 구름마찰력은 바퀴나 원형의 물체가 굴러가는 것에 대해 저항하는 힘이다. 일반적으로 구름마찰력은 운동 마찰력보다 훨씬 작다. 예를 들어, 자동차 타이어의 경우 구름마찰 계수는 0.03이지만 운동 마찰 계수는 1이다. 구름마찰력은 주로 비탄성 변형으로 발생한다. 즉, 바닥에 닿는 바퀴 부분이나 바닥 면은 압력이 걸리면서 변형이 되었다가 바퀴가 회전하여 압력이 없어지면 원래대로 돌아오는데, 이 과정에서 원래대로 돌아오는 에너지가 변형할 때의 에너지보다 작아진다. 이때의 에너지 손실이 대부분은 구름마찰력에 의한 것이다. 따라서, 바퀴와 바닥면이 단단하여 변형이 작을수록 구름마찰력이 작아진다. 예로서 기차 바퀴는 자동차 타이어보다 구름마찰력이 작다. 기차 바퀴는 강철 선로 위를 굴러가기 때문에 바퀴 변형이 극히 작아 구름마찰력이 매우 작고, 따라서 정지하기도 힘들다. 이에 비해 고무 재질의 자동차 타이어는 기차 바퀴에 비하면 훨씬 탄성에 의한 에너지 손실이 커 구름마찰력이 크다. 자동차 타이어를 기차 바퀴처럼 강철로 만들면 에너지 면에서는 효율이 높겠으나 제동거리 측면에서는 위험할 수 있다. 마찰력의 종류와 물체에 따른 마찰계수는 아래의 표를 참고하자.

〈표 3-1〉 마찰력의 종류와 물체에 따른 마찰계수 표

마찰상태	물체1	물체2	마찰계수
정지 마찰	나무	나무	0.25 - 0.5
	금속	나무	0.3-0.7
	금속	금속	0.5 - 0.65
	가죽	나무	0.2 - 0.8
	가죽	금속	0.4 - 0.6
미끄럼 마찰	나무	나무	0.25 - 0.5
	금속	나무	0.2 - 0.6
	금속	금속	0.15 - 0.2
	가죽	나무	0.27 - 0.5
	가죽	금속	0.3 - 0.56

평면 위를 움직이는 공의 움직임을 코딩하고, 공의 초기 속도와 마찰계수를 변화시키면 공의 움직인 거리가 어떻게 되는지 코드를 고쳐보자.

MEMO

예제 3-4-1 마찰력

```
r = 0.9144/(2*pi) #스톤 반지름 ##m

# 경기장 사이즈
GROUND_SIZEX = 45.720 ##m
GROUND_SIZEY = 5 ##m
GROUND_SIZEZ = 1 ##m

# 컬링 경기장 만들기
sheet = box(size = vec(GROUND_SIZEX, GROUND_SIZEY, GROUND_SIZEZ), color
= color.white) #컬링시트
wall1  =  box(pos  =  vec(0,  GROUND_SIZEY/2+0.1,  0.25),  size  =
vec(GROUND_SIZEX, 0.2, 1.5)) #위쪽 벽
wall1  =  box(pos  =  vec(0,  -GROUND_SIZEY/2-0.1,  0.25),  size  =
vec(GROUND_SIZEX, 0.2, 1.5)) #아래쪽 벽
startPoint = box(pos = vec(-GROUND_SIZEX/2+1.22,0,0), size = vec(0.1,
1, GROUND_SIZEZ+0.01), color = color.black) #시작포인트
endPoint = box(pos = vec(GROUND_SIZEX/2-1.22,0,0), size = vec(0.1, 1,
GROUND_SIZEZ+0.01), color = color.black) #종료 포인트

# 시작지점 하우스 만들기
start_circle_1st  =  cylinder(pos  =  vec(startPoint.pos.x  +  3.66,  0,
-0.496), axis = vec(0,0,1), radius = 0.15, color = color.white)
start_circle_2nd  =  cylinder(pos  =  vec(startPoint.pos.x  +  3.66,  0,
-0.497), axis = vec(0,0,1), radius = 0.61, color = color.red)
start_circle_3rd  =  cylinder(pos  =  vec(startPoint.pos.x  +  3.66,  0,
-0.498), axis = vec(0,0,1), radius = 1.22, color = color.white)
start_circle_4th  =  cylinder(pos  =  vec(startPoint.pos.x  +  3.66,  0,
-0.499), axis = vec(0,0,1), radius = 1.83, color = color.blue)


# 타켓지점 하우스 만들기
end_circle_1st = cylinder(pos = vec(endPoint.pos.x - 3.66, 0, -0.496),
```

MEMO

```
axis = vec(0,0,1), radius = 0.15, color = color.white)
end_circle_2nd = cylinder(pos = vec(endPoint.pos.x - 3.66, 0, -0.497),
axis = vec(0,0,1), radius = 0.61, color = color.red)
end_circle_3rd = cylinder(pos = vec(endPoint.pos.x - 3.66, 0, -0.498),
axis = vec(0,0,1), radius = 1.22, color = color.white)
end_circle_4th = cylinder(pos = vec(endPoint.pos.x - 3.66, 0, -0.499),
axis = vec(0,0,1), radius = 1.83, color = color.blue)

sf = 3 #크기 조정을 위한 변수

# 스톤 만들기
stone = cylinder(pos = vec(-20, 0,1) , axis = vec(0,0,0.1143), radius =
r, color = color.black)
stone.radius = stone.radius * sf

# 물리 성질 초기화
g = 9.8 #중력상수
mu = 0.05 #마찰 계수
stone.v = vec(5,0,0) #스톤의 초기속도 ##m/s
stone.m = 19.96 #스톤 질량##kg
# Draw버튼
btnDraw = button(text = 'Draw', bind = drawBtn)
# Draw버튼 조작함수
def drawBtn(b):
    b.disabled = True
    return b.disabled

# 속도 슬라이더
velocitySlider = slider(min = 3, max = 7, value = 5, bind = myVelocity)
# 속도 슬라이더 조작함수
def myVelocity():
    global stone
    stone.v = velocitySlider.value * vec(1,0,0)

# 시간 설정
t = 0
dt = 0.01
```

```
# 시뮬레이션 루프
while True:
    rate(100)
    # 버튼이 눌렸을 때
    if btnDraw.disabled == True:
        # 마찰력
        Ffr = -mu*stone.m*g*norm(stone.v)
        # 속도, 위치 업데이트
        stone.v = stone.v + Ffr/stone.m * dt
        stone.pos = stone.pos + stone.v * dt
        # 스톤이 멈췄을 때 운동 초기화
        if mag(stone.v) < 0.05:
            stone.v = vec(0,0,0)
            scene.waitfor('click')
            btnDraw.disabled = False
            stone.pos = vec(-20, 0, 1)
            t = 0

        # 시간 업데이트
        t = t + dt
```

[그림 3-25] 컬링 시뮬레이션 (마찰력 포함)

MEMO

3.5 용수철 힘과 물체 운동

용수철(spring)은 소재의 탄성력과 복원력을 이용하여 완충 작용을 하는 구조체이다. 기계요소 중에서는 기본적이지만 매우 유용한 구조로, 일정 한계 이하의 힘을 가하면 이를 흡수하고 있다가 힘이 사라지면 원래 모습으로 돌아간다. 이 힘은 아래의 식으로 나타낼 수 있다.

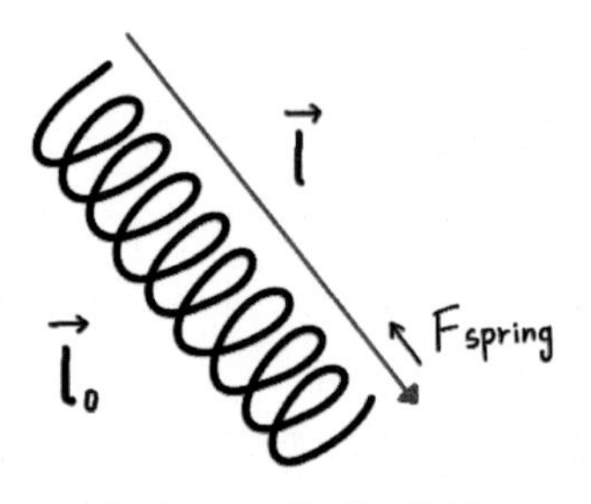

[그림 3-26] 용수철 힘

$$F = -k(l - l_0)$$

변형된 길이($l - l_0$)에 비례한 힘이 발생하며, 물체의 길이가 늘어나면 줄어드는 방향으로 반대로 길이가 줄어들면 늘어나려는 방향으로 힘이 작용한다. k는 탄성 계수이며, 탄성 계수가 클수록 큰 힘이 발생한다. 이를 후크의 법칙(Hooke's Law)이라 한다. 위 식은 힘을 스칼라 형태로 표현한 식으로 3차원 벡터 형태로 표현하면 다음과 같다.

$$\vec{F} = -k(|\vec{l}| - l_0)\hat{l}$$

일정 한계 이상의 힘을 가하면 형태가 변형되거나 부서지는데, 우리의 실험에서는 일정 한계 이하의 힘(후크의 법칙이 성립되는 구간)만을 적용하기로 한다. 용수철은 원형을 유지하는 특성을 이용하여 볼펜이나 문 등의 기계적인 잠금장치에 사용하며, 급격한 충격을 흡수하기 때문에 자동차에 댐퍼와 함께 많이 사용된다.

 MEMO

댐퍼는 용수철을 사용해 진동, 충격을 완충하는 시스템에서 용수철의 특성에 의한 반동(주기 진동)을 완화하기 위해 주로 사용되며 자동차에 있는 서스펜션이 바로 용수철-댐퍼시스템이다. 자동차의 댐퍼는 주로 점성이 높은 기름이 스프링의 움직임을 방해하도록 설계되어 있다. 댐퍼의 역할은 용수철의 움직임을 점차 감소시킨다는 점에서 앞에서 배운 공기 저항력의 작용과 비슷하다. 다만, 용수철의 속도 감소가 용수철 변형 방향으로만 작용한다는 점이 다르다. 용수철이 변형되지 않았으면, 용수철 자체의 움직임을 감소시키지는 않는다. 이를 포함한 형태의 용수철-댐퍼 힘은 다음과 같다. k_d는 감쇠계수이며, 용수철 방향으로의 속도 성분을 방해하는 힘이 추가로 발생한다.

$$\vec{F} = -k_s(|\vec{l}| - r_0)\hat{l} - k_d(\vec{v} \cdot \hat{l})\hat{l}$$

예제 3-5-1 용수철 운동

```
# 천장, 공, 스프링 만들기
ceiling = box(pos = vec(0,0,0), size = vec(0.2, 0.01, 0.2))
ball = sphere(pos = vec(0.0, -0.25,0.0), radius = 0.025, color =
color.orange, make_trail =True)
spring = helix(pos = ceiling.pos, axis = ball.pos - ceiling.pos, color
= color.cyan, thickness = 0.003, coils = 40, radius = 0.015)

# 물리성질 & 상수 초기화
ball.v = vec(0,0,0) #공의 초기속도
g = vec(0,-9.8,0) #중력가속도
ball.m = 1 #공의 질량
r0 = 0.25 #스프링 초기길이
ks = 100  #탄성계수
kv = 0.0  #감쇠계수

# 시간 설정
t = 0
dt = 0.01
```

MEMO

```
# 화면 설정
scene.autoscale = True
scene.center = vec(0,-r0,0)

# 그래프
traj = gcurve(color = color.red)
# 시뮬레이션 루프
while t < 300:
    rate(100)

    # 중력
    Fgrav = ball.m*g
    # 스프링 힘
    r = mag(ball.pos)
    s = r - r0
    rhat = norm(ball.pos)
    Fspr = -ks*s*rhat
    # 댐퍼 힘
    Fdamp = -kv*dot(ball.v,rhat)*rhat
    # 알짜힘
    Fnet = Fgrav + Fspr + Fdamp

    # 속도, 위치 업데이트
    ball.v = ball.v + Fnet/ball.m*dt
    ball.pos = ball.pos + ball.v*dt

    # 시간 업데이트
    t = t + dt

    # 스프링 업데이트
    spring.axis = ball.pos

    # 그래프 업데이트
    #traj.plot(pos = (ball.pos.y,ball.v.y))
    traj.plot(pos = (t,ball.pos.y))
```

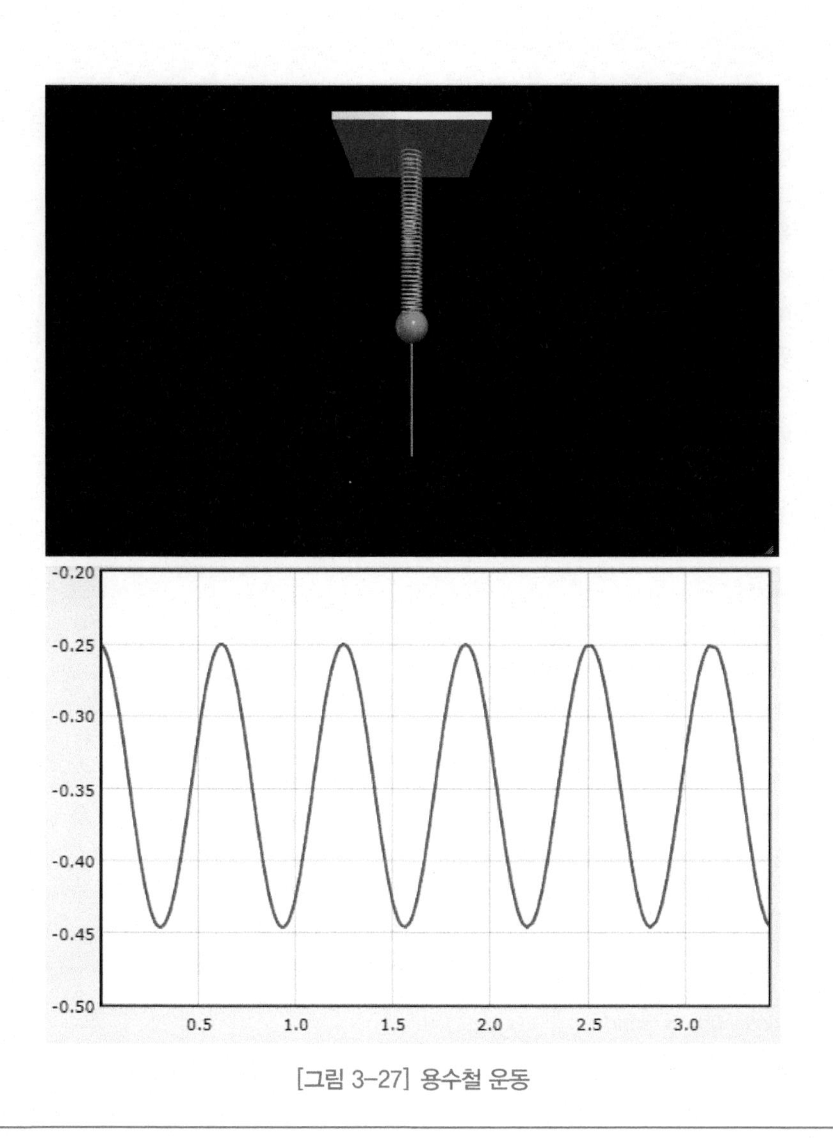

[그림 3-27] 용수철 운동

 MEMO

예제 3-5-2 용수철 운동(UI 포함)

```
drag = False #드래그 여부 확인 변수
chosenObj = None #드래그 객체 확인 변수

# 마우스 조작1 (마우스 클릭 시)
scene.bind("mousedown", down)
def down():
    global drag, chosenObj
    chosenObj = scene.mouse.pick()
    drag = True

# 마우스 조작2 (드래그 시)
scene.bind("mousemove", move)
def move():
    global drag, chosenObj
    if drag == True: # mouse button is down
        if chosenObj == ball:
            ball.pos = scene.mouse.pos
            spring.axis = ball.pos - ceiling.pos

# 마우스 조작3 (마우스 클릭 해제 시)
scene.bind("mouseup", up)
def up():
    global drag, chosenObj
    chosenObj = None
    drag = False

# 캡션
scene.append_to_caption('Modifying Physical Properties\n\n')

# 질량 슬라이더
massSlider = slider(min = 0.1, max = 10, value = 1, bind = setMass)
scene.append_to_caption('\nMass of Ball',massSlider.min, 'to',
massSlider.max, '\n\n')
# 질량 슬라이더 조작함수
def setMass():
```

MEMO

```
    global ball
    ball.m = massSlider.value
    ball.radius = 0.025*ball.m**(1/3)

# 강성계수 슬라이더
stiffnessSlider = slider(min = 50, max = 200, value = 100, bind = setKs)
scene.append_to_caption('\nStiffness  of  Spring',stiffnessSlider.min,
'to' , stiffnessSlider.max, '\n\n')

# 강성계수 슬라이더 조작함수
def setKs():
    global ks, spring
    ks = stiffnessSlider.value
    spring.thickness = 0.003e-2*ks

# 감쇠계수 슬라이더
dampingSlider = slider(min = 0.01, max = 10, value = 1, bind = setDamping)
scene.append_to_caption('\nDamping of Spring',dampingSlider.min, 'to' ,
dampingSlider.max, '\n\n')

# 감쇠계수 슬라이더 조작함수
def setDamping():
    global kd
    kd = dampingSlider.value

# 천장, 공, 스프링 만들기
ceiling = box(size = vec(0.3, 0.01, 0.3))
ball  =  sphere(pos  =  vec(0,-0.3,0),  radius  =  0.03,  texture  =
textures.metal, make_trail = True, trail_color = color.blue, retain = 50)
spring = helix(pos = ceiling.pos, axis = ball.pos - ceiling.pos, color
= color.black, thickness = 0.003, coils = 30, radius = 0.01)

# 물리 성질 & 상수 초기화
g = 9.8 #중력 가속도
ball.m = 1.0 #공의 질량
l0 = 0.3 #스프링 초기 길이
```

MEMO

```
ks = 100 #강성계수
kd = 1#감쇠계수
ball.v = vec(0,0,0) #공의 초기 속도

# 초기 중력
Fgrav = ball.m*g*vec(0,-1,0)

# 시간 설정
t = 0
dt = 0.001

# 화면 설정
scene.background = color.white #배경을 흰색으로 설정
scene.autoscale = False  #자동 화면 맞춤 해제
scene.center = vec(0,-l0,0) #화면 중심설정
scene.waitfor('click') #클릭대기

# 그래프
motion_graph = graph(title = 'Motion graph', xtitle = 'time', ytitle =
'spring length')
traj = gcurve(color=color.blue)

# 시뮬레이션 루프
while True:
    rate(1/dt)

    # 스프링 힘
    l = mag(ball.pos - ceiling.pos)
    s = l - l0
    lhat = norm(ball.pos)
    Fspr = -ks*s*lhat
    # 댐퍼 힘
    Fdamp = -kd*dot(ball.v,lhat)*lhat

    # 알짜힘
    Fnet = Fgrav + Fspr + Fdamp
```

MEMO

```
# 드래그 시 알짜힘, 공의속도 초기화
if drag == True:
    Fnet = vec(0,0,0)
    ball.v = vec(0,0,0)

# 속도, 위치 업데이트
ball.v = ball.v + Fnet/ball.m*dt
ball.pos = ball.pos + ball.v*dt

# 스프링 업데이트
spring.axis = ball.pos - ceiling.pos

# 시간 업데이트
t = t + dt

# 그래프 업데이트
traj.plot(pos=(t,l))
```

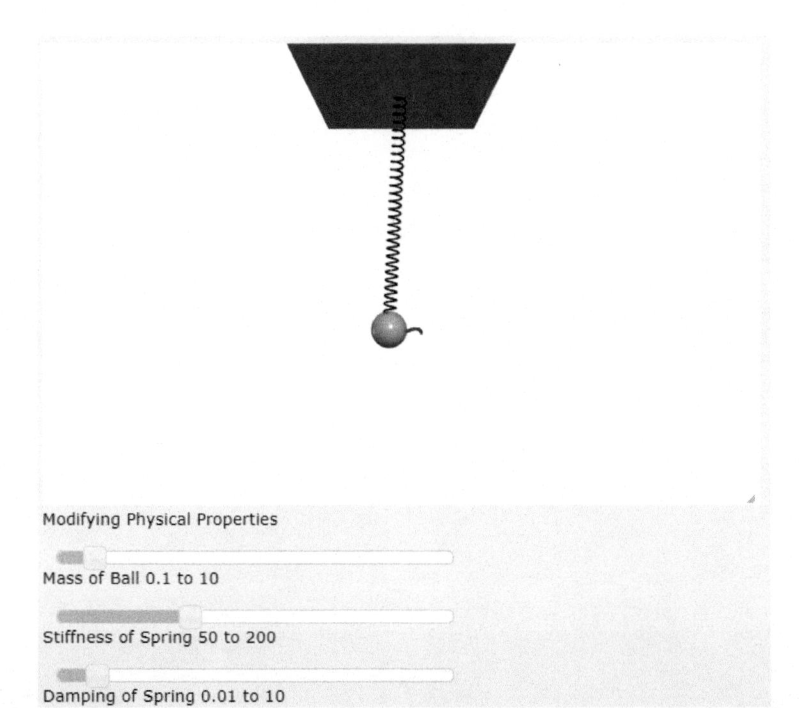

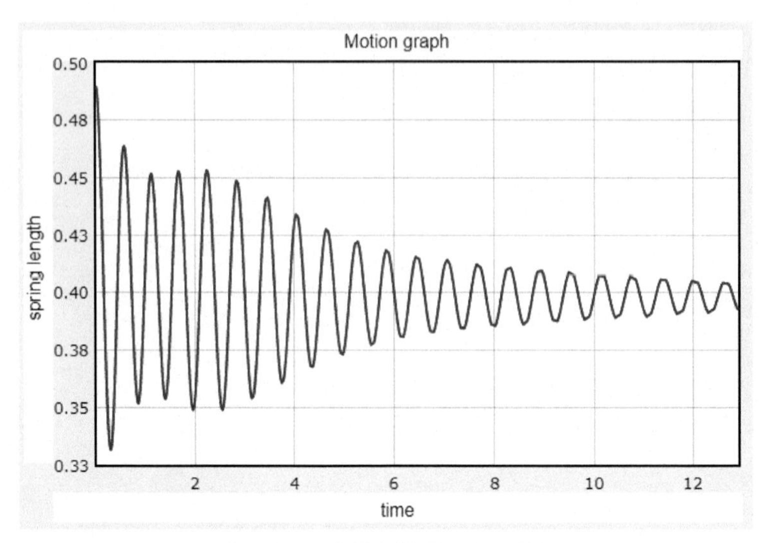

[그림 3-28] 용수철 운동 (UI포함)

3.6 부력

중력장에서 물체가 유체 내에 있으면 그 물체가 멈추어 있다 하더라도 중력 이외의 힘을 받는다. 이 힘은 물체에 부딪히는 유체 입자의 합력에 의해 발생하는데, 이를 부력이라 한다. 먼저, 움직이지 않는 유체를 생각해보자. 유체중의 일부분(점선 안의 부분)에 작용하는 힘을 고려하면, 중력이 작용하고 있음은 명확하다.

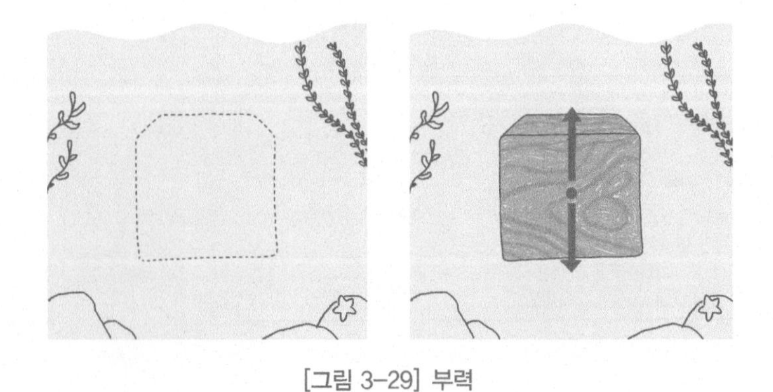

[그림 3-29] 부력

하지만 유체는 움직이지 않으므로 중력을 상쇄할 만한 어떠한 힘이 작용하고 있음에 틀림없다. 이 힘을 부력이라 하고 방향은 중력과 반대 방향이고 크기는 중력과 같다. m_{fluid}는 점선 안의 부분의 유체 질량이다.

$$\vec{F_b} = -m_{fluid}\vec{g}$$

이제 유체의 일부분을 다른 물체로 대체하면 중력의 크기는 변하지만, 부력은 변하지 않으므로 물체에 작용하는 중력과 부력의 크기가 달라져 물체는 위 혹은 아래로 가속을 받을 것이다. 즉 점선 부분의 합력(알짜힘)은 다음의 식과 같다 (m_{object}는 대체된 물체의 질량).

$$\vec{F} = m_{object}\vec{g} - m_{fluid}\vec{g} = (m_{objct} - m_{fluid})\vec{g} = (\rho_{object} - \rho_{fluid})V\vec{g}$$

ρ_{object}와 ρ_{fluid}는 각각 물체와 유체의 밀도이고 V는 점선 부분의 부피이다.

예제 3-6-1 부력

```
# 물, 나무 만들기
# 투명도 50% 적용
water = box(size = vec(10,10,10), color = color.blue, opacity = 0.5)
wood = box(size = vec(1,1,1), color = color.yellow)

# 물리 성질 & 상수 초기화
wood.v = vec(0,0,0) #나무 초기 속도
wood.rho = 950 #나무 밀도
water.rho = 1000 #물 밀도
wood.volume = wood.size.x*wood.size.y*wood.size.z #나무 부피
wood.volume_im = wood.volume #물에 잠긴 나무 부피
wood.m = wood.rho*wood.volume #나무 밀도
g = vec(0,-9.8,0) #중력가속도
kv = 1000 #항력 관련 계수
```

MEMO

MEMO

```
kv_im = kv

# 시간 설정
t = 0
dt = 0.03

thold = 0.001 #크기 비교를 위한 작은 변수

# 충돌 처리 함수
def collision(pBox,pbox, thold):
    r1 = pbox.pos.y – 0.5*pbox.size.y
    r2 = pBox.pos.y – 0.5*pBox.size.y
    colcheck = r1 – r2
    # 충돌 시 True 반환
    if  colcheck < thold:
        return True
    else:
        return False

# 물에 잠긴 부피 계산 함수
def calc_im(pBox, pbox, kv):
    r1 = pbox.pos.y + 0.5*pbox.size.y
    r2 = pBox.pos.y + 0.5*pBox.size.y
    floatcheck = r1 - r2
    # 물에 잠긴 부피 계산
    if floatcheck > 0:
        pbox.volume_im = pbox.volume - floatcheck*pbox.size.x*pbox.size.z
    else:
        pbox.volume_im = pbox.volume
    if pbox.volume_im < 0:
        pbox.volume_im = 0
    # 물에 잠긴 부피에 따라 kv_im값 변환
    kv_im  = pbox.volume_im/pbox.volume*kv
    # 물에 잠긴 부피, kv_im 반환
    return pbox.volume_im, kv_im
```

MEMO

```
# 시뮬레이션 루프
while t < 100:
    rate(100)
    # 수조 바닥과 나무의 충돌 시 시뮬레이션 루프 탈출(collision 함수 이용)
    if collision(water, wood, thold):
        print("colliding")
        break
    # 나무의 물에 잠긴 부분과 kv_im 계산
    wood.volume_im, kv_im = calc_im(water, wood, kv)
    print(wood.volume_im)
    # 알짜힘
    wood.f = wood.m*g #중력
    wood.f = wood.f - kv_im*mag(wood.v)**2*norm(wood.v) #항력
    wood.f = wood.f - water.rho*wood.volume_im*g #부력

    # 속도, 위치 업데이트
    wood.v = wood.v + wood.f/wood.m*dt
    wood.pos = wood.pos + wood.v*dt

    # 시간 업데이트
    t = t + dt
```

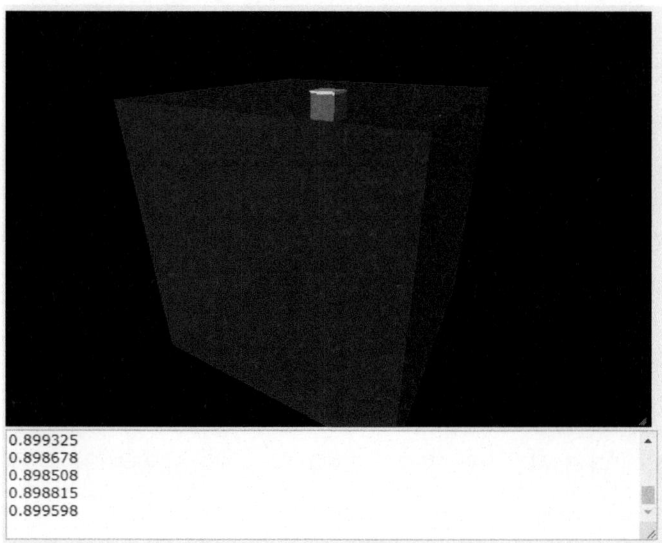

[그림 3-30] 부력

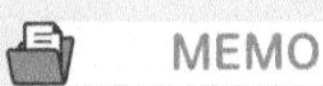
MEMO

이 예제는 물체를 수조에 빠뜨렸을 때 물체의 움직임을 재현한 것이다. 밀도에 따라 물체의 움직임이 다름을 알 수 있다. 물체의 움직임만을 보면 물리적으로 그럴듯해 보이기는 하지만 물의 움직임은 전혀 고려되어 있지 않기 때문에 사실적이라고는 할 수 없다. 우리가 실제로 물체를 물에 빠뜨린다면, 물은 물체 운동에 영향을 받아 매우 복잡하게 움직이게 될 것이다(아래 그림 참조).

[그림 3-31] 부력의 실제 실험 (무를 물속으로 던지기)

물의 움직임까지 고려하여 재현하는 컴퓨터 시뮬레이션은 계산시간이 오래 걸리기 때문에 실시간에 재현할 수는 없다. 아래 결과 그림은 물방울까지 포함하여 물의 움직임과 물체의 움직임을 정교하게 계산하고, 컴퓨터 그래픽스를 이용한 시각적 렌더링으로 표현한 것이다. 이 결과를 생성하기 위해서는 코드가 복잡할 뿐, 물체와 유체의 상호작용을 표현하는 물리 방정식을 코드로 표현하고 각 객체의 물리적 성질에 따라 시간적인 변화를 3차원 애니메이션으로 나타낸다는 점에서 물리 코딩의 기본 얼개는 같다고 할 수 있다.

[그림 3-32] 코딩으로 재현한 럭비공과 물의 상호작용

* 출처: Oh-young Song, Hyuncheol Shin, and Hyeong-Seok Ko.
"Stable but nondissipative water."
ACM Transactions on Graphics (TOG) 24.1 (2005)

MEMO

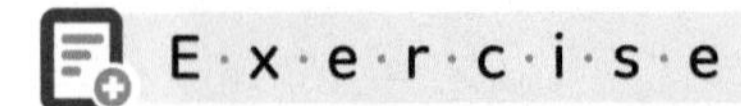

E·x·e·r·c·i·s·e

1. 가상의 평행 우주에 올드그램이라는 과학자가 우리가 살고 있는 우주와는 다른 물리법칙을 발견하였다. 올드그램은 힘이 "질량과 가속도에 비례"하는 것이 아니라 "질량에 반비례"하고 "가속도의 시간에 대한 변화량에 비례"함을 입증하였다. 또한, "물체 A가 다른 물체 B에 힘이 작용하면, 물체 B는 물체 A에 크기는 같고 방향은 반대인 힘을 동시에 작용한다." 라는 사실도 입증하였다. 이를 세 개의 물리 법칙으로 정리하였다.

   (1) 우리 우주의 뉴턴 법칙과 비슷한 방식으로 올드그램의 1, 2, 3 법칙을 각각 정리하여 서술하시오.

   (2) 올드그램의 우주에서 힘으로부터 위치, 속도, 가속도를 구하는 방식에 관해 설명하시오(컴퓨터 시뮬레이션으로 구현할 수 있는 방법을 포함하여 설명하시오).

   (3) 올드그램의 우주에서 힘이 일정할 때, 시간에 따른 위치($\vec{r}(t)$)를 구하는 식을 쓰고 이를 설명하시오.

2. 어린왕자가 사는 행성의 표면 중력이 지구 중력과 같도록 모델링하고 다음 아래의 문제들에 대해서 필요하다면 코드를 작성하고 시뮬레이션을 해보자.

   (1) 어린왕자 행성의 크기를 인터넷에서 찾아서 추정하고 표면 중력이 지구 중력과 같으려면 행성의 질량이 어느 정도이어야 하는지 코딩을 통해 구해보자.

   (2) 어린왕자의 키가 대략 1m일 때, 발에 작용하는 중력가속도와 머리에 작용하는 중력가속도의 차이는 어떻게 되는지 코딩을 통해 구해보자.

   (3) 어린왕자 행성에서 어린왕자가 탈출하려면 속력은 얼마 이상이어야 하는지 코딩을 통해 구해보자.

   (4) 탈출하지 못하고 계속 원 궤도를 도는 속도는 얼마인지 코딩을 통해 구해보자.

3. 부분 태양계인 수성, 금성, 지구의 공전을 나타내는 프로그램을 작성하여라.

① 각 행성의 조건은 다음과 같다.

분류	수성	금성	지구	태양
초기위치 [m]	(5.8e10,0,0)	(-1.1e11,0,0)	(0,1.5e11,0)	(0,0,0)
반지름[m]	2.4e9	6e9	6.4e9	3.5e10

* 각 행성의 크기는 실제와는 다름

(1) 위 표에 맞는 부분 태양계를 만들어라.

(2) 아래의 조건이 추가 된다고 할 때, 부분 태양계의 공전 운동을 나타내어라.

① 각 행성은 태양을 중심으로 공전하고, 각 행성의 자전, 태양의 움직임은 무시한다.

② 태양과 각 행성을 제외한, 각 행성끼리의 만유인력은 무시한다.

③ 각 행성의 이동경로를 선으로 나타낸다.

분류	수성	금성	지구	태양
무게[kg]	3.30e23	4.87e24	5.97e24	1.99e30
초기속도 [m/s]	y방향 47360	y방향 -35020	x방향 -29783	0
중력상수 [Nm^2/kg^2]	6.67e-11			
시간 간격 [s]	24시간			

4. 지구와 달이 용수철로 연결되었다고 가정하고 훅의 법칙에 따라 달의 움직임을 시뮬레이션하는 코드를 작성하고, 용수철 계수를 10^{13}에서 10^{16}까지 10배씩 늘려가면서 궤도가 어떻게 되는지 시뮬레이션 하라.

① 만유인력은 무시한다.

② 달과 지구가 충돌하면 프로그램을 종료한다.

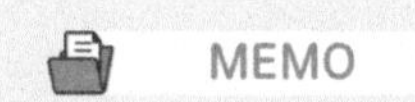

MEMO

	지구	달
반지름 [m]	6370000	1737000
초기 속도 [m/s]	0	y방향 1022
질량 [kg]	5.972 * 10^{24}	7.36 * 10^{22}
지구-달 거리 [m]	384400000	
scale_factor	10	

용수철	
반지름 [m]	1*10^{7}
용수철 계수 [N/m]	1 * 10^{13}~ 1 * 10^{16}

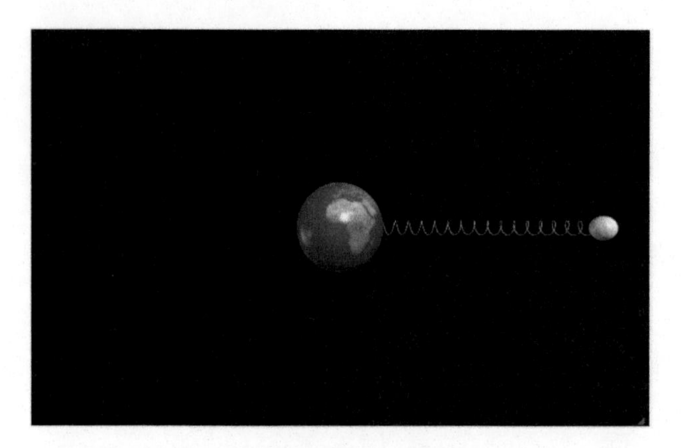

지구-달-용수철 연결

5. 빗방울은 중력에 의해 낙하하면서 처음에는 속력이 증가하다가 어느 속력에 도달하면 더 이상 가속되지 않고 일정한 종단 속력으로 낙하한다. 빗방울처럼 크기가 매우 작은 물체의 경우, 공기 저항력의 크기는 아래의 식과 같이 물체의 속력에 비례한다. 빗방울의 질량이 0.5mg, 종단 속력이 20m/s 라고 할 때, 공기저항계수(k)를 구하시오.

   $f_{drag} = kv$

6. 코로나19 바이러스의 주요 감염 경로는 침이며, 기침 또는 재채기를 할 때에 침이 더 빠르고 더 멀리 날아가게 된다. 하지만 마스크를 착용하면 침방울의 초기 속도를 감소시켜 날아가는 거리를 줄여준다. 그래서 바이러스의 확산을 막기 위해 마스크를 착용하도록 하며 사회적 거리로 2m를 제시하고 있다.

   (1) 마스크를 착용함으로서 감소하게 된 초기 속도가 침의 이동거리를 줄이는데 어느 정도 도움이 되는지와 왜 사회적 거리로 2m를 제시하였는지 UI를 이용한 시뮬레이션을 통해 그 근거를 보여라.

(2) 또한, 침방울은 시간에 따라 증발하게 되는데 증발식을 각자 자유롭게 세워보고 이를 포함하여 시뮬레이션하라.

```
# scene
scene.range = 3
scene.forward = vec(0, 0 , -1)
# ground
ground = box(size = vec(1000, 0.001, 1000))
```

① 중력, 부력, 공기저항력의 영향을 받는다.
② 모든 입자가 땅바닥에 닿으면 종료한다.
③ UI를 통해 바람 속도와 침방울의 속도를 조절할 수 있게 한다.

scale_factor	1e3	
사람1	크기 [m]	(0.5, 1.4, 0.5)
위치 [m]	(-1, 0.7, 0)	
사람2	크기 [m]	(0.5, 1.4, 0.5)
위치 [m]	(1, 0.7, 0)	
바람속도 (v_{wind}) [m/s]	(-1,0,0) ~ (1,0,0)	
중력가속도 [m/s^2]	(0,-9.8, 0)	
공기 밀도(ρ_a) [kg/m^3]	1.21	

침방울	입자1	입자2	입자3	입자4	입자5
반지름 (r) [m]	100e-6	110e-6	130e-6	140e-6	150e-6
초기속도 (v) [m/s]	(6, 0, 0) ~ (20, 0, 0)				
초기위치 [m]	(-1, 1.6, 0)				
밀도 (ρ) [kg/m^3]	1000				
저항계수(C_d)	$24(1+0.15\times(13.5\times10^4\lvert v_{wind}-v\rvert r)^{0.7})/(13.5\times10^4\lvert v_{wind}-v\rvert r)$				

MEMO

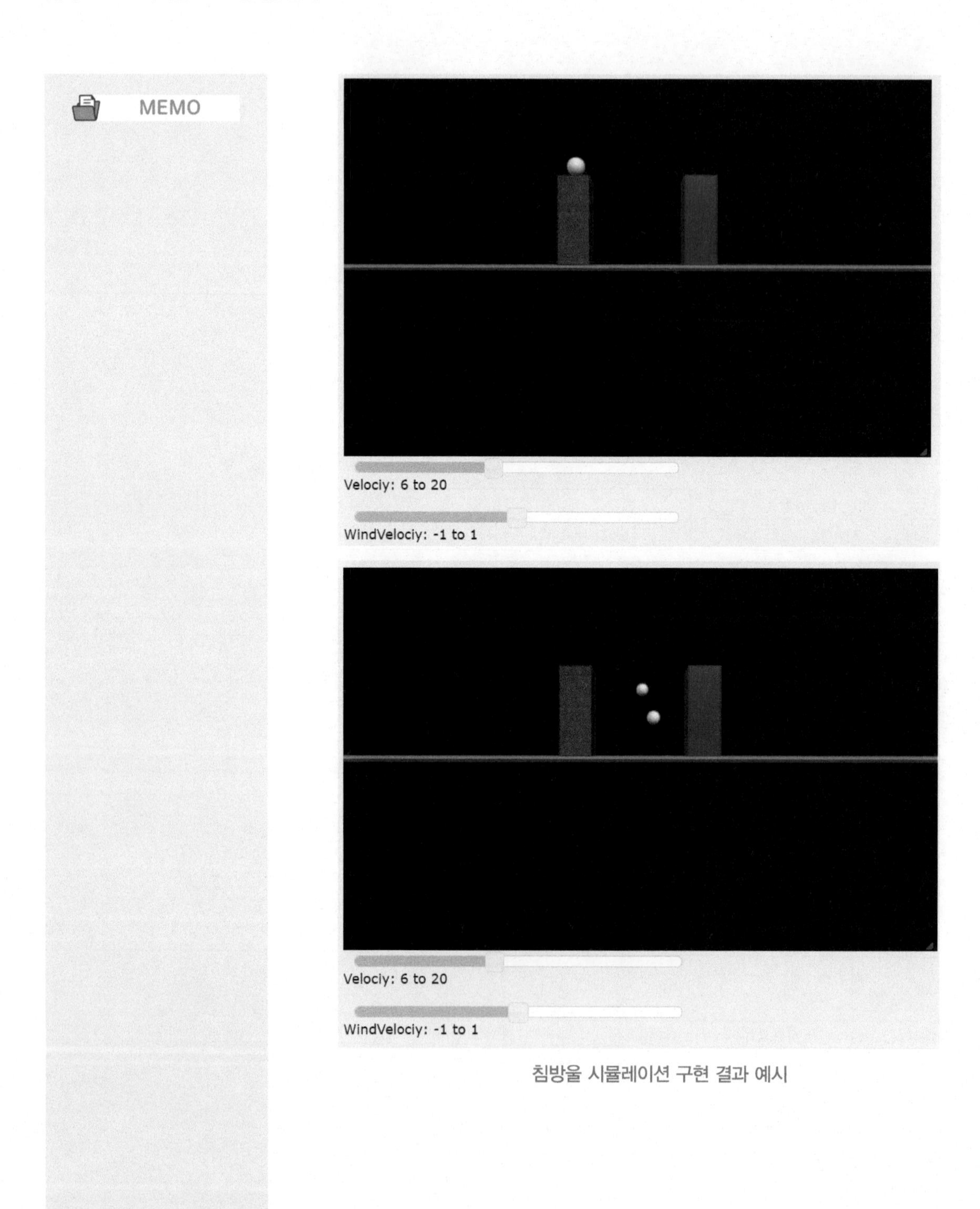

침방울 시뮬레이션 구현 결과 예시

CHAPTER 4

수치적분

4.1 변위, 속도, 가속도의 수치적 관계

4.2 오일러 방법

4.3 오일러-크로머 방법

4.4 룽게-쿠타 방법

MEMO

4.1 변위, 속도, 가속도의 수치적 관계

지금까지 배운 변위, 속도, 가속도의 수치적 관계를 정리해보자. "속도 = 변위/시간간격"이며 변위를 $\Delta\vec{x}$로 쓰고 시간간격도 Δt로 쓰면 다음과 같은 식으로 나타낼 수 있다.

$$\vec{v} = \frac{\Delta x}{\Delta t}$$

이 식은 변위와 속도의 관계식인데, 이러한 관계는 속도와 가속도 사이에서도 성립한다. 즉, 가속도를 $\vec{a}$, 속도의 변화량을 Δv라고 하면 다음과 같다.

$$\vec{a} = \frac{\Delta v}{\Delta t}$$

앞의 두 식은 결국, 시간당 위치의 변화량이 속도이고 시간당 속도의 변화량이 가속도라는 것을 의미한다. 위 두 식을 변위와 속도의 변화량으로 표현하면 다음과 같다.

$$\Delta x = \vec{v}\Delta t$$

$$\Delta v = \vec{a}\Delta t$$

다음 위치 및 속도를 x_{n+1}, v_{n+1}으로 하고, 현재의 위치와 속도를 x_n, v_n이라고 하면, 다음과 같이 정리할 수 있다.

$$\vec{x}_{n+1} = \overrightarrow{x_n} + \overrightarrow{v_n}\Delta t$$

$$\vec{v}_{n+1} = \overrightarrow{v_n} + \vec{a}\Delta t$$

MEMO

앞의 식에서 가속도가 입력으로 주어지면, 바로 전의 위치와 속도로부터 현재의 속도 및 위치를 구할 수 있다. 이렇게 구하는 방법을 수치적분이라 한다. 하지만 이런 방식에는 오차가 항상 생길 수밖에 없다. 이 오차는 왜 발생하는 것일까? 기본적으로 정해진 시간 간격에 따라 속도와 위치를 구하기 때문이다. 즉, 시간 간격 동안에는 속도와 가속도가 변하지 않아야만 정확한 값이 구해진다.

예를 들어, 일정 시간 간격에서 속도가 증가함에도 현재 시간에서의 고정된 속도로 다음 위치를 갱신하면 원래 갱신되어야 할 위치와 차이가 발생한다. 더욱 정확하게 위치를 구하기 위해서는 시간이 지나가기 전의 속도와 시간이 지난 후의 속도의 평균을 구하여 적용하는 방식도 생각할 수 있다. 하지만, 이 방법은 가속도가 일정하다는 가정에서는 정확하지만, 가속도가 변하는 일반적인 상황에는 항상 오차가 있다.

4.2 오일러 방법

앞의 절에서 제시한 대로 이전 시간의 위치와 속도로부터 다음 시간의 위치와 속도를 갱신하는 방법을 오일러 방법이라 한다. 이를 파이썬 코드로 나타내면, 다음과 같다.

```
# 오일러 방법으로 일정 시간 간격 후의 위치(r), 속도(v) 갱신하기
r = r + v * dt
v = v + a * dt
```

아래 예제는 오일러 방법을 이용하여 용수철의 움직임을 재현한 것이다. 결과를 보면, 점차 용수철의 진폭이 증가함을 알 수 있다. 이는 시간 간격을 아무리 줄여도 해결할 수 없는 것으로 오일러 방법의 근본적인 한계이다. 이를 개선하기 위한 매우 간단한 방법이 있는데, 다음 절에서 소개할 오일러-크러머 방법이다.

MEMO

예제 4-2-1 오일러 방법을 이용한 용수철 운동

```
# 천장, 공, 스프링 만들기
ceiling = box(pos = vec(0,0,0), size = vec(0.2, 0.01, 0.2))
ball  =  sphere(pos  =  vec(0.0,  -0.25,0.0),  radius  =  0.025,  color  =
color.orange, make_trail = True)
spring = helix(pos = ceiling.pos, axis = ball.pos - ceiling.pos, color
= color.cyan, thickness = 0.003, coils = 40, radius = 0.015)

# 물리 성질 & 상수 초기화
ball.v = vec(0,0,0) #공의 초기속도
g = vec(0,-9.8,0) #중력가속도
ball.m = 1 #공의 질량
r0 = 0.25 #스프링 초기 길이
ks = 100  #탄성계수
kv = 0.0  #감쇠계수

# 시간 설정
t = 0
dt = 0.01

# 화면 설정
scene.autoscale = True
scene.center = vec(0,-r0,0)

# 그래프
traj = gcurve(color = color.red)

# 시뮬레이션 루프
while t < 300:
    rate(100)
    # 중력
    Fgrav = ball.m*g
    # 스프링 힘
    r = mag(ball.pos)
    s = r - r0
    rhat = norm(ball.pos)
    Fspr = -ks*s*rhat
```

MEMO

```
# 댐퍼 힘
Fdamp = -kv*dot(ball.v,rhat)*rhat

# 알짜힘
Fnet = Fgrav + Fspr + Fdamp

# 위치, 속도 업데이트 (오일러 방법)
ball.pos = ball.pos + ball.v*dt
ball.v = ball.v + Fnet/ball.m*dt

# 시간 업데이트
t = t + dt

# 스프링 업데이트
spring.axis = ball.pos

# 그래프 업데이트
traj.plot(pos = (t,ball.pos.y))
```

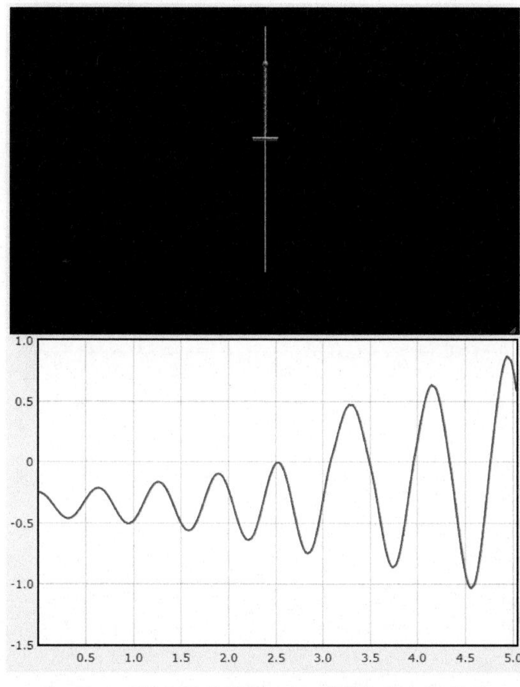

[그림 4-1] 오일러 방법으로 재현한 용수철 운동

MEMO

4.3 오일러-크로머 방법

오일러 방법의 코드를 역순으로 해보자.

```
# 속도, 위치 업데이트
v = v + a * dt
r = r + v * dt
```

이 코드는 속도를 전 시간의 가속도로 먼저 갱신한 후, 위치를 갱신된 속도로부터 구하는 것이다. 이러한 순서로 속도와 위치를 구하는 방식을 오일러-크로머 방법이라 한다. 가속도가 일정할 경우는 오일러 방법과 오일러-크로머 방법의 안정성의 차이는 없다. 하지만, 가속도가 변화하는 경우 오일러-크로머 방법이 안정성이 훨씬 개선된다.

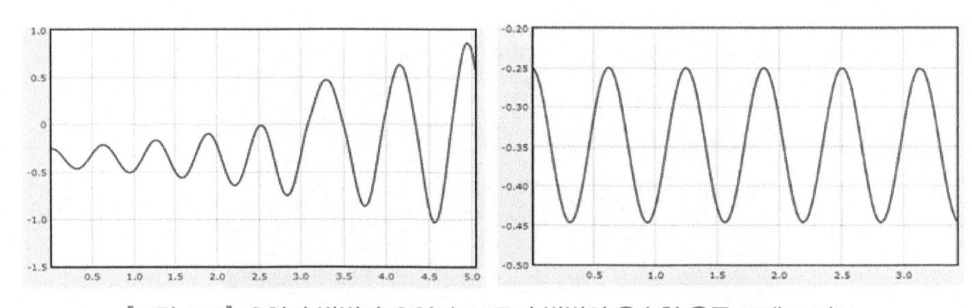

[그림 4-2] 오일러 방법과 오일러-크로머 방법의 용수철 운동 그래프 비교

운동 그래프에서 비교한 대로 오일러-크러머 방법이 안정적인 시뮬레이션을 보여주지만, 시뮬레이션 시간 간격(dt)이 커지면 정확성과 안정성을 보장할 수 없다. 이는 기본적으로 오일러 기반의 방법은 시간 적분의 측면에서 1차까지 근사한 결과이기 때문에 시뮬레이션이 진행하면서 오차가 누적될 수 있기 때문이다.

4.4 룽게-쿠타 방법

 MEMO

룽게-쿠타 방법(Runge-Kutta method)은 앞의 운동방정식을 더 정확하게 푸는 법이다. 1900년경 독일의 수학자 카를 다비트 톨메 룽게와 마르틴 빌헬름 쿠타가 개발되어서 두 학자의 이름을 따서 룽게-쿠타 방법이라고 한다. 룽게-쿠타 방법은 수치적분에서 2차 이상의 정확도를 위해 개발된 것으로 물리 현상을 위한 시뮬레이션에서는 2차(RK2) 혹은 4차 방법(RK4)이 사용된다. 수치적분의 정확성을 높이기 위해, 오일러 기반의 방법은 미분 값을 테일러 전개로 1차까지만 근사하였지만, 룽게-쿠타 방법은 고차까지 근사하여 수치 오차를 줄인다.

2차까지 근사하는 룽게-쿠타 방법(RK2)은 속도와 위치의 갱신을 중간 지점의 미분(가속도, 속도) 값을 징검다리처럼 한 단계 더 계산한다. 위치 갱신을 기준으로 보면 다음의 식과 같다.

$$\vec{k}_1 = \vec{f}(t_n, \vec{x}_n)\Delta t = \vec{v}_n \Delta t$$
$$\vec{k}_2 = \vec{f}\left(t_n + \frac{\Delta t}{2}, \vec{x}_n + \frac{\vec{k}_1}{2}\right)\Delta t$$
$$\vec{x}_{n+1} = \vec{x}_n + \vec{k}_2$$

속도의 갱신도 마찬가지로 이루어지며, 이를 중간점 방법(midpoint method)이라고도 한다. 더 정밀하게 계산하는 방법으로 4차 룽게-쿠타 방법이 있는데, 이를 위치 갱신을 기준으로 보면, 아래의 식으로 정리할 수 있다.

$$\vec{k}_1 = \vec{f}(t_n, \vec{x}_n)\Delta t = \vec{v}_n \Delta t$$
$$\vec{k}_2 = \vec{f}\left(t_n + \frac{\Delta t}{2}, \vec{x}_n + \frac{\vec{k}_1}{2}\right)\Delta t$$
$$\vec{k}_3 = \vec{f}\left(t_n + \frac{\Delta t}{2}, \vec{x}_n + \frac{\vec{k}_2}{2}\right)\Delta t$$

 MEMO

$$\vec{k}_4 = \vec{f}\left(t_n + \Delta t, \vec{x}_n + \vec{k}_3\right)\Delta t$$

$$\vec{x}_{n+1} = \vec{x}_n + \frac{1}{6}\vec{k}_1 + \frac{1}{3}\vec{k}_2 + \frac{1}{3}\vec{k}_3 + \frac{1}{6}\vec{k}_4$$

여기서, $\vec{k}_1$은 수치적분 시작 위치의 기울기에 의한 변위이고, $\vec{k}_2$와 $\vec{k}_3$는 중간점의 위치를 각각 $\vec{k}_1/2$, $\vec{k}_2/2$만큼 이동해서 구한 기울기에 의한 변위이다. $\vec{k}_4$는 $\vec{k}_3$으로 추정된 마지막 위치에서 구한 기울기에 의한 변위이다. 4개의 변위를 가중치를 달리하여 평균하고, 이를 원래 위치에 더하여 최종 위치를 갱신한다.

다음의 용수철 운동은 4차 룽게-쿠타 방법으로 시뮬레이션한 결과이다. 시간 간격을 크게 늘려도 오일러 방법, 오일러-크로머 방법에 비해 훨씬 안정적으로 재현됨을 확인할 수 있다.

예제 4-4-1 4차 룽게-쿠타 방법을 이용한 용수철 운동

```
# 천장, 공, 스프링 만들기
ceiling = box(pos = vec(0,0,0), size = vec(0.2, 0.01, 0.2))
ball = sphere(pos = vec(0.0, -0.25,0.0), radius = 0.025, color = color.orange,
make_trail = True)
spring = helix(pos = ceiling.pos, axis = ball.pos - ceiling.pos, color
= color.cyan, thickness = 0.003, coils = 40, radius = 0.015)

# 물리 성질 & 상수 초기화
ball.v = vec(0,0,0) #공의 초기속도
g = vec(0,-9.8,0) #중력가속도
ball.m = 1 #공의 질량
r0 = 0.25 #스프링 초기길이
ks = 100  #탄성계수
kv = 0  #감쇠계수

# 화면 설정
scene.autoscale = True
scene.center = vec(0,-r0,0)
```

```
# 그래프
traj = gcurve(color = color.red)

# 함수
def fx(t, x, v):
    global ks
    global kv
    global ball
    global g
    global r0

    # 중력
    Fgrav = ball.m*g
    # 스프링 힘
    r = mag(x)
    s = r - r0
    rhat = norm(x)
    Fspr = -ks*s*rhat
    # 댐퍼 힘
    Fdamp = -kv*dot(v,rhat)*rhat
    # 알짜힘
    Fnet = Fgrav + Fspr + Fdamp
    # 가속도
    a = Fnet/ball.m
    # 속도, 가속도 반환
    return v, a

# 시간 설정
t = 0
dt = 0.01

# 시뮬레이션 루프
while t < 300:
    rate(100)
    # 속도, 위치 업데이트 (4차 룽게-쿠타 방법)
    k1_v, k1_a = fx(t, ball.pos, ball.v)
    k2_v, k2_a = fx(t + dt/2,  ball.pos + dt * k1_v/2, ball.v + dt * k1_a/2)
```

MEMO

MEMO

```
    k3_v, k3_a = fx(t + dt/2,ball.pos + dt * k2_v/2, ball.v + dt * k2_a/2)
    k4_v, k4_a = fx(t + dt, ball.pos + dt * k3_v,  ball.v + dt * k3_a)

    ball.pos = ball.pos + dt * ((1/6) *k1_v + (1/3)*k2_v + (1/3)*k3_v+
(1/6)*k4_v)
    ball.v = ball.v + dt * ((1/6) * k1_a + (1/3)*k2_a + (1/3)*k3_a + (1/6)* k4_a)

    # 시간 업데이트
    t = t + dt

    # 스프링 업데이트
    spring.axis = ball.pos

    # 그래프 업데이트
    traj.plot(pos = (t,ball.pos.y))
```

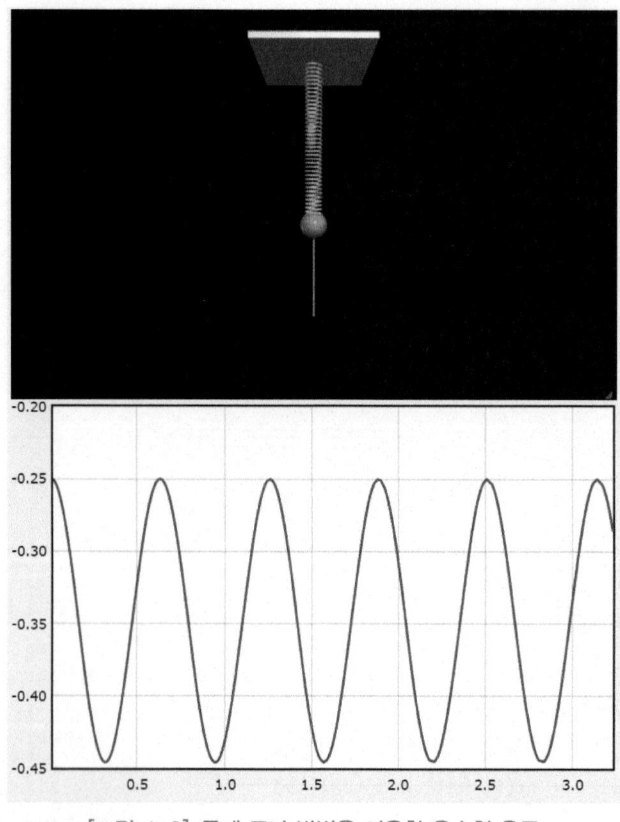

[그림 4-3] 룽게 쿠타 방법을 이용한 용수철 운동

이 장에서는 수치적분 방법으로 오일러, 오일러-크로머, 룽게-쿠타를 소개하였다. 이 방법들은 시간 적분을 수치적으로 근사하는 방법이므로 항상 오차가 있을 수밖에 없고 이에 대한 분석도 필요하다. 수치적 정확성과 안정성을 포함하는 자세한 분석은 수치해석 분야의 서적을 참고하기를 바란다.

MEMO

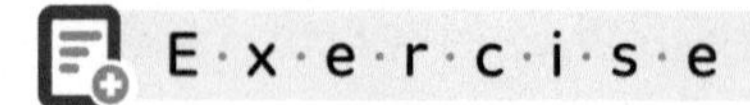

1. 질량이 100g인 사과를 초기위치가 $\overrightarrow{r_0} = (0,10,0)m$인 빌딩 옥상에서 초기 속도 $\overrightarrow{v_0} = (10,5,0)\,m/s$로 던진다고 하자.

   (1) 0.5초 후의 위치를 해석적인 적분 방법으로 정확히 구하시오.

   (2) 0.5초 후의 위치를 수치적분(오일러-크레머 방법)을 이용하여 구하시오. (시간간격은 0.1초이다.)

   (3) 0.5초 후의 위치를 수치적분(오일러 방법)을 이용하여 구하시오. (시간간격은 0.1초이다.)

   (4) (1)과 (2)의 결과를 비교하여 오일러-크레머 방법의 오차를 상대적 거리로 표현하시오.

   (5) 오차가 생기는 이유에 대해 설명하시오.

2. 물리현상을 실시간으로 애니메이션하려고 할 때, 시뮬레이션 시간 간격이 최소한 얼마 이하여야만 하는가? 이유도 설명하시오.

3. 다음은 공기 저항력/마그누스 효과를 시뮬레이션 하는 코드 중의 일부이다. 이대로 실행하면 시뮬레이션이 되기는 하지만, 정확성 및 안정성에는 문제가 있을 수 있다. 어느 부분이 잘 못 되었는지 찾고, 코드를 고치시오.

```
...
#중력, 공기저항력, 마그누스 힘
grav =  ball.m * vec(0,g,0)
drag = -0.5*rho*Cd*(pi*ball.radius**2)*mag(ball.v_w)**2*norm(ball.v_w)
magnus = 0.5*rho*Cm*ball.radius*w*mag(ball.v_w)*(pi*ball.radius**2)*vhat_per

#알짜힘
ball.f = grav + drag + magnus

#오일러-크레머 방법
ball.pos = ball.pos + ball.v*dt
ball.v = ball.v + ball.f/ball.m*dt
...
```

4. 철수는 컴퓨터로 물리 시뮬레이션을 수행할 때, 시간간격을 실수로 음수로 설정하였는데 이를 알아차리지 못하고 시뮬레이션을 실행시켰다.

(1) 이 상황에서 물리 현상 중에 코딩을 통해 어느 정도 재현이 되는 것은 무엇인지 예를 들고, 어떠한 방식으로 보이는지 서술하시오. 또한, 왜 그러한 결과가 나왔는지도 설명하시오.

(2) 반대로 지금까지 배운 물리 현상 중에 재현이 잘 안 되는 것은 무엇인지 예를 들고, 왜 그러한 결과가 나왔는지 설명하시오.

(3) 자연현상에서 실제 시간과 물리 시뮬레이션에서 시간 사이의 개념 차이에 관해서 설명하시오.

MEMO

CHAPTER 5

일과 에너지

 MEMO

지금까지는 힘이 가해졌을 때, 운동량 보존법칙에 따라 물체의 움직임을 분석하고 재현하는 방법에 관해서 알아봤다. 물체의 운동은 뉴턴의 운동 법칙 혹은 운동량 보존법칙에 따라 재현하는 것이 가능하다. 하지만 컴퓨터 시뮬레이션 시, 시간 간격이 커짐에 따라 부정확한 운동이 되며 심지어는 물체의 움직임이 발산(혹은 불안정)할 수 있음을 확인하였다. 이는 물체의 운동에너지가 한없이 커지는 것으로 실제 현상과는 다르다. 현실 세계에서는 뉴턴의 운동법칙과 더불어 에너지 보존법칙도 성립되어야 하므로 컴퓨터 시뮬레이션을 설계할 때에도 이를 고려해야 한다. 이 장에서는 일과 에너지의 관계를 통해 에너지 보존법칙을 알아보고, 이를 컴퓨터 시뮬레이션에 적용하는 코딩을 해보자.

5.1 에너지 보존법칙

고등학교 물리에서 배웠듯이, 에너지는 일을 할 수 있는 능력을 뜻하고 스칼라이다. 에너지는 일로 변환 가능하며, 반대로 일도 에너지로 변환할 수 있다. 또한 "모든 상호작용에서 에너지는 보존된다." 라는 에너지 보존법칙이 있다. 즉, 닫힌 계에서 에너지는 새롭게 만들어지거나 없어지지 않고 단지 그 형태만이 바뀐다. 에너지는 운동에너지, 퍼텐셜에너지, 열에너지, 빛에너지, 전기에너지, 화학에너지 등 다양한 형태로 표현될 수 있다. 에너지는 물체의 상호작용 중에 변환될 수는 있지만, 총합은 항상 일정하다.

5.1.1 일과 힘의 관계

고등학교에서 배운 일의 정의를 상기해보자. 임의의 위치에 있는 물체에 힘($\vec{F}$)을 작용시켜, 힘의 방향과 평행한 방향으로 이동($\vec{F} \cdot \Delta\vec{r}$)시키는 것을 일($W$)로 정의하고 스칼라량으로 나타낸다. 이 스칼라량은 일-에너지 원리에 따라 그 물체가 지닌 에너지의 변화량(ΔE)과 같다. 즉, 아래와 같은 식으로 표현할 수 있다.

$$W = \Delta E = \vec{F} \cdot \Delta \vec{r} = |\vec{F}||\Delta \vec{r}| \cos\theta$$

MEMO

물체를 움직이는 힘의 크기와 이동한 거리에 비례하여 물체에 작용하는 일의 양이 늘게 되고 그에 따라 물체가 갖는 에너지도 변화한다. 여기서 유념해서 봐야 할 것은 힘과 이동한 위치(변위)가 내적 관계에 있다는 점이다. 벡터 단원에서 살펴봤듯이, 힘의 방향과 변위 벡터가 수직이라면 일이 전혀 일어나지 않은 것이 되며, 에너지의 변화도 없다. 또한, 힘의 방향과 변위 벡터가 반대 방향인 경우도 있을 수 있다. 즉 일의 양이 음수일 수도 있다는 것이다. 예를 들어, 야구에서 투수가 공을 던지는 순간을 보자. 공이 나아가는 방향과 공에 전달되는 힘의 방향이 대체로 같은 방향이므로 양의 일이다. 이 양의 일은 공의 운동에너지의 증가로 나타난다. 한편 포수가 공을 받는 순간은 반대이다. 즉, 공을 받는 포수는 공의 진행 방향과는 반대 방향으로 힘을 작용하여 공을 멈추게 하므로 음의 일로 작용하며 운동에너지를 감소시킨다. 물체의 에너지 측면에서 보면 일의 스칼라량이 음인지 양인지는 매우 중요하다. 정리하면 물체에 양의 일이 가해지면 물체의 에너지는 증가하고 물체에 음의 일이 가해지면 물체의 에너지는 감소한다.

한편 물체에 힘은 작용하지만 일은 0인 경우도 있다. 예를 들어, 지금 책상을 힘껏 눌러보자. 책상이 힘을 받는 것은 분명하지만 힘을 가하는 방향으로 책상이 움직이고 있지는 않다. 즉 일은 0이고 책상의 에너지는 변하지 않는다. 일이 0인 또 다른 예로는 지구를 원운동 하는 인공위성의 경우이다. 인공위성의 원운동은 지구의 중력에 기인하는 것임에는 명백하다. 하지만 인공위성에 작용하는 중력은 인공위성의 움직임의 방향과 항상 수직이므로, 중력이 하는 일은 0이 된다. 당연히 인공위성이 지닌 에너지도 변하지 않는다.

일의 단위는 위의 식으로부터 유추하면 $N \cdot m = kg \cdot m^2/s^2$ 이며 $1N \cdot m$ 는 $1J$(주울)로 정의된다. 에너지도 같은 단위임은 자명하지만, 화학에너지, 열에너지 등에서는 칼로리(cal) 단위도 널리 쓰인다(1 cal = 4.184J).

힘과 일과의 관계에 대해 정리하면 다음과 같다.

MEMO

- 물체가 움직이는 방향과 힘이 작용하는 방향이 같으면 양의 일이다.
- 물체가 움직이는 방향과 힘의 방향이 반대 방향이면 음의 일이다.
- 힘에 의해 물체가 움직인 거리가 0이면 일은 0이다.
- 물체가 움직이는 방향과 수직인 힘이 작용하면, 그 역시 일은 0이다.

사실 위의 내용은 일과 힘에 관한 관계를 나타낸 위의 식으로부터 유추되는 것으로 일반적으로 물리의 기본 원리는 단지 물리 식을 해석하는 것만으로도 이해될 수 있는 경우가 많다.

힘과 변위의 내적으로 일을 정의했는데, 힘이 변화하거나 그에 따라 변위가 변화하는 경우에 일은 어떻게 구할까? 이는 변화되는 힘에 따라 물체의 변위를 누적해서 더하면 그것이 바로 일이 된다. 즉, 식으로 표현하면 다음과 같다.

$$W = \sum_{k=1}^{n} \overrightarrow{F_k} \cdot \triangle \overrightarrow{r_k} = \overrightarrow{F_1} \cdot \triangle \overrightarrow{r_1} + \overrightarrow{F_2} \cdot \triangle \overrightarrow{r_2} + \overrightarrow{F_3} \cdot \triangle \overrightarrow{r_3} + \ldots$$

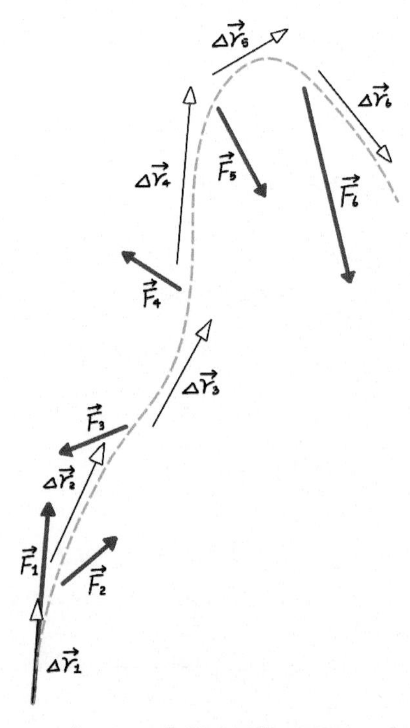

[그림 5-1] 힘이 변할 때의 일

MEMO

위 식에서 변위를 아주 작게 한다면($\Delta\vec{r_k} \rightarrow d\vec{r_k}$), 각각의 일의 합은 아래의 적분 형태의 식으로 쓸 수 있다. (이는 이미 미적분학에서 배운 내용으로 적분의 정의를 상기해보라.)

$$W = \int \vec{F} \cdot d\vec{r}$$

사실 위 식의 형태가 일을 힘과 변위로 정의하는 일반적인 형태이다. 힘과 변위가 적분이 가능한 함수 형태로 주어지는 경우 일은 해석적 방법을 통해 구해질 수도 있다. 하지만, 그것이 불가능한 경우는 앞서 제시한 변화하는 힘과 일정한 변위의 내적을 합하는 방식인 수치적인 적분을 통해 구해야 한다.

5.2 역학적 에너지

모든 질량이 있는 물체는 에너지를 지닌다. 이 절에서는 질량을 갖는 물체가 지니는 에너지의 종류를 살펴보고 서로 변환되는 체제를 밝힌다. 먼저, 입자 하나의 에너지를 알아보자. 하나의 입자가 갖는 에너지는 단지 두 종류이다. 하나는 질량과 관계된 정지에너지(rest energy)이고 다른 하나는 운동에너지(kinetic energy)이다. 이 에너지의 표현은 아인슈타인이 제시한대로 하나의 식으로 나타낼 수 있다.

$$E = \gamma mc^2,\ \gamma = 1/\sqrt{1-(v/c)^2}$$

여기서 c는 빛의 속력(299,792,458 m/s)이며, 물체의 속력(v)에 비해, 매우 크므로, γ 는 1로 근사되며, 유명한 식인 $E = mc^2$ 이 된다. 이 식의 의미는 이론적으로 혹은 적절한 조건을 만족한다면 질량을 갖는 모든 물체는 에너지로 변환될 수 있다는 것을 뜻하며, 질량과 빛의 속도의 제곱에 비례하는 양이므로 1 kg의 질량을 갖는 어떤 물체를 모두 에너지로 변환한다면 약 89,875,517,873,681,764 J로

MEMO

엄청나게 큰 에너지를 갖게 된다. 실제로 핵반응에서 감소된 질량이 에너지로 변환된다.

■ 운동에너지

실제 위 식에서 입자의 속력이 증가하면 입자가 지니는 에너지는 증가하게 되는데 그 양은 얼마나 되는지 살펴보자. 속력이 v인 입자의 에너지에서 정지된 입자의 에너지를 빼면 순수하게 입자의 움직임을 나타내는 에너지라고 할 수 있고 이를 운동에너지로 정의 한다. 즉, 입자의 운동에너지(K)는 다음과 같다.

$$K = \gamma mc^2 - mc^2$$

핵반응 상황과 같이 매우 빠르게 움직이는 양성자, 전자 등의 입자가 아닌 일반적인 상황에서의 물체인 경우는 속력이 빛의 속력에 비해 충분히 작다($v \ll c$). 그러면 위 식은 테일러 전개에 의해 다음과 같이 근사될 수 있다.

$$\begin{aligned} \gamma mc^2 &= \frac{mc^2}{\sqrt{1-(v/c)^2}} \\ &= mc^2[1 + 1/2(v/c)^2 + 3/8(v/c)^4 + 5/16(v/c)^6 + \ldots] \\ &\simeq mc^2 + \frac{1}{2}mv^2, \text{ if } v/c \ll 1 \end{aligned}$$

즉, $K = \frac{1}{2}mv^2$이 되며, 이 식은 고등학교 물리에서 배운 운동에너지의 정의와 일치한다.

이제 물체에 일이 작용했을 때 일-에너지 원리에 따라 물체의 속력을 구하는 것이 가능하다. 아래의 예를 보자. 어떤 물체에 일을 작용하면 그 물체의 에너지가 변화해야 한다. 일이 작용되었다는 의미는 그 물체에 힘을 가하고 일정한 거리를 이동시킨 것이므로 마찰력이나 저항력에 의한 주변의 에너지 소모가 없으면 그 물체 자체의 에너지로 저장되어야 한다. 예를 들어, 아래 그림처럼 정지된 썰매(1 kg)를

10 N 힘으로 5 m를 끌었다고 하면 50 ($N \cdot m,\ J$)의 일을 한 것이 된다. 중력 등의 외부 힘과의 상호작용을 포함하여 얼음과 썰매사이에 마찰력, 공기 저항력 등에 의한 외부와의 에너지 교환이 없다고 가정하면, 썰매에 작용된 일은 고스란히 썰매에 에너지 형태로 저장되어야 한다. 한편, 뉴턴의 운동법칙에 따라 썰매를 움직이는 것에 힘이 작용했으므로 당연히 썰매는 속력이 생길 것이며, 이것이 바로 썰매에 저장된 에너지, 운동에너지라고 할 수 있다. 그러면 운동에너지의 양은 50 J이고 아래의 식을 계산하면, 썰매의 속력은 10 m/s가 된다.

$$50 = \frac{1}{2}mv^2,$$
$$v = 10m/s$$

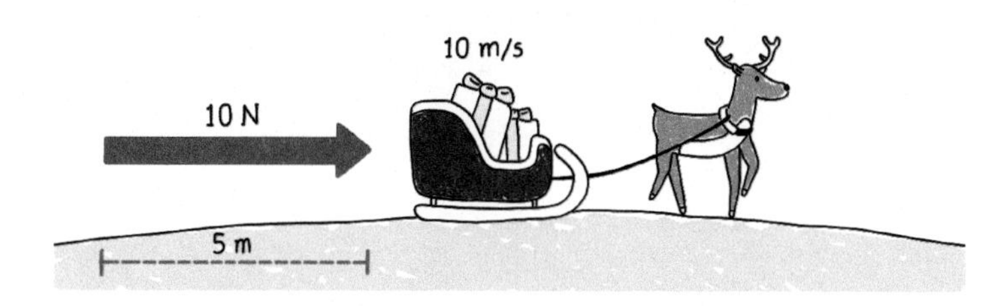

[그림 5-2] 썰매 끌기

이 썰매의 운동에너지는 다른 썰매와 부딪힌다거나 마찰력이 강한 땅위로 올라간다면 다른 형태의 에너지(소리, 열 등)로 변환될 것이다.

■ 중력에 의한 퍼텐셜 에너지

물체가 둘 이상일 때에는 정지에너지, 운동에너지 외에 추가적으로 물체들 사이에 퍼텐셜 에너지(potential energy)를 생각해 볼 수 있다. 이번에는 썰매를 지면의 수직방향으로 0.5 m 올렸다고 하자. 중력보다는 강한 힘으로 들어 올려야 하므로 최소한 썰매에 가해지는 힘은 $1kg \cdot 9.8m/s^2 = 9.8N$ 이상이어야 한다. 만약, 일정한 속력으로 천천히 들어 올린다고 가정하면 중력과 거의 같은 힘을 작용해야 하므로, 썰매에 가해진 일은 $9.8 \times 0.5 = 4.9\,J$ 이 된다. 이 경우 썰매가 지니는 에너지는 썰매의 속력을 거의 0이라고 가정하므로(운동에너지는 거의 0이

다.), 정지에너지와 운동에너지 외에 다른 에너지 형태로 4.9 J의 일이 저장되어야 한다. 이 때 썰매에 저장된 에너지는 중력에 의한 퍼텐셜 에너지로 정의된다. 이 퍼텐셜 에너지는 추후 다른 형태의 에너지로 변환될 수 있다.

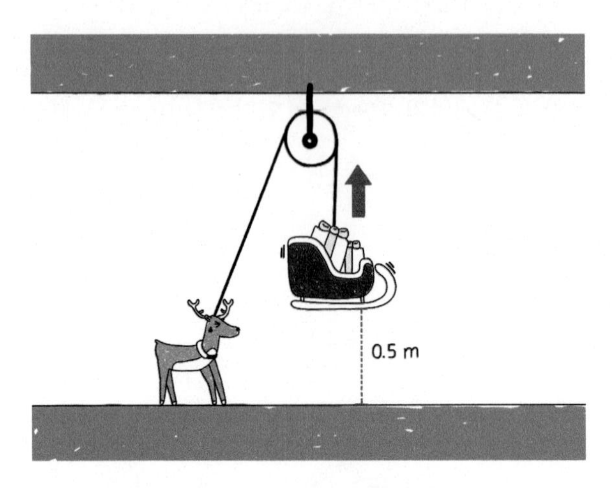

[그림 5-3] 썰매 들어올리기

이 썰매를 낙하시키면 썰매에 저장된 퍼텐셜 에너지가 감소되면서 썰매의 속력이 증가하게 되는데 이는 퍼텐셜 에너지가 썰매의 운동에너지로 변환되는 것을 의미한다. 썰매가 낙하할 때 공기저항력 등의 주변 환경에 의한 에너지 소모를 무시하면 소모된 퍼텐셜 에너지는 고스란히 운동에너지로만 변환된다.(아래 그림 참조)

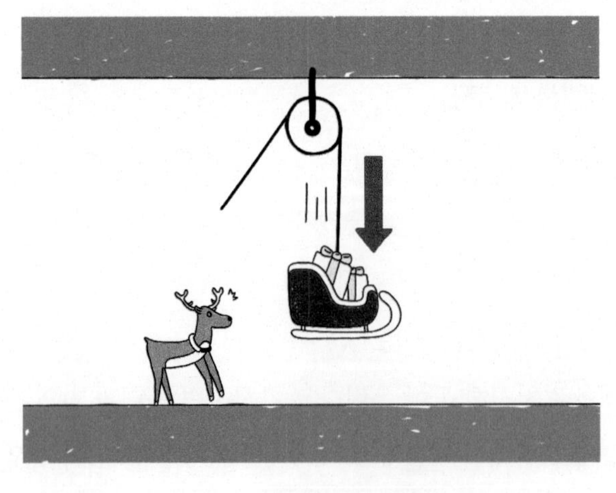

[그림 5-4] 썰매 낙하 운동

MEMO

특히 지구 중력에 의한 퍼텐셜 에너지는 지면 위의 물체에 중력이 작용할 때, 정의되는 양으로 물체의 높이에 의해 결정된다. 질량 m인 물체의 퍼텐셜 에너지는

$$U = mgh$$

으로 표현할 수 있다. h는 어느 기준점으로 부터의 높이를 나타낸다. 물체가 수평으로 움직일 때는 중력의 방향과 수직으로 움직이므로 중력이 한 일은 없다. 또한, 실제로 퍼텐셜 에너지의 차이만이 중요하기 때문에, 기준점은 최초의 위치든, 지면이든 산꼭대기든 어떤 것이든 상관은 없다. 에너지의 차이로 위 식을 바꾸면,

$$\triangle U = mg\triangle y$$

이 된다. 퍼텐셜 에너지는 기준점의 선택에 따라 음의 에너지도 가능하다. 즉, 물체가 선택된 기준점의 위에 있으면 양의 에너지를 갖고 아래에 있으면 음의 에너지를 갖게 된다.

[그림 5-5] 썰매와 지구 중력의 상호작용

썰매가 지구로부터 충분히 멀리 떨어지면 두 물체의 거리에 따라 달라지는 중력(만유인력 식)을 적용해야 한다.

$$\vec{F}_{grav} = -(GMm/r^2)\hat{r}$$

MEMO

여기서, 지구의 질량은 M, 썰매의 질량은 m, 두 물체의 거리는 r이며, $\hat{r}$ 은 지구에서 썰매 방향으로 단위방향 벡터이다. 그럼 이제 썰매가 지구 방향으로 끌려 갈 때, 중력이 하는 일과 그로 인한 퍼텐셜 에너지의 변화를 살펴보자(아래 그림 참조). 중력에 의해 썰매와 지구 사이의 거리는 가까워지므로(지구에서 썰매 방향으로의 단위방향과 반대로 움직이므로) 썰매의 퍼텐셜 에너지는 감소한다. 이를 중력이 하는 일로 표현하면 아래와 같다.

$$-\triangle U = W_{grav} = \int \vec{F}_{grav} \cdot d\vec{r}$$

[그림 5-6] 우주 공간의 썰매에 지구 중력이 하는 일

중력에 의해 지구와 썰매 모두 움직이지만, 썰매의 질량보다는 지구의 질량이 훨씬 크므로, 중력에 의한 지구의 움직임은 없다고 가정하면 $\vec{r}$은 썰매가 지구 방향으로 움직인 변위를 뜻한다. 위의 식을 자세히 살펴보자. 썰매가 중력에 의해 지구 방향으로 미세하게 움직였고 그 거리를 dr로 표현하자. 중력의 방향과 움직인 방향이 같고 미세하게 변화된 퍼텐셜 에너지의 변화(dU)는 위의 식 표현에서 적분 기호를 없애고 다음과 같은 스칼라 식으로 나타낼 수 있다

$$dU = -|\vec{F}_{grav}|dr$$

이 식은 중력의 크기를 퍼텐셜 에너지로부터 표현할 수 있음을 의미한다.

$$|\vec{F}_{grav}| = -dU/dr$$

우리는 이미 중력의 크기에 관한 식을 알고 있으므로 위 식의 양변을 r에 대해 적분하면(혹은 중력의 크기에 관한 식이 유도될 수 있는 퍼텐셜 에너지 함수를 찾으면) 아래와 같다.

$$U = -GMm/r + k$$

썰매와 지구가 무한히 멀리 떨어질 때는 하나의 물체로만 구성된 시스템으로 상정하기 위해서 물체 자체의 에너지(정지 에너지+운동 에너지)외의 퍼텐셜 에너지는 0으로 하는 것이 합리적이다. 따라서 두 물체 사이가 무한대로 멀어질 때, U를 0으로 하려면 상수 k는 0으로 하는 것이 편리하다. 중력의 퍼텐셜에너지를 r의 함수로 나타내면 아래 그래프와 같이 된다.

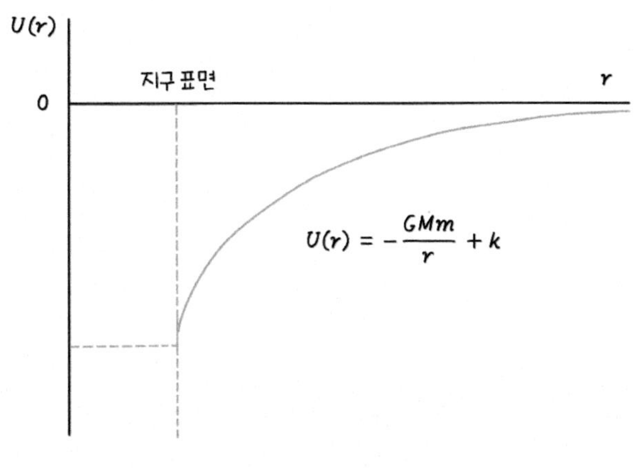

[그림 5-7] 중력 에너지 그래프

MEMO

MEMO

무한히 떨어진 거리에서 퍼텐셜 에너지는 0이 되고 두 물체가 가까워질수록 퍼텐셜 에너지는 감소하게 된다.

만약 물체가 다수 존재하면 퍼텐셜 에너지는 어떻게 될까? 예를 들어, 썰매가 지구와 달 사이 어느 위치에 있다면 썰매는 지구의 인력뿐만 아니라 달의 인력에도 영향을 받는다. 또한, 지구와 달 사이의 인력도 있다. 각각의 물체가 받는 힘에 해당하는 퍼텐셜 에너지가 있고, 그 에너지의 합이 세 물체에 의해 형성되는 최종의 퍼텐셜 에너지가 된다.

$$U = -(GM_{earth}m/r_{earth} + GM_{moon}m/r_{moon} + GM_{earth}M_{moon}/r_{earth-moon})$$

M_{earth}는 지구의 질량, M_{moon}은 달의 질량, r_{earth}는 지구와 썰매 사이의 거리, r_{moon}은 달과 썰매 사이의 거리, 그리고 $r_{earth-moon}$은 지구와 달 사이의 거리이다. 썰매보다 지구와 달의 질량은 훨씬 크므로 지구와 달은 움직이지 않는다고 가정하면 지구와 달 사이에서 움직이는 썰매의 퍼텐셜 에너지의 차이는 다음의 식을 만족해야 한다.

$$\Delta U = -\Delta(GM_{earth}m/r_{earth} + GM_{moon}m/r_{moon})$$

우리는 앞서 지구 표면에서 썰매의 위치변화가 크지 않을 때의 퍼텐셜 에너지의 변화를 $mg\Delta y$로 근사하였다. 이 식은 지구 표면 근처에서만 성립하는데, 원래 중력장에 의한 에너지 식으로부터 유도할 수 있다. 지구의 반지름을 R_e, 지구의 질량을 M_e라 하면, 퍼텐셜 에너지의 변화는

$$\begin{aligned}\Delta U &= \left(-G\frac{M_e m}{R_e + \Delta y}\right) - \left(-G\frac{M_e m}{R_e}\right)\\ &= (-GM_e m)\frac{R_e - (R_e + \Delta y)}{R_e(R_e + \Delta y)}\\ &= (-GM_e m)\frac{-\Delta y}{R_e^2 + R_e\Delta y}\end{aligned}$$

이다. 여기서 Δy는 R_e에 비해 매우 작으므로, 분모는 R_e^2으로 근사할 수 있고, $GM_e/R_e^2 = g$ 이므로, $\Delta U \approx mg\Delta y$ 이 된다.

MEMO

■ 탄성력에 의한 퍼텐셜 에너지

앞에서 배웠던 용수철 운동을 에너지의 측면에서도 생각해 볼 수 있다. 용수철의 변화된 길이가 s로, 용수철에 작용하는 탄성력의 크기를 음수로 표현하면, 아래의 식으로 표현할 수 있다.

$$|\vec{F}| = -ks$$

앞서 중력에 의한 퍼텐셜 에너지처럼 탄성력에 의한 퍼텐셜 에너지도 마찬가지로 표현하면

$$-dU/ds = -ks$$
$$dU/ds = ks$$

이 되고, 이를 적분해서 탄성력에 의한 퍼텐셜 에너지를 구하면

$$U = \frac{1}{2}ks^2$$

이 된다. 물론 위 퍼텐셜 에너지 식에 상수가 더해진 다른 퍼텐셜 식도 용수철이 지니는 에너지가 된다. 다만, 용수철의 길이가 변화가 없으면(즉, s가 0 일때), 퍼텐셜 에너지가 0이 되도록 하려면 더해지는 상수도 0이 되어야 한다. 사실 위의 식은 훅의 법칙을 만족하는 이상적인 용수철의 경우이다. 실제적인 용수철의 퍼텐셜 에너지는 아래 그림과 같이 조금 다른 에너지 그래프를 그린다.

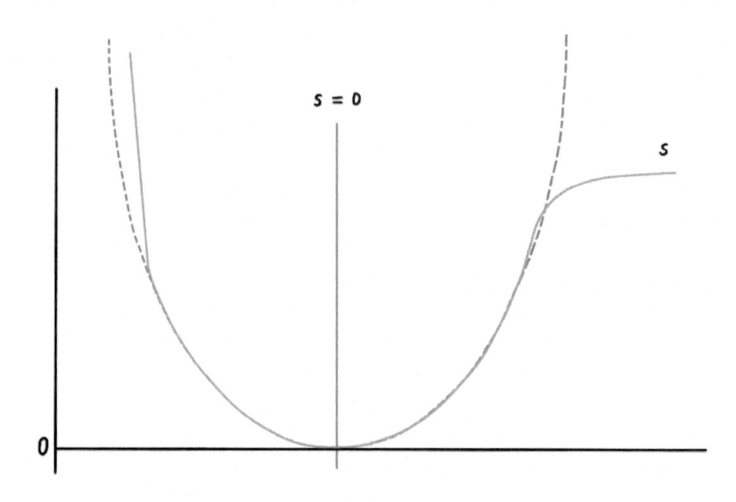

[그림 5-8] 이상적인 용수철 에너지(점선)와 실제 용수철 에너지(파란선)

실제 용수철은 어느 정도 압축되면 더는 압축되지 않고 반대 방향으로 아주 큰 힘이 작용하게 되며, 퍼텐셜 에너지가 급격히 증가하게 된다. 반대로 용수철이 어느 정도 이상 늘어나면 탄성력을 잃게 되면서 쉽게 늘어나다가 완전히 펴지면 더 늘어나지 않는다. 즉, 일정 구간에서는 퍼텐셜 에너지가 2차 곡선으로 맞지만, 어느 정도 늘어나면 2차 곡선으로 근사할 수 없다.

■ 역학적 에너지 보존

앞서 살펴봤듯이 물체가 위치에 따라 중력 혹은 탄성력 등의 영향을 받는 경우, 퍼텐셜 에너지를 지니게 된다. 물체의 위치가 변화되면 이러한 퍼텐셜 에너지는 다른 형태의 에너지로 바뀌어야 하는데, 공기의 저항력이나 마찰력 등에 의한 다른 형태의 에너지 손실이 없는 경우는 모두 운동에너지로 변화되고, 반대로 운동하는 물체의 속력 변화에 의한 운동에너지의 변화가 모두 퍼텐셜 에너지로 변환되는 경우를 역학적 에너지가 보존된다고 한다. 이러면 물체의 운동에너지(K)와 퍼텐셜 에너지(U)의 합은 항상 일정하다. 현실 공간에서는 공기 저항과 마찰 등이 존재하여 정확히 역학적 에너지가 보존되는 실험을 하기는 어려우나, 컴퓨터 시뮬레이션을 통해서는 실험해 볼 수 있다.

MEMO

예를 들어, 아래 그림과 같은 궤도를 움직이는 무동력의 롤러코스터가 있다고 하자. 궤도의 마찰력과 공기 저항력에 의한 에너지 손실이 없다고 가정하면 롤러코스터의 역학적 에너지는 항상 보존되어야 한다. 즉, 다음의 식은 항상 성립한다.

$$K + U = const$$

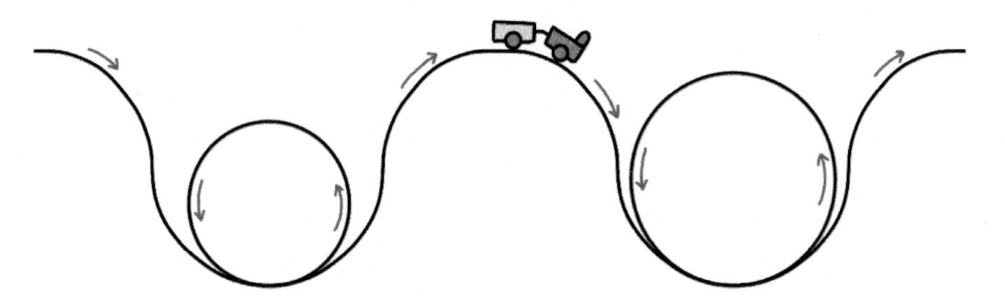

[그림 5-9] 롤러코스터 이동 자취

롤러코스터의 질량(m), 초기 속력(v_i), 궤도의 초기 높이(h_i)를 알면, 궤도의 어떠한 지점에서도 높이(h_f)만 알면 아래의 식으로부터 항상 롤러코스터의 속력을 구할 수 있다.

$$\frac{1}{2}mv_i^2 + mgh_i = \frac{1}{2}mv_f^2 + mgh_f$$

이번에는 우주 공간으로 확장해서 역학적 에너지 보존을 생각해보자. 지구와 멀리 떨어진 우주왕복선의 움직임을 고려하자. 우주왕복선이 연료를 모두 소모한 채로 우주 공간을 움직일 때는 어떠한 에너지 유입이 없고, 공기 저항 등의 에너지 소모도 없으므로, 우주왕복선의 역학적 에너지는 보존된다.

$$K + U = \frac{1}{2}mv^2 - G\frac{M_e m}{r} = const.$$

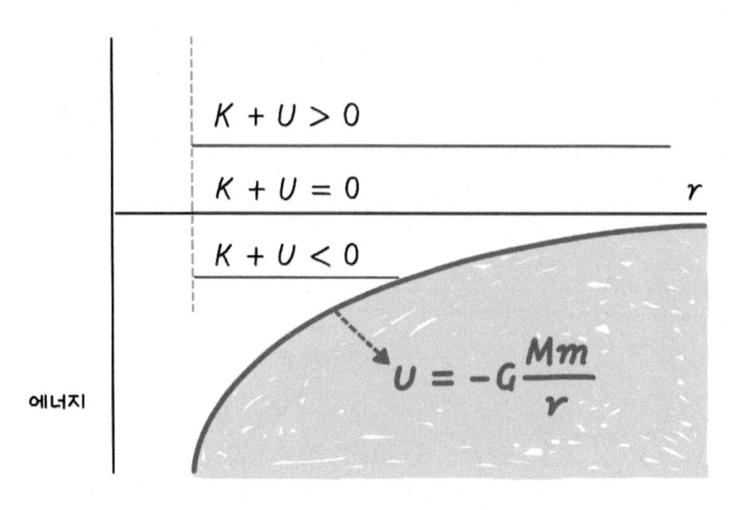

[그림 5-10] 우주왕복선의 역학적 에너지

위 그림에서 역학적 에너지(운동에너지와 퍼텐셜 에너지의 합; 진한 파란 선으로 표시)는 항상 일정한 데, 역학적 에너지가 양수인지 음수인지에 따라 우주왕복선의 움직임은 상당히 다르게 된다. 지구로부터 멀어지는 우주왕복선을 가정하자. 우주왕복선의 역학적 에너지가 양수라면 우주왕복선은 지구와 상당히 멀리 떨어져 퍼텐셜 에너지가 0에 근접하더라도 역학적 에너지가 양수이므로 우주왕복선의 속력이 있어 계속 멀어질 수 있다. 하지만 역학적 에너지가 음수라면 아래 그림처럼 지구에서 어느 정도 멀어지면 운동에너지가 0이 되어 우주왕복선의 속력은 0이 되어 더는 멀어질 수 없게 된다. 파란색으로 칠해진 부분은 속력이 음수가 되어야 하는 부분으로 있을 수 없는 경우이다.

우주왕복선이 지구에서 벗어날 수 있는 속력을 탈출 속력이라 하는데, 역학적 에너지 보존법칙을 이용하면 바로 구할 수 있다. 즉, 중력장을 탈출하려면 역학적 에너지가 아래의 식을 만족해야 하므로, 우주왕복선과 지구 사이의 거리(r)를 알면, 탈출 속력(v)을 구할 수 있다.

$$K + U = \frac{1}{2}mv^2 - G\frac{Mm}{r} \geq 0$$

역학적 에너지가 0보다 작으면 우주왕복선은 탈출할 수 없고 원이나 타원 궤도를 돌거나 지구와 충돌하게 된다.

MEMO

■ 에너지 보존에서 시스템과 주변 환경

에너지 보존법칙에서 유의해야 할 사항은 시스템과 주변 환경에 대한 구별이다. 에너지가 보존된다는 의미는 어떠한 시스템에 외부에서 일의 작용이 없거나 외부의 에너지 유입이나 유출이 없는 닫힌 시스템에서 에너지의 총량이 일정하다는 것이다. 이는 어떠한 시스템의 에너지양을 계산할 때는 항상 주변 환경의 영향을 고려해야 함을 뜻한다. 예를 들어, 아래 그림과 같이 용수철이 진동하는 상황에서 기준점으로부터 h 높이에 쇠공이 지나고 있는 경우의 쇠공의 속력을 구해보자. 계산을 단순히 하기 위해 공기 저항이나 마찰은 무시하며, 쇠공이 기준점 (h=0)을 지날 때 속력이 0이고, 쇠공이 h 높이에 있을 때가 용수철이 힘을 받지 않는 자연 길이 상태이다.

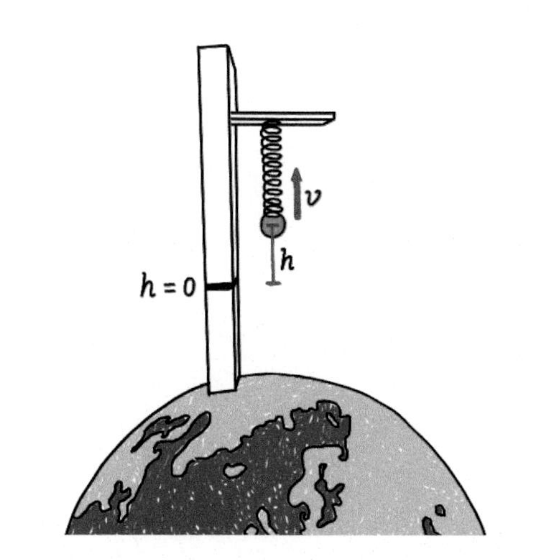

[그림 5-11] 용수철, 쇠공, 지구로 이루어진 시스템

 MEMO

(1) 먼저, 용수철, 쇠공, 지구 모두를 포함하여 하나의 시스템으로 정의하여 주변 환경이 시스템에 영향을 미치는 에너지 유입/유출은 없게 하자($\triangle E = 0$). 즉, 다음과 같이 식을 전개하여 쇠공의 속력을 구할 수 있다.

$$\triangle E = 0$$
$$K_f + U_{f,earth} + U_{f,spring} - (K_i + U_{i,earth} + U_{i,spring}) = 0$$
$$\frac{1}{2}mv^2 + mgh + \frac{1}{2}k \cdot 0^2 - \left(\frac{1}{2}m \cdot 0^2 + mg \cdot 0 + \frac{1}{2}kh^2\right) = 0$$
$$\frac{1}{2}mv^2 + mgh - \frac{1}{2}kh^2 = 0$$

여기서, K는 쇠공의 운동에너지, U_{earth}는 지구에 의한 퍼텐셜 에너지, U_{spring}은 용수철에 의한 퍼텐셜 에너지를 나타낸다. 아래첨자 i는 기준점을 지날 때의 상태를, f는 기준점으로부터 h 높이에 있을 때의 상태를 나타낸다. 쇠공의 질량(m)과 용수철의 계수(k)를 준다면 쇠공의 속력을 쉽게 구할 수 있다.

(2) 이번에는 시스템을 쇠공으로만 정의해보자. 즉, 쇠공의 지닌 에너지로 운동에너지만 고려한다는 뜻이다. 그러면 주변 환경은 지구와 용수철이 되고, 지구와 용수철은 쇠공에 일하게 된다. 쇠공의 에너지 변화로부터 식을 유도하면, 다음과 같게 되어, 결론적으로 (1)에서 유도된 식과 같다.

$$\triangle E = W_{earth} + W_{spring}$$
$$K_f - K_i = -F_g h + \int_0^h F_{spring} dy$$
$$\frac{1}{2}mv^2 - \frac{1}{2}m \cdot 0^2 = -mgh + \int_0^h ky dy$$
$$\frac{1}{2}mv^2 + mgh - \frac{1}{2}kh^2 = 0$$

(3) 마지막으로 쇠공과 용수철만을 시스템에 포함한 경우를 살펴보자. 이 시스템에서 에너지는 쇠공의 운동에너지와 용수철에 의한 퍼텐셜 에너지이고 지구

는 외부 환경으로 고려된다. 즉, 이 시스템의 에너지 변화를 식으로 나타내면 다음과 같이 (1), (2)에서 유도된 식과 같다.

$$\Delta E = W_{earth}$$
$$K_f + U_{f,spring} - (K_i + U_{i,spring}) = -F_g h$$
$$\frac{1}{2}mv^2 + \frac{1}{2}k \cdot 0^2 - \left(\frac{1}{2}m \cdot 0^2 + \frac{1}{2}kh^2\right) = -mgh$$
$$\frac{1}{2}mv^2 + mgh - \frac{1}{2}kh^2 = 0$$

이처럼, 에너지 보존법칙을 적용할 때에는 정의하는 시스템에 따라 에너지와 주변 환경이 시스템에 작용하는 일이 달라지기는 한다. 하지만, 일-에너지 원리 및 에너지 보존법칙에 따라 만들어진 식은 같다.

5.3 퍼텐셜 에너지와 보존력

앞서 살펴본 퍼텐셜 에너지는 위치에 따른 함수이기 때문에, 위치에만 의존하고 그 위치로 움직이는 경로에는 의존하지 않는다. 이러한 성질 때문에 퍼텐셜 에너지의 변화 혹은 퍼텐셜 에너지와 연관된 힘이 한 일은 물체의 처음 위치와 나중 위치만 고려하면 된다. 이 절에서 고려한 중력과 탄성력에 의한 퍼텐셜 에너지는 이러한 성질을 갖고 있는데, 이를 보존장이라고 하고 이 장에서 작용하는 힘은 보존력이라 한다.

임의의 공간에 퍼텐셜 에너지의 분포가 주어진다면 보존력은 퍼텐셜 에너지의 음의 방향으로의 기울기(gradient)가 된다. 이는 퍼텐셜 에너지로부터 보존력을 바로 구할 수 있음을 뜻하며, 예를 들어, 퍼텐셜 에너지가 위치에 따라 다음의 그래프로 표현된다면, 각 위치에서의 기울기를 알아내면 보존력을 알 수 있다.

MEMO

MEMO

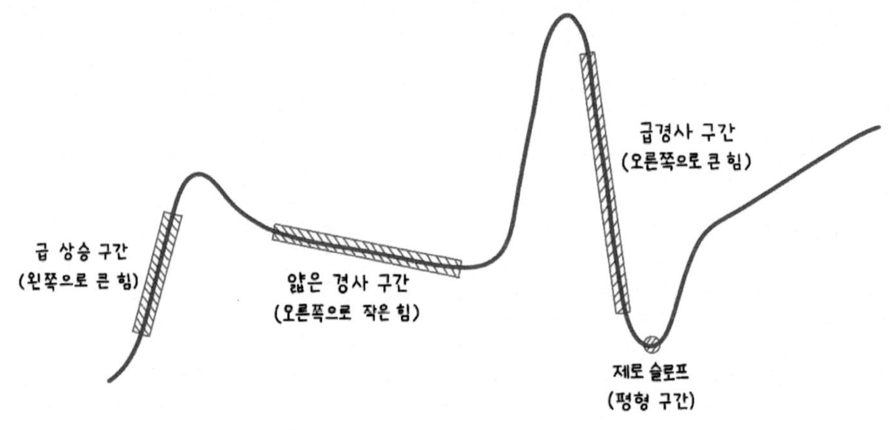

[그림 5-12] 퍼텐셜 에너지 그래프

즉, 퍼텐셜 에너지, $U(x)$가 위의 그림처럼 1차원(x축 성분만 있다고 가정)으로만 주어진다면 그에 따른 보존력은 다음의 식과 같다.

$$F_x = -\frac{dU}{dx}$$

만약, 3차원 공간에서 퍼텐셜 에너지 $U(x,y,z)$가 정의된다면, 이를 3차원으로 확장하면 된다. 즉, 보존력의 x, y, z 성분은

$$F_x = -\frac{\partial U}{\partial x}, F_y = -\frac{\partial U}{\partial y}, F_z = -\frac{\partial U}{\partial z}$$

이 된다. 여기서 구부러진 미분 기호(∂)는 편미분 기호로 퍼텐셜 에너지의 각각의 축 방향으로 만의 기울기로 정의된다. 예를 들어, $\frac{\partial U}{\partial x}$ 는 퍼텐셜 에너지의 y축과 z축 방향의 변화는 고려하지 않고 x축 방향으로의 기울기이다. 보존력을 벡터 형태로 다시 쓰면,

$$\vec{F} = \left(-\frac{\partial U}{\partial x}, -\frac{\partial U}{\partial y}, -\frac{\partial U}{\partial z}\right) = -\nabla U$$

MEMO

이 되어 나블라(▽)연산자로 간단히 표현할 수 있다.

중력이나 탄성력과 같은 보존력을 퍼텐셜 에너지의 기울기(gradient)로 표현 가능하다는 것은 실제 연산이나 컴퓨터 시뮬레이션에서 편리한 이점이 있다. 예를 들어, 복잡한 시스템에서 물체의 운동을 시뮬레이션 하려고 할 때, 외력을 각각 구하여 합력을 구하는 방법 이외에도 퍼텐셜 에너지의 스칼라 합으로부터 기울기를 구하여 그 물체의 움직임에 적용하는 방법이 훨씬 간단할 수 있다.

5.4 역학적 에너지 보존과 뉴턴의 제2법칙

역학적 에너지 보존과 뉴턴의 제 2법칙($F = ma$) 사이의 관계를 밝혀보자. 일단 1차원으로 물체가 움직이는 경우로 가정한다.

$$K + U = const$$

역학적 에너지의 총합이 항상 일정하다는 의미는 위의 식을 시간에 대해, 미분할 경우에도 0이라는 의미이다. 즉,

$$\frac{dK}{dt} + \frac{dU}{dt} = 0$$

여기서, $K = \frac{1}{2}mv^2$ 이므로 $\frac{dK}{dt} = mv\frac{dv}{dt} = mva$ 이며,

$\frac{dU}{dt} = \frac{dU}{dx}\frac{dx}{dt} = \frac{dU}{dx}v$ 이므로, 이를 치환하여 식을 정리하면,

$$\left(ma + \frac{dU}{dx}\right)v = 0$$

 MEMO

이 된다. 앞 절에서 퍼텐셜의 공간 미분이 보존력에 해당하므로, 결국 아래와 같이 된다.

$$(ma - F_x)v = 0$$

괄호 안의 식은 뉴턴의 제 2법칙에 의해 항상 0이 되므로 역학적 에너지는 시간에 따라 변화 없이 항상 일정한 상수임을 알 수 있다. 3차원의 경우는 에너지를 미분할 때, 식이 스칼라가 아닌 벡터로 표현될 뿐 같은 방식으로 증명이 된다.

5.5 컴퓨터 시뮬레이션에서 에너지 보존법칙의 역할

지금까지 물체의 에너지를 주제로 살펴보았다. 특히, 에너지 보존법칙을 이용하면 물체의 속력 혹은 위치 등을 쉽게 예측할 수 있었다. 하지만, 에너지 자체는 스칼라이기 때문에 물체의 방향이나 속도를 직접 구할 수 없을 수도 있으므로, 물체의 움직임을 시뮬레이션으로 재현하기 어려울 수 있다. 물론, 퍼텐셜 에너지의 기울기(gradient)를 구할 수 있는 경우에는 보존력을 구해 이를 물체의 움직임에 적용할 수 있다.

이 절에서는 에너지 보존법칙을 컴퓨터 시뮬레이션의 정확성 혹은 안정성 검증에 활용하는 방법을 알아본다. 지금까지의 물리 시뮬레이션은 반복적으로 물체의 위치와 속도를 일정한 시간 간격으로 계산하는 방법이었다. 하지만 시간 간격이 너무 크면 물체의 위치와 속도에 대한 오차가 커질 수밖에 없다. 오차가 크다면 눈으로 보기에도 물리적이지 않지만, 운동에너지와 퍼텐셜 에너지를 추적해 보면 더 쉽게 잘 못 된 것을 알 수 있다. 지구 주위를 타원 궤도로 도는 인공위성을 시뮬레이션하면서 에너지의 변화를 살펴보자(아래 그림 참조).

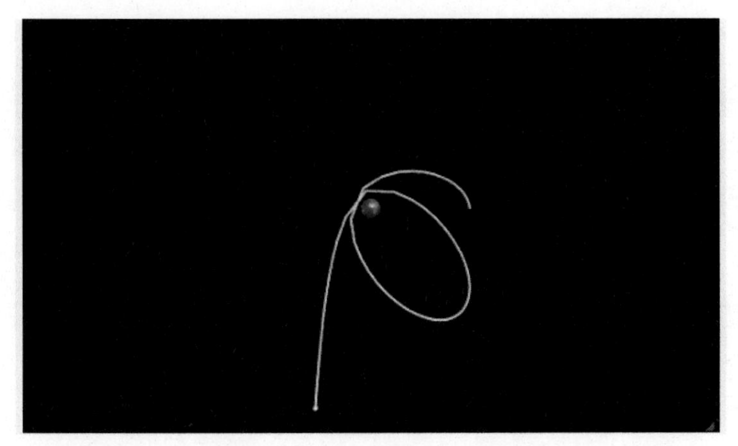

[그림 5-13] 시뮬레이션 시간 간격이 하루 일때의 인공위성 궤도

위 그림은 시간 간격을 하루로 설정하였을 경우의 인공위성의 궤도 모습이다. 눈으로 보기에도 우리가 예측한 것과는 달리 타원 궤도와는 거리가 있다. 이 궤도에 따른 에너지 그래프를 그려보면 그림 5-14와 같다.

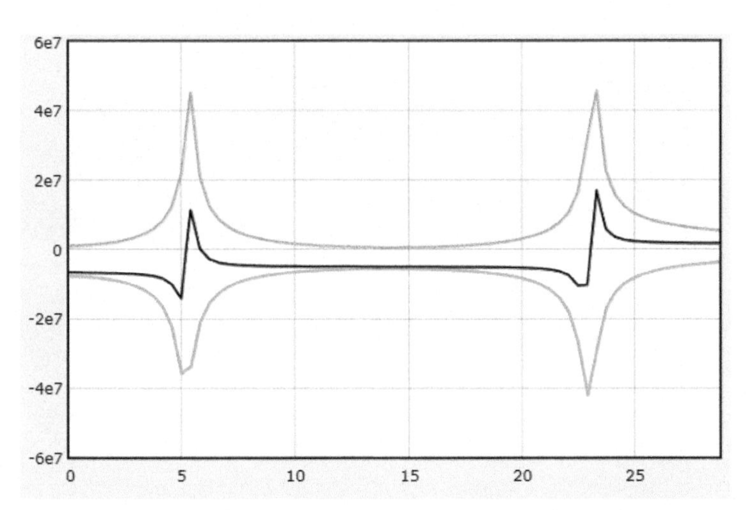

[그림 5-14] 운동에너지(주황색), 퍼텐셜에너지(연두색), 역학적에너지(검정색)

에너지 그래프로 보면 확실히 역학적 에너지 보존법칙을 위배하고 있음을 알 수 있다. 역학적 에너지는 운동에너지와 퍼텐셜 에너지의 합으로 항상 일정해야 하는데 그렇지 않다. 이는 물리 시뮬레이션이 충분히 정확하지 않다는 뜻이다. 실제

로 에너지 그래프를 보면 인공위성의 에너지 총량이 지구 가까이에서 특히 부정확해짐을 알 수 있다. 인공위성이 지구와 가까워질수록 짧은 시간 간격에도 중력의 변화가 커지는데, 오일러-크로머 방법은 시뮬레이션 시간 간격 동안에는 힘이 일정하다는 가정하에 물체의 속도와 위치를 업데이트하므로 오차가 커질 수밖에 없다. 따라서, 인공위성이 실제와 같이 비슷한 물리적 움직임이 되도록 시뮬레이션하려면 시간 간격을 줄여야 한다. 시간 간격을 이느 정도까지 줄여야 되는지에 대한 지표를 에너지 그래프를 보면서 정할 수 있다. 아래 그림처럼 시뮬레이션 시간 간격을 1시간으로 설정하면 타원 궤도로 인공위성이 돌고, 역학적 에너지의 총량도 그 전의 그래프보다는 훨씬 일정하게 됨을 알 수 있다.

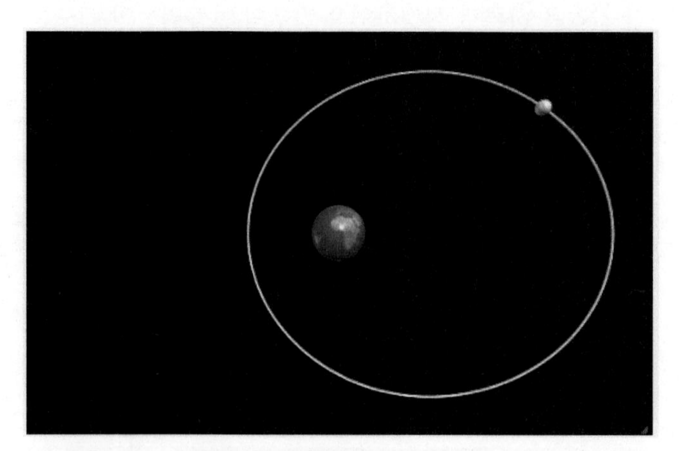

[그림 5-15] 시뮬레이션 시간 간격이 1시간일 때의 인공위성 궤도

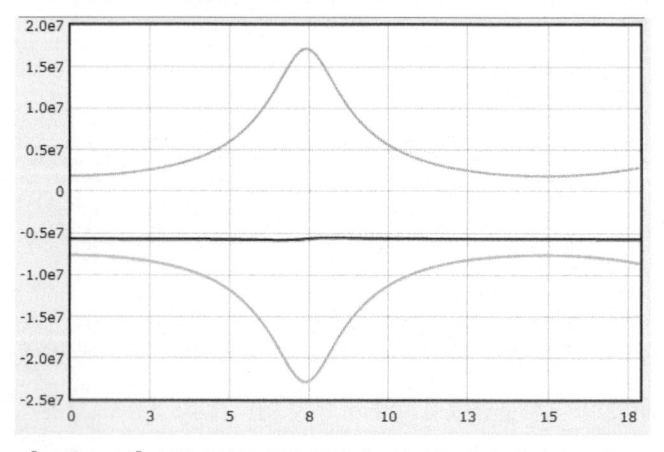

[그림 5-16] 시뮬레이션 시간 간격이 1시간일 때의 에너지 그래프

MEMO

하지만 에너지 그래프를 자세히 보면, 인공위성이 지구에 근접할 때는 역학적 에너지 그래프가 살짝 튀는 것을 알 수 있다. 시뮬레이션 시간 간격을 1분으로 더욱 더 줄이면 다음의 그림처럼 에너지 보존법칙을 거의 만족시키는 물리적으로 더 사실적인 시뮬레이션을 할 수 있다.

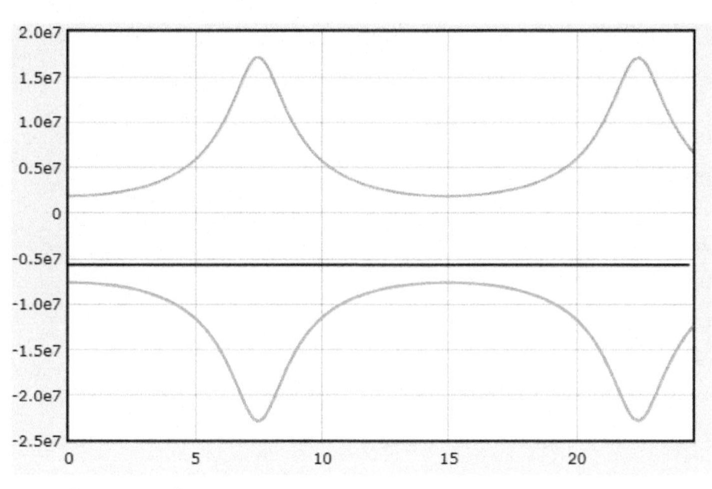

[그림 5-17] 시뮬레이션 시간 간격이 1분일 때의 에너지 그래프

지구와 인공위성으로 이루어진 간단한 시스템을 예로 들었지만 보다 복잡한 물리 현상을 시뮬레이션할 때에도 에너지 그래프를 보면서 시간 간격을 바로잡으면 편리하다. 에너지의 총량에서 오차가 생기는 시간과 위치를 확인하여 코드를 디버깅하거나 시간에 대한 수치적분 모델을 변경할 수도 있을 것이다.

예제 5-5-1 인공위성 궤도와 역학적 에너지

```
sf = 6 #크기 조정을 위한 변수

# 시간 설정
t = 0
dt = 60*60

# 상수 초기화
G = 6.673e-11 #중력 상수
```

MEMO

```
r = 384400000

# 지구, 달 만들기
Earth = sphere(pos = vector(0,0,0), radius = sf*6400000, texture =
textures.earth)
Moon = sphere(pos = vector(r,0,0), radius = sf*1737000, color =
color.white, make_trail = True)

# 물리 성질 초기화
Earth.mass = 5.972e24 #지구 질량
Moon.mass = 7.36e22 #달 질량

# 달의 초기속도 설정
vi = sqrt(G*Earth.mass/r**1)
#Moon.v = vec(0,0,0)
Moon.v = vec(0,vi*0.7,0) #타원
#Moon.v = sqrt(2)*vec(0,vi,0)
#Moon.v = sqrt(3)*vec(0,vi,0) #쌍곡선
#Earth.v = vec(0,0,0)
Earth.v = -Moon.v*Moon.mass/Earth.mass

# 그래프
k_graph = gcurve(color = color.cyan)
u_graph = gcurve(color = color.green)
ku_graph = gcurve(color = color.black)

# 화면 설정
scene.waitfor('click')

# 시뮬레이션 루프
while t < 10*365*24*60*60:
    rate(100)
    # 만유인력
    r = Moon.pos-Earth.pos
    Moon.f = -G*Earth.mass*Moon.mass/mag(r)**2*norm(r)
    # 뉴턴 제 3법칙 적용 (작용반작용)
    Earth.f= -Moon.f
    # 속도, 위치 업데이트
```

MEMO

```
Moon.v = Moon.v + Moon.f/Moon.mass*dt
#Earth.v = Earth.v + Earth.f/Earth.mass*dt
Moon.pos = Moon.pos + Moon.v*dt
#Earth.pos = Earth.pos + Earth.v*dt
# 에너지 업데이트
k = 0.5*Moon.mass*mag(Moon.v)**2 #운동에너지
u = -G*Earth.mass*Moon.mass/mag(Moon.pos) #퍼텐셜 에너지
# 그래프 업데이트
k_graph.plot(t/60/60/24, k)
u_graph.plot(t/60/60/24, u)
ku_graph.plot(t/60/60/24, k + u)
# 달과 지구의 충돌시 시뮬레이션 루프 탈출
if mag(r) < Earth.radius+Moon.radius:
    print(t/60/60/24)
    break

# 시간 업데이트
t = t + dt
```

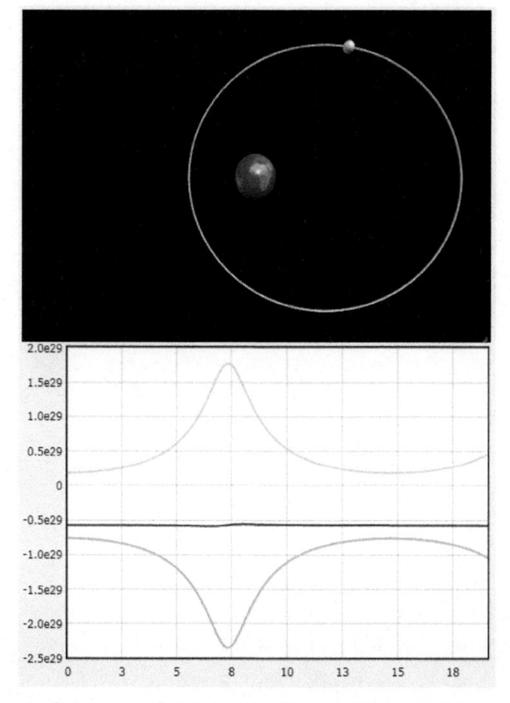

[그림 5-18] 인공위성 궤도와 역학적 에너지

MEMO

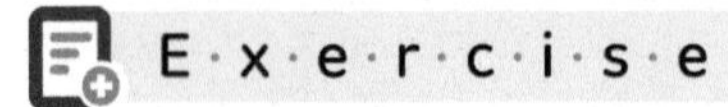

1. 공기 저항, 마찰 등의 힘이 없다고 가정할 때, 롤러코스터 궤도의 최대 높이가 어떻게 될지 생각해보라.

2. 아래의 코드를 보고 각 물음에 답하시오.

```
#Creating Objects and Scene Setting
ball1 = sphere(pos = vec(-15,20,0), color = color.blue)
ball2 = sphere(pos = vec(-12,20,0), color = color.red)

...(생략)...

ball1.work = 0
ball2.work = 0

#...
gd = graph(xtitle = 's', ytitle = 'J')
ball1_Wgraph = gcurve(color = color.blue)
ball2_Wgraph = gcurve(color = color.red)

#Time
t = 0
dt = 0.01

#Simulation Loop

while True:
     rate(1/dt)
     #Forces
     ball1.f = ball1.m*vec(0,-g,0)
     ball2.f = ball2.m*vec(0,-g,0)

     #Time integration
     ball1.v = ball1.v + ball1.f/ball1.m*dt
     ball2.v = ball2.v + ball2.f/ball2.m*dt
     ball1.pos = ball1.pos+ ball1.v*dt
```

```
    ball2.pos = ball2.pos+ ball2.v*dt

    #...
    ball1.work = ball1.work + dot(ball1.f,ball1.v*dt)
    ball2.work = ball2.work + dot(ball2.f,ball2.v*dt)

    #...
    ball1_Wgraph.plot(t, ball1.work)
    ball2_Wgraph.plot(t, ball2.work)

    #...
    if ball1.pos.y < ground.pos.y:
        break

    t = t + dt
```

(1) 코드에서 시간-일 그래프에 관여된 코드 부분은 어디인가?.

(3) 중력이 한 일을 계산하는 코드 부분은 어디인가?

(4) 공과 바닥의 충돌을 검사하는 코드 부분은 어디인가?

3. 아무런 외력이 없는 우주 공간에서 질량이 5kg인 찰흙 덩어리가 3 m/s의 속력으로 멈춰있는 10kg 찰흙 덩어리에 부딪혀서 하나의 찰흙이 된다고 할 때, (1) 그 찰흙의 최종 속력은 얼마인가? (2) 두 찰흙이 갖는 운동에너지의 변화는 얼마인가?

4. 컴퓨터 시뮬레이션에서 에너지 보존법칙의 역할을 간단히 설명하시오.

5. 대기가 없는 어린왕자 행성의 표면에서 탈출 속력이 12 km/s 라 하자. 그 행성으로부터 멀리 떨어진 운석이 5 km/s의 속력으로 그 행성과 충돌하는 경로로 움직이고 있다. 그 운석이 행성 표면에 부딪힐 때의 속력은 얼마인가?

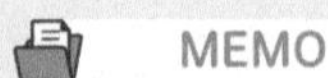

6. 지구 주위를 타원 궤도로 도는 100kg 질량의 인공위성이 있다. 이 타원 궤도의 가장 먼 지점은 지구 반지름의 8배이고 가장 가까운 지점은 지구 반지름의 2배이다. 만일 지구와 위성이 무한히 떨어져 있을 때의 퍼텐셜 에너지 U를 0으로 정의한다면, 가장 가까이 있을 때와 가장 멀리 있을 때의 퍼텐셜 에너지의 비($U_{근점}/U_{원점}$)는 얼마인가?

7. 가상의 평행우주에서는 물체 사이의 만유인력이 거리의 세제곱에 반비례한다고 하자. 나머지 조건은 동일하다. 태양과 행성 사이의 거리가 태양과 지구의 두 배가 되는 또 다른 행성의 공전주기는 어떻게 되어야 할지 생각해보라. (단, 지구와 행성의 공전 궤도는 정확히 원으로 가정한다.)

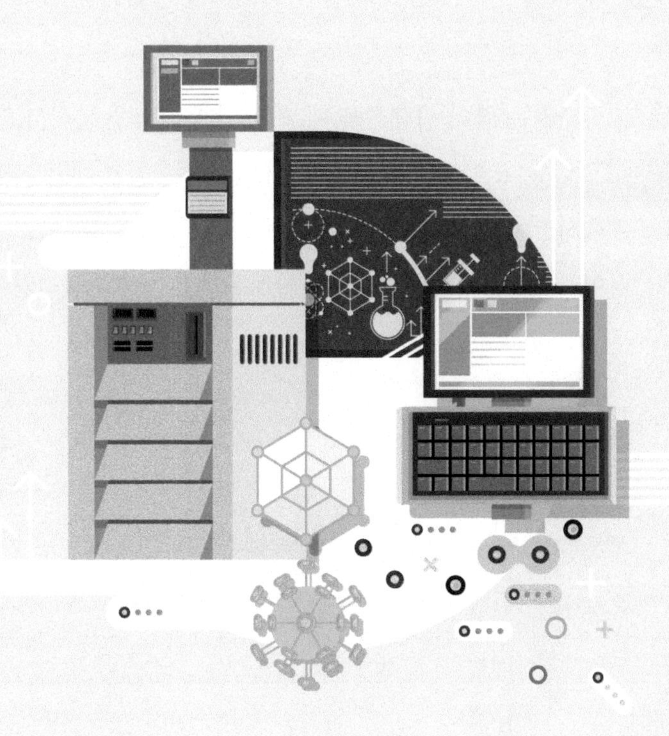

CHAPTER 6

충돌

 MEMO

지금까지는 힘이 가해졌을 때, 물체의 움직임을 분석하고 재현하는 방법에 관해서 알아봤다. 이 장에서는 각 물체가 서로 충돌할 때는 어떻게 다루어야 하는지에 대해서 알아보자. 실제 세계에서 물체가 충돌할 때는 충돌 전, 후의 움직임의 양상이 바뀌는데, 여기서 중요한 물리량이 운동량과 충격량이다.

6.1 운동량과 충격량

운동량(p)는 물체의 현재 운동 상태를 나타내는 벡터량으로 SI 단위는 $kg \cdot m/s$으로 표현되며, 아래의 식으로 나타낼 수 있다.

$$\vec{p} = m\vec{v}$$

이 식은 속도에 질량을 곱한 물리량에 지나지 않는 것으로 보인다. 즉 운동량은 각 물체의 질량을 알면 속도로부터 바로 구할 수 있으며, 물체가 여러 개의 경우, 벡터의 합으로 더하는 것도 가능하다. 어떤 물리적인 계(물리적인 운동을 하는 물체들의 집합)에 외부의 힘이 가해지지 않고, 충돌 등의 내부 작용만 있다면, 운동량은 보존된다. 이를 운동량 보존법칙이라 한다. 다시 말해, 외력이 0일 때, 운동량 보존법칙을 성립하려면 계의 내부에서 힘의 상호작용과 관계없이 언제나 물체 전체의 운동량 합은 일정하다. 예를 들어, 물체가 폭발하여 조각으로 변할 때, 각 조각은 다양한 방향 및 속도를 갖지만, 물체의 모든 조각을 모은 운동량은 원래의 물체의 운동량과 항상 같다.

두 물체가 충돌할 경우의 예를 들면, 두 물체의 운동량의 합은 항상 일정해야 한다. 즉, 아래의 식이 항상 성립한다.

$$m_1\vec{v}_{1,i} + m_2\vec{v}_{2,i} = m_1\vec{v}_{1,f} + m_2\vec{v}_{2,f}$$

여기서, 충돌 전의 각 물체의 속도는 $\vec{v}_{1,i}$, $\vec{v}_{2,i}$이며, 충돌 후는 $\vec{v}_{1,f}$, $\vec{v}_{2,f}$이다. 이때, 물체 사이의 탄성에 의한 반발 계수를 아래의 식으로 정의 할 수 있다.

$$e = \frac{v_{1,f} - v_{2,f}}{v_{2,i} - v_{1,i}}$$

반발 계수 e는 0 이상 1 이하의 값이어야 한다. 이 값이 1이면 완전 탄성 충돌이라 하며, 일반적으로 1 이하의 값은 비탄성 충돌, 정확히 0이면 완전 비탄성 충돌이라 한다. 완전 비탄성 충돌의 의미는 두 물체 사이의 상대 속도가 같음을 의미한다. 충돌 전의 속도와 반발 계수의 값이 설정된다면, 충돌 후의 속도는 그로부터 얻어질 수 있다. 예를 들어, 공이 중력에 의해 자유 낙하하다가, 바닥에 닿는 경우의 속도 변화는 어떻게 될까? 우리의 경험으로는 공은 바닥에 닿으면 위로 다시 튀어 오른다. 이때, 공과 바닥을 완전 탄성 충돌로 가정하면 반발 계수가 1이고 동시에 바닥의 속도는 충돌 전후에 움직이지 않았으므로 공의 속력은 충돌 전후 변화하지 않고 방향만 반대이어야 한다. 즉, 공은 항상 같은 높이로 튀어 오른다. 하지만 실제로는 탄성계수가 1인 경우는 없고 바닥과의 상호작용 때문에 떨어뜨린 높이보다는 낮게 튀어 오르며, 찰흙 등의 반발 계수가 매우 작은 물체의 경우는 충돌 즉시, 속도는 0에 아주 가까워진다. 완전 탄성 충돌의 경우는 운동량 보존과 더불어 운동에너지 보존도 성립하는 경우라 할 수 있다.

■ 1차원 충돌

먼저, 두 물체가 1차원 직선 위에서 충돌하는 경우를 보자. 두 물체의 충돌 전의 속력이 주어지더라도 운동량 보존법칙에 의한 식만으로는 두 물체의 각각의 충돌 후 속력($v_{1,f}$, $v_{2,f}$)을 정할 수 없다.

$$m_1 v_{1,i} + m_2 v_{2,i} = m_1 v_{1,f} + m_2 v_{2,f}$$

MEMO

 MEMO

따라서, 위의 식 이외에 또 다른 식이 필요하다. 만약 충돌 전, 후의 운동에너지의 변화가 없다고 가정하여 다음의 에너지 보존법칙 식이 성립한다고 하자.

$$\frac{1}{2}m_1v_{1,i}^2 + \frac{1}{2}m_2v_{2,i}^2 = \frac{1}{2}m_1v_{1,f}^2 + \frac{1}{2}m_2v_{2,f}^2$$

이제, 식 2개와 미지수 2개이므로 연립하여 다음과 같이 충돌 후의 속도를 구할 수 있다.

$$v_{1,f} = \frac{(m_1 - m_2)v_{1,i}}{m_1 + m_2} + \frac{2m_2v_{2,i}}{m_1 + m_2}$$
$$v_{2,f} = \frac{(m_2 - m_1)v_{2,i}}{m_1 + m_2} + \frac{2m_1v_{1,i}}{m_1 + m_2}$$

이처럼 에너지가 보존되는 충돌을 완전 탄성 충돌이라 한다. 이번에는 두 물체가 찰흙이라고 하면, 서로 충돌하여 하나의 물체로 합쳐질 것이다. 이러할 경우는 운동량 보존법칙 식 하나만으로도 충돌 후의 속도(v_f)를 구할 수 있다.

$$m_1v_{1,i} + m_2v_{2,i} = (m_1 + m_2)v_f$$
$$v_f = \frac{m_1v_{1,i} + m_2v_{2,i}}{m_1 + m_2}$$

이를 완전 비탄성 충돌이라 하는데, 이 경우는 운동에너지는 보존되지 않고, 더 작아진다. 충돌 전, 후의 운동에너지의 차이는 찰흙이 합쳐질 때 모양 변화 및 열, 소리 에너지로 사용되었을 것이다. 일반적인 물체의 충돌은 완전 탄성 충돌과 완전 비탄성 충돌의 사이에서 이루어지므로, 운동량 보존법칙 식과 반발 계수 식을 연립하여 충돌 후의 속력을 다음과 같이 구할 수 있다.

$$v_{1,f} = \frac{(m_1 - em_2)v_{1,i}}{m_1 + m_2} + \frac{(1+e)m_2 v_{2,i}}{m_1 + m_2}$$

$$v_{2,f} = \frac{(m_2 - em_1)v_{2,i}}{m_1 + m_2} + \frac{(1+e)m_1 v_{1,i}}{m_1 + m_2}$$

여기서 반발 계수가 1이면 완전 탄성 충돌이 되고, 반발 계수가 0이면 완전 비탄성 충돌이 됨을 알 수 있다.

예제 6-1-1 1차원 충돌

```
# ball1, ball2 만들기
ball1 = sphere(radius = 0.5*65.5e-3)
ball2 = sphere(radius = 0.5*65.5e-3, pos = vec(1,0,0), color =color.red)

# 물리 성질 & 상수 초기화
ball1.v = vec(1,0,0) #ball1의 초기속도
ball2.v = vec(0,0,0) #ball2의 초기속도
ball1.m = 0.21 #ball1의 질량
ball2.m = 0.21 #ball2의 질량
ball1.f = vec(0,0,0) #ball1의 초기 알짜힘
ball2.f = vec(0,0,0) #ball2의 초기 알짜힘
e  = 1.0 #반발계수
tot_energy = 0.5*ball1.m*mag(ball1.v)**2+0.5*ball2.m*mag(ball2.v)**2
# 시간 설정
t = 0
dt = 0.03

# 그래프
traj = gcurve()
en_traj = gcurve(color = color.cyan)

# 화면 설정
scene.autoscale = True
scene.range = 2
```

MEMO

MEMO

```
# 충돌 처리 함수
def collision(b1, b2, e):
    dist = mag(b1.pos - b2.pos)
    tot_m = b1.m + b2.m
    # 충돌 시 두 물체의 속도 변경
    if dist < b1.radius + b2.radius:
        v1 = ((b1.m-e*b2.m)*b1.v + (1+e)*b2.m*b2.v) / tot_m
        v2 = ((b2.m-e*b1.m)*b2.v + (1+e)*b1.m*b1.v) / tot_m
        b1.v = v1
        b2.v = v2
        return True
    else:
        return False

# 시뮬레이션 루프
while t < 10:
    rate(30)
    # 충돌 처리 (collision 함수 이용)
    colcheck = collision(ball1,ball2, e)
    if colcheck == True:
        print("Collision!")
    # 속도, 위치 업데이트 (Euler – Cramer Method)
    ball1.v = ball1.v + ball1.f/ball1.m*dt
    ball2.v = ball2.v + ball2.f/ball2.m*dt
    ball1.pos = ball1.pos + ball1.v*dt
    ball2.pos = ball2.pos + ball2.v*dt
    # 두 공의 총 에너지
    tot_energy = 0.5*ball1.m*mag(ball1.v)**2+0.5*ball2.m*mag(ball2.v)**2
    # 그래프 업데이트
    traj.plot(pos = (t,ball1.v.x))
    en_traj.plot(pos = (t,tot_energy))
    # 시간 업데이트
    t = t + dt
```

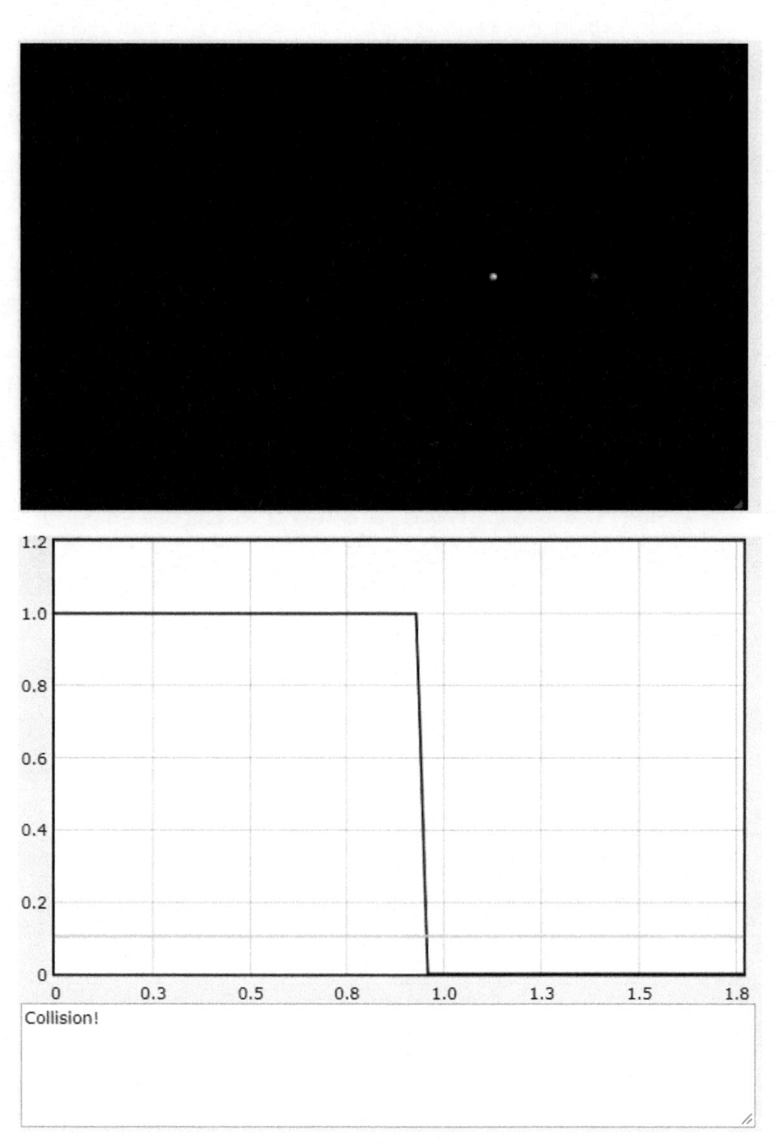

[그림 6-1] 1차원 충돌

MEMO

■ 2차원 및 3차원 충돌

이제 2차원, 3차원의 두 물체의 충돌을 살펴보자. 이 경우, 운동량 보존법칙 식에서 미지수가 2차원에서는 4개(2차원 x, y 성분), 3차원에서는 6개(3차원 x, y, z 성분)로 늘어나게 된다. 따라서 운동량 보존법칙과 반발 계수만으로는 충돌 후의 속도를 바로 구할 수는 없다. 하지만 구형 물체가 충돌할 때 마찰이 없다고 가정하면, 충돌 순간에 두 구의 중심선을 이은 충돌선을 기준으로 충돌선에 수직 성분의 속도는 변하지 않아야 한다. 충돌 후에 변화해야 하는 속도 성분은 단지 충돌선에 평행한 성분($\overrightarrow{v_{1,\parallel}}, \overrightarrow{v_{2,\parallel}}$)이고, 이는 1차원 충돌에서와 마찬가지로 처리하면 된다. 즉, 충돌이 일어나면 속도 벡터를 충돌선 방향기준으로 평행한 성분과 수직인 성분으로 분해하여 평행성분의 값만 변경하고 수직성분은 그대로 다시 더해주면 충돌 후의 속도가 된다.

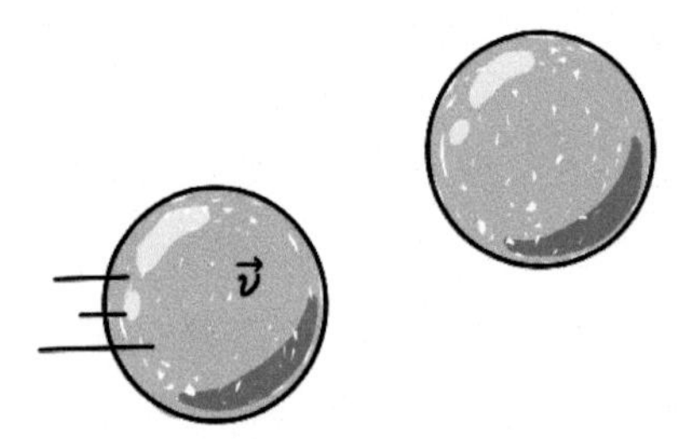

[그림 6-2] 두 공의 충돌

$$\vec{v}_{\parallel} = (\vec{v} \cdot \hat{r})\hat{r}$$
$$\vec{v}_{\perp} = \vec{v} - \vec{v}_{\parallel}$$

앞의 식과 그림은 충돌처리를 위해 물체의 속도를 충돌선에 평행한 성분과 수직인 성분으로 분해하는 과정이다. 여기서, $\hat{r}$은 충돌선의 단위벡터이다. 아래 예제 코드는 두 당구공이 충돌하는 상황을 시뮬레이션 한 것으로, 공이 충돌하여 약간 겹쳐 있는 경우라 하더라도 상대적으로 멀어지고 있는 경우, $(\overrightarrow{v_1} - \overrightarrow{v_2}) \cdot \hat{r} < 0$ 는 충돌처리를 하지 않았다.

예제 6-1-2 3차원 충돌

MEMO

```
# ball1, ball2 만들기
ball1 = sphere(radius = 0.5*65.5e-3, make_trail = True)
ball2 = sphere(radius = 0.5*65.5e-3, make_trail = True, pos = 
vec(1,0.5*65.5e-3,0), color = color.red)

# 물리 성질 & 상수 초기화
ball1.v = vec(1,0,0) #ball1의 초기 속도
ball2.v = vec(0,0,0) #ball2의 초기 속도
ball1.m = 0.21 #ball1의 질량
ball2.m = 0.21 #ball2의 질량
ball1.f = vec(0,0,0) #ball1의 초기 알짜힘
ball2.f = vec(0,0,0) #ball2의 초기 알짜힘
e  = 1.0 #반발계수
tot_energy = 0.5*ball1.m*mag(ball1.v)**2+0.5*ball2.m*mag(ball2.v)**2


# 시간 설정
t = 0
dt = 0.01

# 그래프
traj = gcurve()
en_traj = gcurve(color = color.cyan)

# 화면 설정
scene.autoscale = True
scene.range = 1

# 충돌 처리 함수
def collision(b1, b2, e):
    c = b2.pos - b1.pos
    c_hat = norm(c)
    dist = mag(c)
    # 멀어지고 있는 경우 False 반환
    if dot(b1.v - b2.v, c_hat) < 0:
        return False
```

MEMO

```
    v1_c = dot(b1.v,c_hat)*c_hat #b1의 속도 수평방향
    v1_p = b1.v - v1_c #b1의 속도 수직방향
    v2_c = dot(b2.v,c_hat)*c_hat #b2의 속도 수평방향
    v2_p = b2.v - v2_c #b2의 속도 수직방향
    tot_m = b1.m + b2.m

    # 충돌 시 두 물체의 속도 변경
    if dist < b1.radius + b2.radius:
        v1 = ((b1.m-e*b2.m)*v1_c + (1+e)*b2.m*v2_c) / tot_m
        v2 = ((b2.m-e*b1.m)*v2_c + (1+e)*b1.m*v1_c) / tot_m
        b1.v = v1 + v1_p
        b2.v = v2 + v2_p
        return True
    else:
        return False

# 시뮬레이션 루프
while t < 10:
    rate(30)
    # 충돌 처리 (collision 함수 이용)
    colcheck = collision(ball1,ball2, e)
    if colcheck == True:
        print("Collision!")
    # 속도, 위치 업데이트
    ball1.v = ball1.v + ball1.f/ball1.m*dt
    ball2.v = ball2.v + ball2.f/ball2.m*dt
    ball1.pos = ball1.pos + ball1.v*dt
    ball2.pos = ball2.pos + ball2.v*dt
    # 두 공의 총 에너지
    tot_energy = 0.5*ball1.m*mag(ball1.v)**2+0.5*ball2.m*mag(ball2.v)**2
    # 그래프 업데이트
    traj.plot(pos = (t,mag(ball1.v)))
    en_traj.plot(pos = (t,tot_energy))
    # 시간 업데이트
    t = t + dt
```

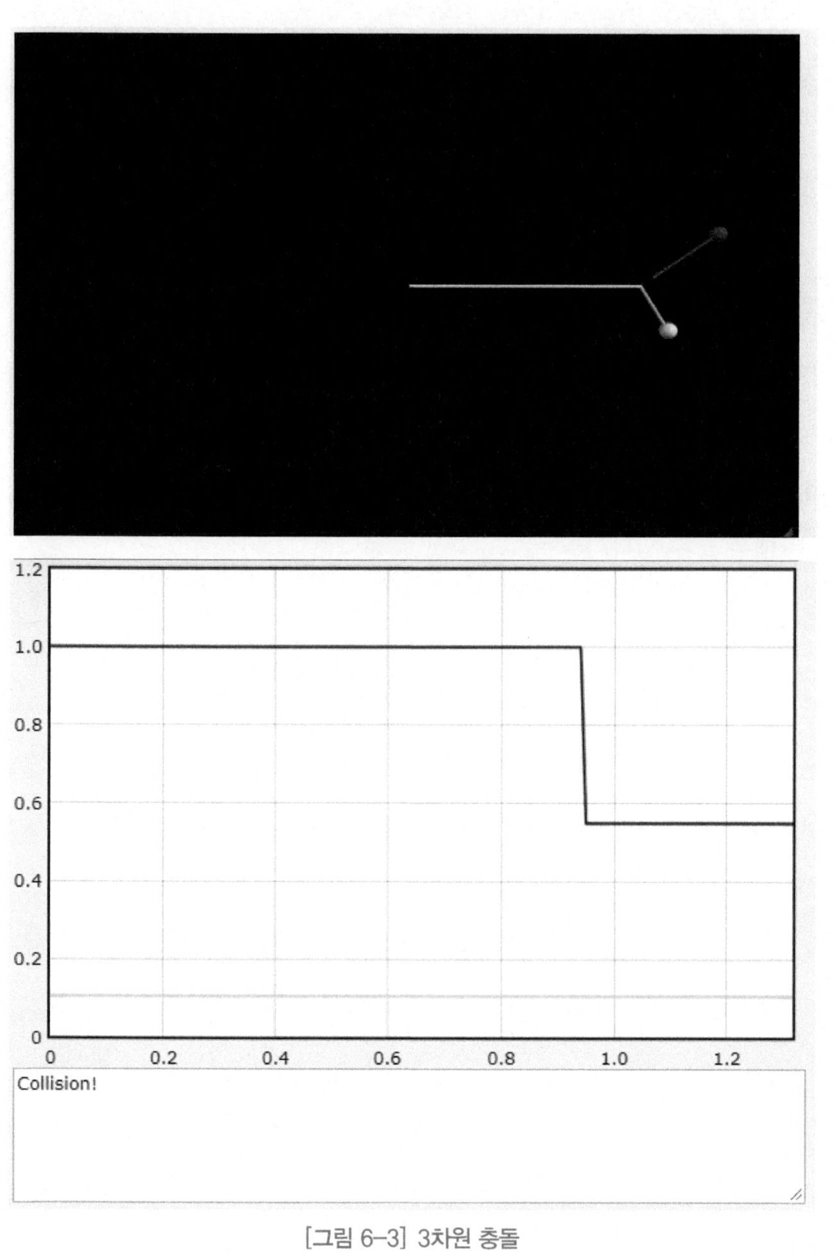

[그림 6-3] 3차원 충돌

 MEMO

지금까지는 운동량 보존의 법칙을 기반으로 충돌 후의 각 물체의 속도를 성분별로 나누어서 계산하였다. 이번에는 충격량과 운동량의 관계식으로부터 충격량을 계산하여 충돌 후의 물체의 속도를 구해보자.

$$\vec{J} = \vec{p}_f - \vec{p}_i = m\vec{v}_f - m\vec{v}_i = \int_{t_0}^{t_1} \vec{F}(t)dt$$

여기서 $\vec{J}$ 는 물체가 충돌할 때 발생하는 충격량이고, 물체의 충돌하는 시간은 $t_0 \sim t_1$ 이며, $\vec{F}(t)$는 충돌 시간 동안의 힘으로 충돌하는 동안 변화될 수 있다. 예를 들어, 두 강체가 충돌하는 경우 힘의 변화는 접촉 시간이 매우 짧음에도 힘의 변화는 매우 클 수 있다.

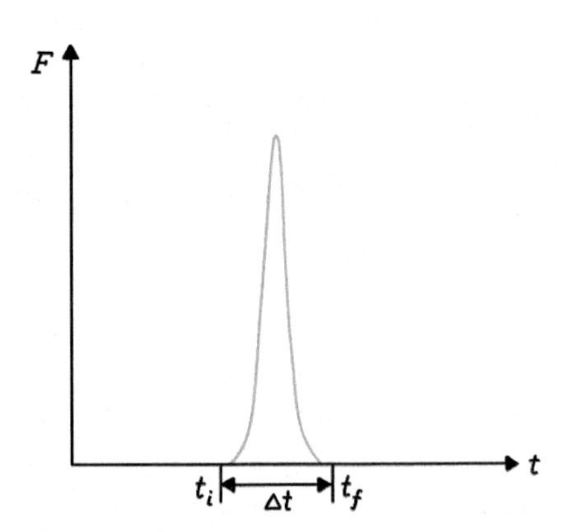

[그림 6-4] 강체 충돌에서 시간-힘 그래프

따라서 강체 충돌에서 힘을 직접 적분하여 충돌 후의 물체 속도를 구하는 것은 시간간격을 매우 짧게 해야 하므로 실용적이지 않다. 강체 충돌의 경우는 힘 보다는 충격량을 바로 적용하는 것이 합리적이다.

임의의 두 강체 1과 2가 충돌하는 경우를 보자.

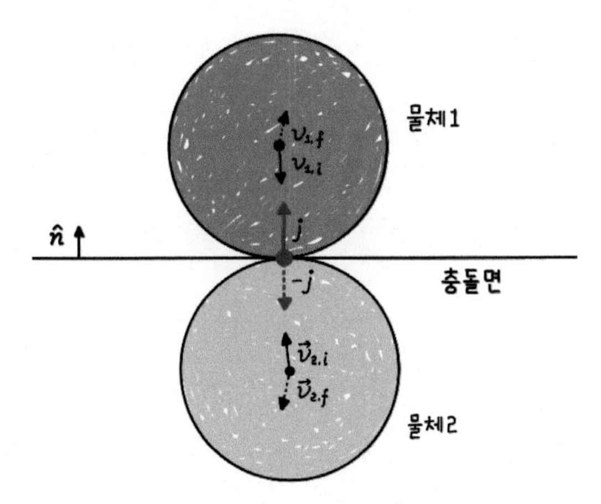

[그림 6-5] 임의의 강체 충돌

MEMO

물체 1과 2의 충격량과 운동량을 식으로 표현하면 다음과 같다.

물체 1의 충격량: $j\hat{n} = m_1\vec{v}_{1,f} - m_1\vec{v}_{1,i}$

물체 2의 충격량: $-j\hat{n} = m_2\vec{v}_{2,f} - m_2\vec{v}_{2,i}$

물체 1이 받는 충격량은 $j\hat{n}$으로 j는 충격량의 크기이고 $\hat{n}$ 은 충돌면의 법선 벡터로 크기는 1이다. 물체 2가 받는 충격량은 뉴턴의 3법칙으로 인해 충격량의 크기는 같고 방향은 반대이다. 충돌시의 반발 계수는 충돌면의 수직 성분에만 영향을 준다고 가정하면 다음과 같다.

$$e = -\frac{(\vec{v}_{1,f} - \vec{v}_{2,f}) \cdot \hat{n}}{(\vec{v}_{1,i} - \vec{v}_{2,i}) \cdot \hat{n}}$$

위의 세 식에서 두 물체의 충돌 후 속도를 소거하여 j를 충돌 전 속도와 반발계수로만 표현하면 다음과 같다.

$$j = \frac{-(1+e)(\vec{v}_{1,i} - \vec{v}_{2,i}) \cdot \hat{n}}{1/m_1 + 1/m_2}$$

 MEMO

이제 충격량이 구해졌으므로 이를 각 물체의 충격량과 운동량의 관계식으로부터 충돌 후의 속도를 구할 수 있다.

$$\vec{v}_{1,f} = \vec{v}_{1,i} + j/m_1\hat{n}$$
$$\vec{v}_{2,f} = \vec{v}_{2,i} - j/m_2\hat{n}$$

충격량 기반으로 구한 충돌 후의 속도는 앞에서 소개한 속도의 분해를 이용한 방법과 결과가 같고 구현하기 간단하다. 또한, 마찰이 있는 충돌 및 회전하는 물체의 충돌일 경우로도 쉽게 확장 할 수 있다.

예제 6-1-3 충격량 기반 충돌

```
# ball1, ball2 만들기
ball1 = sphere(radius = 0.5*65.5e-3, make_trail = True)
ball2 = sphere(radius = 0.5*65.5e-3, make_trail = True, pos =
vec(0.3,-0.1*65.5e-3,0), color = color.red)

# 물리 성질 & 상수 초기화
ball1.v = vec(1,0,0)
ball2.v = vec(0,0,0)
ball1.m = 0.41
ball2.m = 0.21
ball1.f = vec(0,0,0)
ball2.f = vec(0,0,0)
e  = 0.99
tot_energy = 0.5*ball1.m*mag(ball1.v)**2+0.5*ball2.m*mag(ball2.v)**2

# 시간 설정
t = 0
dt = 0.01

# 그래프
traj = gcurve()
en_traj = gcurve(color = color.cyan)
```

```
# 화면 설정
scene.autoscale = True
scene.range = 1

# 충돌 처리 함수
def collision(b1, b2, e):
    c = b1.pos - b2.pos
    c_hat = norm(c)
    dist = mag(c)
    v_relm = dot(b1.v - b2.v, c_hat)
    # 멀어지고 있는 경우 False 반환
    if  v_relm > 0:
        return False

    # 충돌시 두 물체의 속도 변경 (충격량 기반)
    if dist < b1.radius + b2.radius:
        j = -(1+e)*v_relm
        j = j/(1/b1.m+1/b2.m)
        b1.v = b1.v + j*c_hat/b1.m
        b2.v = b2.v - j*c_hat/b2.m
    else:
        return False

# 시뮬레이션 루프
while t < 10:
    rate(100)
    # 충돌 처리 (collision 함수 이용)
    colcheck = collision(ball1,ball2, e)
    if colcheck == True:
        print("Collision!")
        #scene.waitfor('click')

    # 속도, 위치 업데이트
    ball1.v = ball1.v + ball1.f/ball1.m*dt
    ball2.v = ball2.v + ball2.f/ball2.m*dt
    ball1.pos = ball1.pos + ball1.v*dt
    ball2.pos = ball2.pos + ball2.v*dt
```

MEMO

```
# 두 공의 총 에너지
tot_energy = 0.5*ball1.m*mag(ball1.v)**2+0.5*ball2.m*mag(ball2.v)**2
# 그래프 업데이트
traj.plot(pos=(t,mag(ball1.v)))
en_traj.plot(pos=(t,tot_energy))
# 시간 업데이트
t = t + dt
```

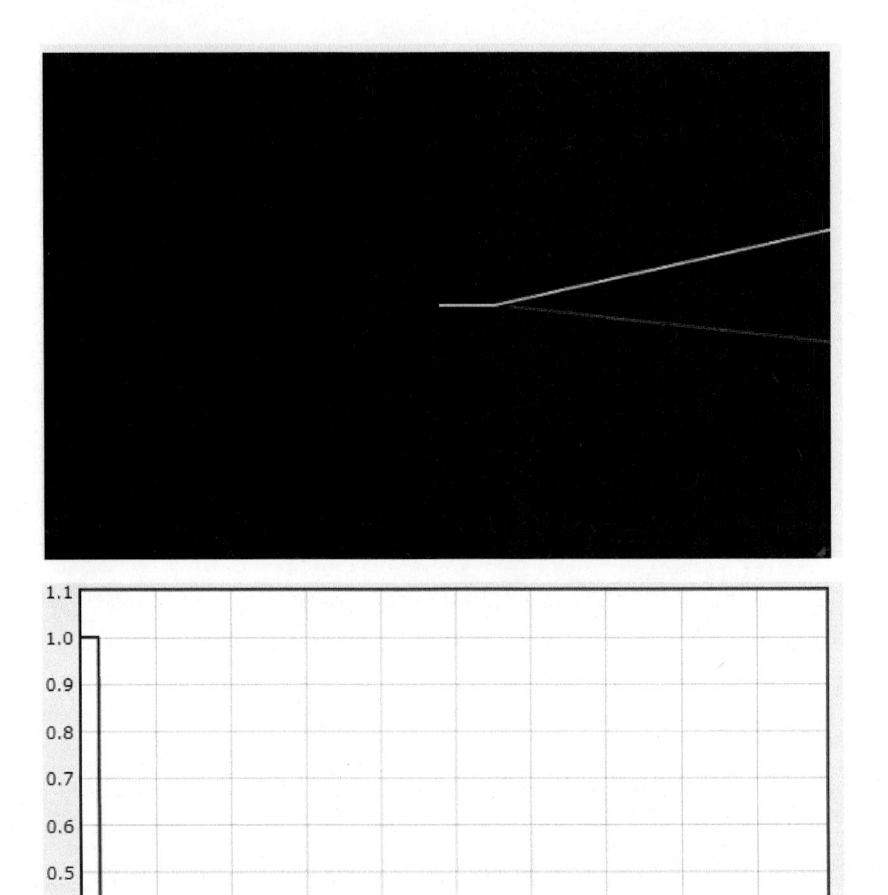

[그림 6-6] 충격량 기반 충돌

MEMO

물체의 충돌을 다루는 또 다른 방법으로는 충돌하는 물체들에 내부적으로 용수철을 두어 가까워지면 서로 밀어내도록 하는 것이다.

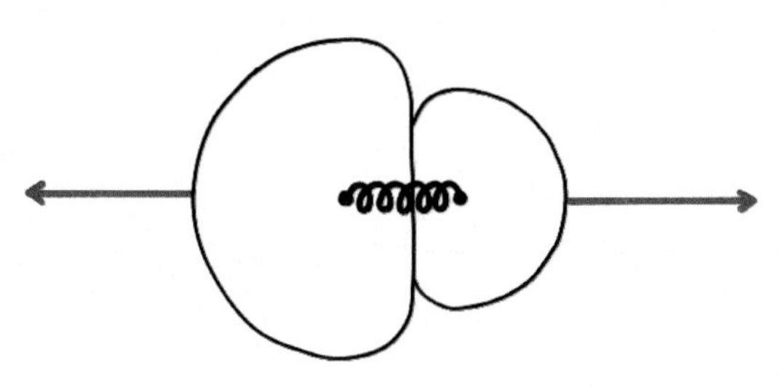

[그림 6-7] 탄성 물체의 충돌

이러한 방법을 패널티 기반 방법이라 하는데, 고무공 등의 탄성이 있는 물체에는 적합할 수 있다. 하지만 물체 모양의 변형이 전형 없는 강체의 경우는 물체들이 겹쳐질 수 있으므로 적당하지 않다. 물체의 겹침을 줄이기 위해서는 매우 큰 용수철 계수를 사용해야 하는데, 이는 시뮬레이션 시간 간격을 줄여야 하는 단점이 있으며, 충돌 시 마찰이 있는 경우는 더욱 다루기 힘들다.

6.2 충돌 검출

지금까지는 충돌 전, 후의 물체 움직임의 변화를 살펴봤다. 물체의 충돌 상황을 컴퓨터로 시뮬레이션하기 위해서는 먼저 물체 사이의 충돌을 검출하는 것이 필요하다. 물체의 형태와 개수에 따라 물체 사이의 충돌 여부를 검출하는 다양한 알고리즘이 존재한다. 이러한 알고리즘은 이 책보다 심도 있게 다루고 있는 컴퓨터 과학 분야의 서적이 많으므로 자세한 내용까지는 다루지 않을 것이다. 이 절에서는 비교적 충돌 검출이 단순한 두 가지 예를 살펴보겠다.

■ 구와 구의 충돌 검출

먼저 살펴볼 것은 구 형태 입자의 충돌이다. 2개의 구의 충돌 여부를 검출하는 것은 복잡하지 않다. 각 구의 중심 사이의 거리가 각 구의 반지름의 합보다 작거나

MEMO

같으면 충돌한 것으로 판정한다. 아래의 코드는 2개의 구(b1, b2)를 인자로 받아서 충돌을 처리하는 함수의 예이다.

```
# 충돌 처리 함수
def collision(b1, b2, e):
    c = b2.pos - b1.pos
    c_hat = norm(c)
    dist = mag(c)
    # 멀어지고 있는 경우 False 반환
    if dot(b1.v - b2.v, c_hat) < 0:
        return False
    v1_c = dot(b1.v,c_hat)*c_hat
    v1_p = b1.v - v1_c
    v2_c = dot(b2.v,c_hat)*c_hat
    v2_p = b2.v - v2_c
    tot_m = b1.m + b2.m
    # 충돌시 두 물체의 속도 변경
    if dist < b1.radius + b2.radius:
        v1 = ((b1.m-e*b2.m)*v1_c + (1+e)*b2.m*v2_c) / tot_m
        v2 = ((b2.m-e*b1.m)*v2_c + (1+e)*b1.m*v1_c) / tot_m
        b1.v = v1 + v1_p
        b2.v = v2 + v2_p
        return True
    else:
        return False
```

[그림 6-8] 구와 구의 충돌

MEMO

■ 구와 평면의 충돌 검출

지금까지 코드에서는 구 입자가 바닥이나 벽에 충돌하는 현상을 간단히 하기 위해 바닥과 벽을 x축, y축 혹은 z축에 수직으로 구성하였다. 이번에는 평면이 임의의 위치에서 임의의 각도로 기울어져 있어도 충돌을 검출할 수 있도록 구-평면 사이의 충돌을 일반화해보자. 다음 그림처럼 어떠한 평면이 3차원 공간상의 한 점을 지나고 법선벡터가 주어졌다면, 그 평면을 표현하는 방정식은 아래와 같다.

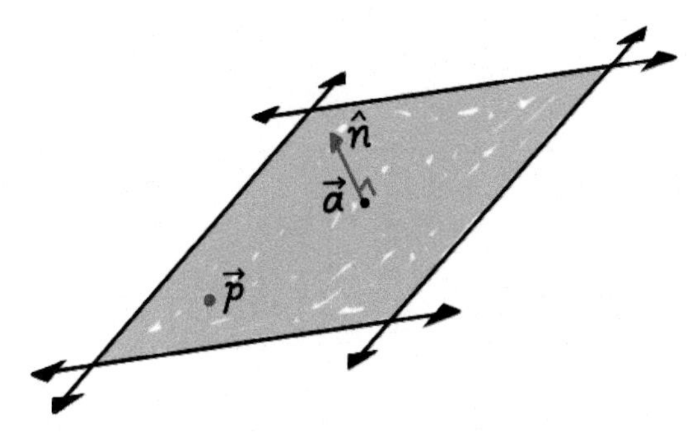

[그림 6-9] 평면과 법선벡터

$$(\vec{p}-\vec{a}) \cdot \hat{n} = 0$$

이 식의 의미를 살펴보면, 평면상의 임의의 점($\vec{p}$)과 법선 벡터가 지나는 점($\vec{a}$)을 잇는 상대적인 위치벡터가 항상 평면의 법선 벡터와 수직해야 한다는 제약조건을 식으로 나타낸 것이다.

이제 이 평면의 방정식으로부터 구와 평면의 충돌을 나타내어 보자. 만약 구와 평면이 충돌되어 있다면, 즉, 겹치는 부분이 있다면, 구의 중심에서 평면까지의 거리가 구의 반지름보다 작다. 평면과 구 중심($\vec{c}$)사이의 거리(d)는 아래의 식으로 표현할 수 있으므로, d를 구의 반지름과 비교해서 작으면 충돌로 판별하면 된다.

MEMO

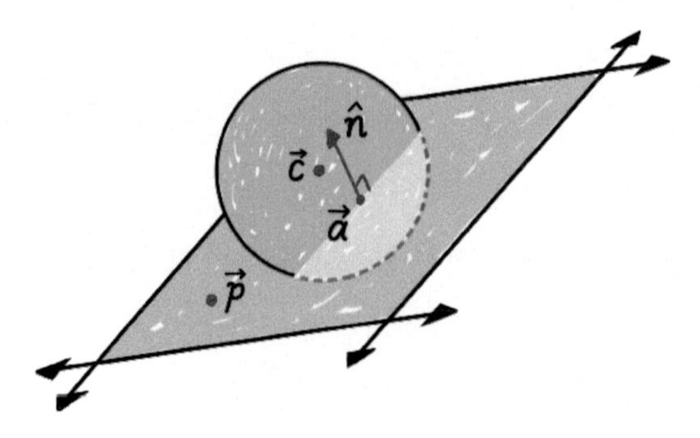

[그림 6-10] 구와 평면의 충돌

$$d = (\vec{c} - \vec{a}) \cdot \hat{n}$$

이 절에서 살펴본 충돌 검출은 매우 단순한 경우만을 다룬 것으로 실제로는 다양한 방법이 존재한다. 예를 들어, 직육면체와 평면의 충돌, 구와 직육면체의 충돌, 더 나아가 임의의 형태의 물체 충돌을 다루는 일반적인 알고리즘도 존재한다. 게다가 많은 물체가 짧은 시간에 한꺼번에 충돌하는 경우도 빈번히 발생할 수 있으므로 이러한 상황도 다룰 수 있는 알고리즘도 필요하다. 실제로 충돌 검출 알고리즘은 오픈소스 형태로 구현되어 있으므로 이를 그대로 빌리거나, 변형하여 자신만의 코드를 만들 수도 있을 것이다.

6.3 마찰

물체와 물체가 닿아 있는 충돌면 사이에는 마찰이 있다. 일반적인 물체의 충돌에서는 충돌면의 접선 방향으로 속도가 있으면, 물체가 부딪히는 순간 접선 방향으로 마찰력이 생긴다. 이 마찰력으로 인해, 물체의 접선방향으로의 속도 성분도 변화한다. 이러한 변화도 포함하기 위해서는 충격량을 접선 방향과 법선 방향으로 분리해서 표현하여 계산한 후, 합쳐야 한다. 마찰력은 충돌면의 법선 방향의 힘(수직항력)과 아래와 같은 관계가 있다.

$$|F_t \hat{t}| \leq \mu |F_n \hat{n}|$$

여기서 F_t 는 접선방향의 마찰력의 크기이고, $\hat{t}$ 는 마찰력이 작용하는 방향으로 충돌 면과 평행한 단위벡터이다. F_n은 법선 방향으로 충돌할 때 발생하는 힘(수직항력)이고, $\hat{n}$은 충돌 면과 수직인 단위벡터이다. 위 관계식을 시간에 대해 적분하여 두 충격량 사이의 관계식으로 정리하면 아래와 같다.

$$|j_t \hat{t}| \leq \mu |j \hat{n}|$$

j_t는 마찰력에 의한 충격량 크기이고 j는 앞서 충돌 처리에서 구한 법선 방향으로의 충격량 크기이다.

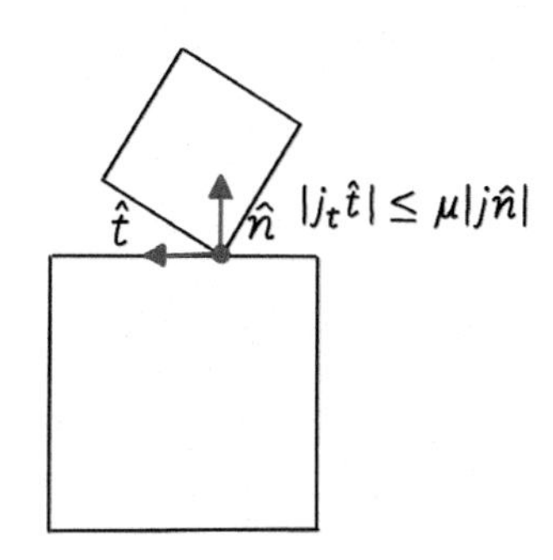

[그림 6-11] 마찰 충격량과 법선 충격량의 관계

위의 관계식을 만족하면, 즉, 마찰에 의한 충격량이 법선 방향의 충격량보다 작은 범위에서는 물체가 충돌하는 순간 동안 미끄러지지 않는다.

$$v_t = (\vec{v}_f - \vec{v}_i) \bullet \hat{t} = 0 \;\; , \; -\mu j \leq j_t \leq \mu j$$

반면에 마찰에 의한 충격량이 법선 방향의 충격량보다 크다면, $j_t = -\mu j$ 혹은 $j_t = \mu j$ 이 되며, 충돌하는 동안 물체가 미끄러진다.

MEMO

위의 조건을 바탕으로 두 물체가 충돌할 때의 마찰에 의한 충격량을 구하면,

$$j_t = \frac{-(\vec{v}_{1,i} - \vec{v}_{2,i}) \cdot \hat{t}}{1/m_1 + 1/m_2} \quad , \; -\mu j \leq j_t \leq \mu j$$

이 된다. 마찰 충격량이 $-\mu j \leq j_t \leq \mu j$ 이 범위를 벗어나면, 최솟값 혹은 최댓값으로 설정한다. 최종적으로 충돌 후의 각 물체의 속도 변화는 마찰 충격량까지 포함한 아래의 식을 통해 구한다.

물체 1의 충격량: $j\hat{n} + j_t\hat{t} = m_1\vec{v}_{1,f} - m_1\vec{v}_{1,i}$

물체 2의 충격량: $-j\hat{n} - j_t\hat{t} = m_2\vec{v}_{2,f} - m_2\vec{v}_{2,i}$

사실 물체의 마찰을 포함하는 충돌은 컴퓨터로 시뮬레이션하기 어려운 문제로 알려져 있다. 지금까지 살펴본 대로 충돌은 물체들의 직접적인 접촉 때문에 발생하는 상호작용으로 시뮬레이션 시간 간격 안에서 힘의 크기와 방향이 순간적으로 변화하는 현상이다. 지금까지의 시간에 따른 수치적분 방법으로는 운동 상태의 순간적인 변화를 반영할 수 없다. 마찰의 경우도 물체의 운동 상태가 멈추면 순간적으로 마찰력이 0이 되어야 하고, 조금이라도 움직이면 마찰력이 수직항력에 비례해서 즉시 발생한다. 이렇게 순간적으로 힘이 변화되는 경우에는 충격량으로부터 직접 운동 상태를 바꾸는 것으로 시뮬레이션 모형을 만들어서 적용하였고, 마찰력을 고려할 경우는 이를 다루는 특별한 루틴을 추가하였다. 이러한 처리 방법은 물리적인 경험과도 부합하는 측면이 있고, 시각적으로도 그럴 듯 하다. 하지만, 이 방법은 근사적인 방법으로 시간 간격에 의한 오차를 항상 염두에 두어야 한다. 예를 들어, 총알처럼 아주 빨리 움직이는 물체는 시뮬레이션 시간 간격 사이에도 충돌해야 하는 물체를 지나칠 수도 있다. 충돌하는 순간과 지점을 정확하게 구하기 위해서는 시뮬레이션 시간 간격을 더 짧게 하여 재현하는 것이 물리적으로 더욱 정확할 것이다. 이 책에서 제시한 방법은 시간 간격 내에서는 충돌 순간과 지점을 명확히 구하지는 않고 처리하는 방식으로 시간 간격에 대한 오차는 항상 존재한다. 따라서, 이 방법은 많은 물체가 층층이 쌓여 마찰과 충돌이 짧은 시간에 거의 동시에 일어나는 경우는 다룰 수 없다. 이러한 경우는 복잡한 충돌 처리 알고리즘이 필요하다. 이러한 알고리즘은 물체의 모양까지 포함한 기하학적인 문제까지 다루므로 이 책에 포함하지는 않았다.

E·x·e·r·c·i·s·e

1. 운동량 보존법칙을 뉴턴의 제 3법칙과 제 2법칙으로 유도해보자.

2. 완전 탄성 충돌에서 운동량 보존과 운동에너지 보존 모두 성립한다. 이를 증명해보라.
   2.2.3절의 불꽃놀이 예제 코드는 운동량 보존이 정확하지 않으며, 반발 계수도 0.8로 고정되어 있다. 운동량 보존이 되고, 반발 계수도 변할 수 있도록 코드를 고쳐보라.

3. 완전 비탄성 충돌에서 에너지의 총합이 작아지는데, 얼마나 작아지는 계산해 보라.

4. 예제 6-1-2 코드의 충돌처리는 시간 간격이 클수록 정확하지 않다. 이유를 설명해 보라. 또한, 더 정확한 충돌 처리 방법이 있을지도 생각해보라.

5. 경사가 있는 평면과 공의 충돌을 마찰력을 포함하여 코딩해보자.
   당구공의 충돌을 당구대의 옆면과 바닥에 마찰력이 있을 경우와 없을 경우로 나누어 코딩해보자.

6. 마찰이 없는 평면 위에 질량이 10kg인 나무토막이 원점에 놓여 있다. 나무토막에 질량 1kg인 공이 8m/s의 속력을 가지고 x축 기준으로 60도 방향으로 부딪힌 후, 아래 그림과 같이 동일한 각도와 동일한 빠르기로 튀어나왔다(아래 그림 참조). 충돌 후 나무토막의 속도를 구하시오.

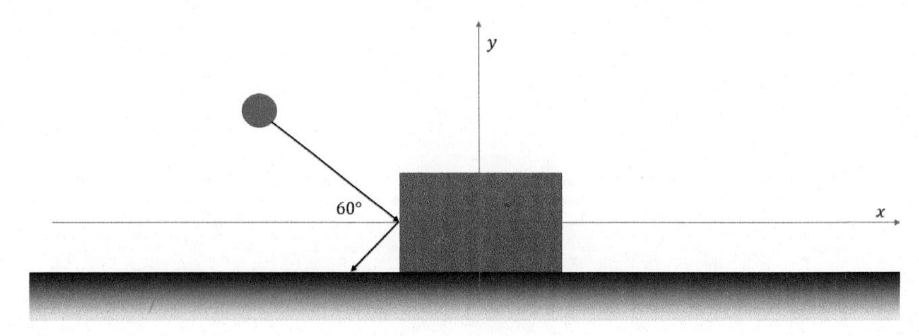

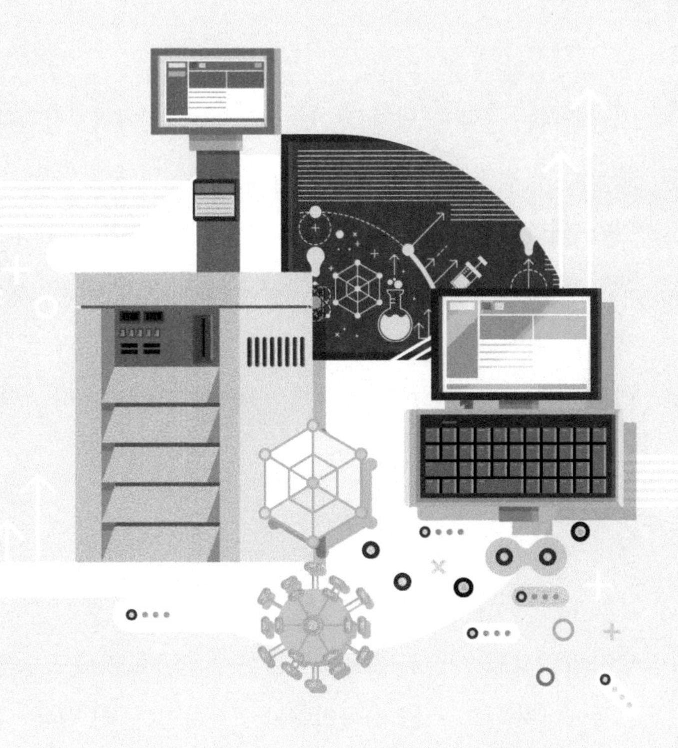

CHAPTER 7

회전 운동

MEMO

지금까지는 물체를 입자로 가정하고 운동과 에너지를 공부했다. 하지만 입자의 운동 상태(위치와 속도)만으로 실제 물체들의 움직임을 표현하는 것에는 한계가 있다. 예를 들어, 팽이를 입자 하나로 표현한다면, 팽이가 한 곳에서 회전하는 경우와 회전 없이 멈추어 있는 경우를 구별할 수 없다. 이 장에서는 부피가 있는 실제적인 물체, 특히 팽이와 같은 강체가 회전하는 경우, 그 움직임을 표현하는 물리 법칙과 이를 재현하는 컴퓨터 시뮬레이션을 다룬다.

7.1 각운동학

입자의 운동을 기술하기 위해서는 변위, 속도, 가속도 등의 벡터 물리량과 질량, 운동에너지 등의 스칼라 물리량이 필요하였다. 이 절에서는 이와 비슷한 방식으로 물체의 회전운동과 관련된 물리량을 정의하고자 한다. 아래 그림처럼 팽이가 회전하는 경우를 살펴보자.

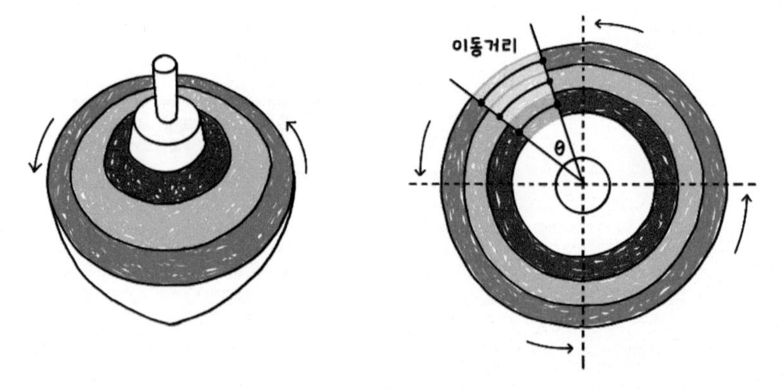

[그림 7-1] 팽이 회전

팽이가 일정 시간(Δt) 동안 회전할 때, 팽이 위에 표시된 위치(파랑, 초록, 빨강)에 따라 다른 이동경로를 가지므로 위치에 대한 변위로 표시한다면 각기 다르다. 하지만, 움직인 각으로 표시하면 모두 같다. 이런 식으로 각을 기준으로 회전운동을 기술하면 편리하므로 변위, 속도, 가속도에 대응되는 물리량으로 각변위, 각속도, 각가속도를 정의하고자 한다.

MEMO

■ 각변위와 각속도

각변위는 임의의 회전축을 기준으로 회전한 각으로 정의된다. 여기서 회전축은 길이가 1인 방향벡터로 정의될 수 있다. 길이가 1인 임의의 방향벡터 $\hat{u} = (u_x, u_y, u_z)$를 회전축으로 삼아 변화된 각(각변위)을 다음과 같이 나타내 보자.

$$\triangle\theta = \theta_f - \theta_i$$

θ_i은 회전하기 전의 각도이고, θ_f은 회전한 후의 각도이다. 위의 값이 양수이면 회전축을 기준으로 반시계방향으로의 회전으로, 음수이면 시계방향으로의 회전으로 정의한다. 시계방향인 경우, 회전축을 반대 방향의 벡터로 대신한다면, 그 축을 중심으로 반시계방향으로 회전한 셈이 된다. 그렇게 하면 각변위($\triangle\theta$)는 항상 양수로도 표현 할 수 있다. 각변위를 회전축을 포함해서 나타낸다면 4개의 성분으로 표현할 수 있다($\triangle\theta, u_x, u_y, u_z$). 이외에도 각변위를 표현하는 여러 방법이 있다. 만약, 2차원 평면상에서의 회전만을 고려한다면 회전축은 평면의 수직으로 고정되므로 각변위는 스칼라로 생각할 수 있다. 각변위의 단위로는 라디안(rad)과 각도(deg) 표현법이 있다.

이제 각속도에 대해 알아보자. 임의의 축으로 반시계방향으로 회전할 때, 회전축이 변하지 않는다고 가정하면 평균 각속도($\vec{\omega}_{avg}$)는 각변위의 시간에 따른 변화율로 정의할 수 있고 그 크기는 다음 식과 같다. 각속도의 크기(각속력)를 방향벡터인 회전축($\hat{u}$)에 곱한 것이 각속도이다.

$$|\vec{\omega}_{avg}| = \frac{\triangle\theta}{\triangle t} \ , \ \vec{\omega}_{avg} = \frac{\triangle\theta}{\triangle t}\hat{u}$$

여기서, 시간 간격을 극히 짧게 하면($\triangle t \to 0$), 순간 각속도가 된다.

$$|\vec{\omega}| = \lim_{\triangle t \to 0} \frac{\triangle\theta}{\triangle t} \ , \ \vec{\omega} = |\vec{\omega}|\hat{u}$$

각속도는 각변위와 달리 3개의 성분으로 나타낼 수 있고, 벡터로 취급할 수 있다. 각속도의 SI 단위는 rad/s이다.

■ 선속도와 각속도

위 팽이가 $\vec{\omega}$의 각속도로 회전하고 있다면, 팽이의 회전축 중심을 기준으로 $\vec{r}$ 만큼 떨어진 위치에 입자가 있다고 가정하면 그 입자의 속도는 다음과 같고, 각속도와 구별하기 위해 선속도라 표현하기도 한다.

$$\vec{v} = \vec{\omega} \times \vec{r}$$

회전축과 멀리 떨어지고 각속력이 클수록 빠른 선속도 이며, 선속도의 방향은 각속도의 방향(회전축의 방향)과 위치 벡터의 수직으로 회전체의 접선 방향이 된다.

■ 구심가속도

만약 팽이의 각속도가 일정하다고 할 경우, 팽이 위의 한 점은 등속원운동을 하고 있다고 말한다. 이 경우, 그 점의 속력은 일정하나 방향은 계속 변하므로 속도는 일정하지 않다. 즉, 가속도가 생기는 데 이를 구심가속도라 한다.

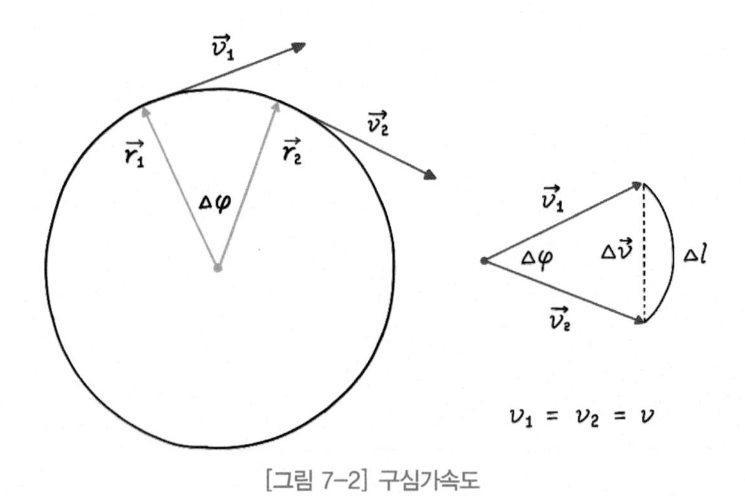

[그림 7-2] 구심가속도

위의 회전하는 상태에서, 짧은 순간($\Delta \vec{t} \rightarrow 0$)의 속도의 차이($\Delta \vec{v}$)는 원의 중심을 향한다. 구심가속도($\vec{a_c}$)도 또한 $\Delta \vec{v}$과 같은 방향이고 원의 중심을 향한다. 이때, 구심가속도의 크기는 아래와 같다.

$$|\vec{a_c}| = \omega^2 r = v^2/r$$

■ 각가속도

원운동이 등속이 아닌 경우에는 각속도 또한 시간에 따라 변화할 수 있고, 이를 각가속도($\vec{\alpha}$)로 정의한다. 또한 각가속도가 일정한 회전을 등각가속도운동이라 한다.

$$\vec{\alpha} = \frac{d\vec{\omega}}{dt}$$

아래 코드는 지구를 등속 회전에서 등각가속도 회전으로 변화시키는 예제이다. 지구의 각가속도(earth.alpha)를 0으로 설정하여서 회전을 살펴보고, 일정한 각가속도로 변경하였을 때의 회전도 관찰해보자.

예제 7-1-1 등각가속도운동

```
# 지구 만들기
earth = sphere(radius = 6.4e6, texture = textures.earth)

# 물리 성질 초기화
earth.rot_axis = vec(sin(23.5*pi/180),cos(23.5*pi/180),0) #지구의 회전 축
earth.w = 2*pi/(24*60*60)*earth.rot_axis #지구의 초기 각속도 ##rad/s
earth.alpha = 2*pi/(24*60*60)*earth.rot_axis/5000 #지구의 각 가속도
#earth.alpha = vec(0,0,0)

# 지구의 회전 축 그리기
rot_axis = arrow(pos =  earth.rot_axis * (-10e6), axis = earth.rot_axis*
22e6, shaftwidth = 2e5)
```

MEMO

MEMO

```
# 화면 설정
scene.range = 20e6
scene.waitfor('click')
# 시간 설정
t = 0 ##s
dt = 60 ##s

# 시뮬레이션 루프
while t < 24*60*60:
    rate(1/dt*6000)
    # 각속도, 각변위 업데이트 (Euler - Cramer Method)
    earth.w = earth.w + earth.alpha*dt
    dtheta = mag(earth.w)*dt
    earth.rotate(angle=dtheta,axis=norm(earth.w), origin=earth.pos) #회전
    # 시간 업데이트
    t = t + dt
```

[그림 7-3] 지구의 회전 운동

7.2 회전운동에너지와 회전관성

MEMO

강체가 돌고 있을 때, 강체를 구성하는 각 입자들은 속력이 있으므로 운동에너지를 지닌다. 강체가 n개의 입자로 구성되어 있다고 할 때, 입자들의 운동에너지를 모두 합하면 강체의 총 회전운동에너지가 되며, 이는 다음 식으로 나타낼 수 있다.

$$K_{rot} = \frac{1}{2}\left[m_1 v_1^2 + m_2 v_2^2 + m_3 v_3^2 + \ldots + m_n v_n^2\right] = \frac{1}{2}\sum_{i=1}^{n} m_i v_i^2$$

각 입자의 속도와 속력을 속도와 각속도의 관계로부터 구하면,

$$\vec{v_i} = \vec{\omega_i} \times \vec{r_i},$$
$$v_i = w_i r_{\perp i}$$

이 된다. $r_{\perp}$는 회전축에서 입자까지 수직으로 떨어진 거리이다. 이 식으로 강체의 회전운동에너지를 다시 쓰면 다음과 같다.

$$K_{rot} = \frac{1}{2}\left(\sum_{i=1}^{n} m_i r_{\perp i}^2\right)\omega^2$$

여기서 괄호안의 양은 강체이므로 변하지 않는 물리량으로 회전관성 혹은 관성 모멘트(rotational inertial 또는 moment of inertia)라고 한다. 기호로는 I로 표현하며, SI 단위는 $kg \cdot m^2$이다. 입자가 강체 내부를 가득 채우고 있다고 하면, 입자의 총합을 적분 형태로 바꿀 수 있으므로, 회전관성(I)는 다음과 같이 나타낼 수 있다.

$$I = \sum_{i=1}^{n} m_i r_{\perp i}^2 = \int r_{\perp}^2 \, dm = \int_V r_{\perp}^2 \rho(r) dV$$

여기서, V는 강체의 부피, ρ는 강체의 밀도이다. 다시 회전운동에너지를 회전관성으로 표현하면 다음과 같다.

MEMO

$$K_{rot} = \frac{1}{2}I\omega^2$$

이는 (선형)운동에너지$\left(K = \frac{1}{2}mv^2\right)$와 비슷한 형태이다. 회전운동에너지 식을 (선형)운동에너지 식과 비교하면, 회전관성은 질량과, 각속력은 속력과 대응됨을 알 수 있다. 질량을 물체의 신형 움직임을 저항하는 물리량으로 생각할 수 있는 것처럼, 회전관성은 회전운동을 저항하는 물리량으로 생각할 수 있다. 다시 말해, 회전관성은 회전하는 물체의 각속도를 변화시키는 것이 얼마나 어려운지에 대한 척도이다.

■ 회전축과 물체의 형태에 따른 회전관성(관성 모멘트)

아래 그림에서 보이듯이 회전 관성은 물체의 형태와 회전축에 따라 다르다. 여기서 m은 물체의 전체 질량이다.

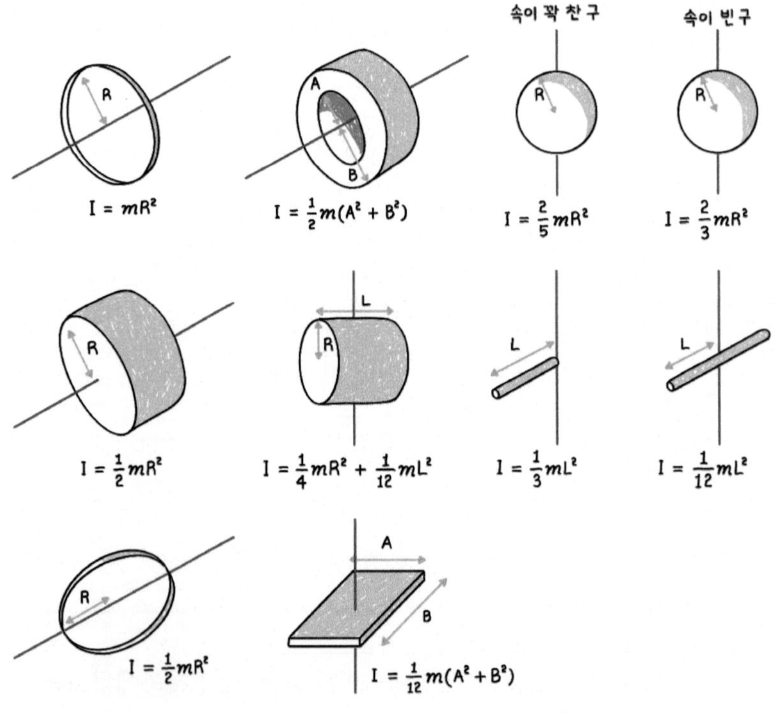

[그림 7-4] 여러 가지 형태의 회전 관성

▪ 평행축 정리

같은 형태의 물체라도 회전축이 다르면 회전관성이 다르다. 다만, 회전축이 서로 평행할 경우는 회전관성들 사이에는 아래의 관계식이 성립한다.

$$I = I_{cm} + Mr^2$$

여기서, I_{cm} 는 질량중심을 통과하는 회전축일 경우의 회전관성이고 r은 회전축을 평행으로 이동시켰을 때의 거리이다.

MEMO

7.3 돌림힘

회전운동에서 힘에 대응되는 개념으로 돌림힘(torque, $\vec{\tau}$)을 다음의 식으로 정의할 수 있다.

$$\vec{\tau} = \vec{r} \times \vec{F}$$

돌림힘은 물체에 각가속을 발생시키기 위한 힘의 작용으로 생각할 수 있으며, 힘이 물체의 속도 변화에 영향을 주는 것과 마찬가지로 돌림힘은 물체의 각속도 변화를 이끈다. 돌림힘은 다음 그림에서 보듯이 회전축에서 멀어지고 수직에 가까울수록 커지며, 돌림힘의 방향은 회전축에서 힘이 작용한 위치까지의 변위($\vec{r}$)와 힘의 외적임에 유의한다. 스패너에 가하는 힘이 일정할 경우, 첫 번째 스패너가 두 번째 스패너와 비교해 힘이 작용한 위치가 회전축과 더 떨어져 있으므로 회전축에 있는 나사의 각가속도가 더 크다. 세 번째 스패너는 변위($\vec{r}$)와 힘이 평행하므로 돌림힘은 0이고 나사는 회전하지 않는다.

MEMO

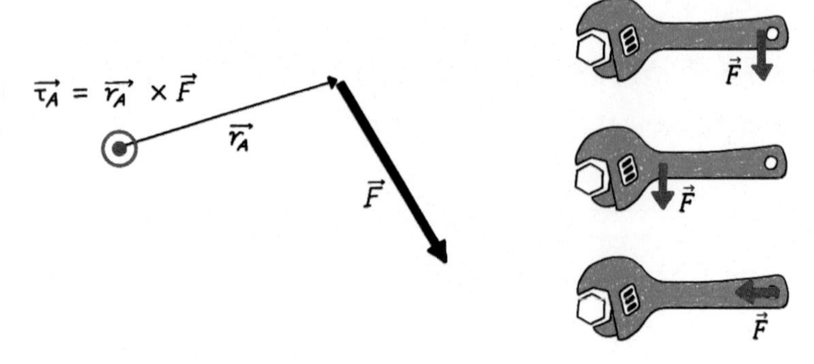

[그림 7-5] 돌림힘

돌림힘의 SI단위는 $N \cdot m$이다. 이는 에너지의 단위인 $J(N \cdot m)$과 같으나 J로 쓰지는 않는다. 에너지의 단위와 같은 단위라도 물리량이 지니는 의미가 다르기 때문이고, 또한, 돌림힘은 벡터이고 에너지는 스칼라이다. 돌림힘의 방향은 돌림힘으로 생기는 각가속도의 방향과 같다.

▪ 힘과 돌림힘 평형

물체에 작용하는 알짜힘이 0이면 그 물체는 역학적으로 평형상태에 있다고 하였다. 하지만 물체의 회전까지 생각한다면 알짜힘이 0이라 하더라도 알짜 돌림힘이 있을 수 있고, 이는 역학적으로 평형상태인 것은 아니다. 예를 들어, 팽이가 제자리에서 돌기 시작하거나 회전이 멈출 때는 돌림힘이 있지만, 알짜힘은 없다. 회전까지 평형상태로 되려면 알짜힘과 알짜 돌림힘 모두 0이어야 한다.

$$\sum \vec{F} = \sum \vec{\tau} = \vec{0}$$

▪ 돌림힘에 대한 뉴턴의 제2법칙

돌림힘과 회전관성으로 회전운동에 대한 뉴턴의 제 2법칙을 표현할 수 있다. 즉, 고정된 회전축에 대해 다음의 식이 성립한다.

$$\vec{\tau} = I\vec{\alpha}$$

MEMO

여기서 돌림힘은 선형운동의 힘에 대응되고 회전관성은 질량, 각가속도는 가속도에 대응된다. 또한, 회전관성은 모양이 변하지 않는 강체에서는 일정하다.

다음 그림의 외줄타기 곡예사가 길고 무거운 막대가 필요한 이유를 위의 식으로 설명할 수 있다. 곡예사가 중력에 의해 균형을 잃게 되면 외줄을 축으로 회전이 발생한다. 이때 막대가 길고 무거울수록 회전관성이 커지고 각가속도가 작아지므로, 곡예사는 균형을 잡을 시간을 더 얻을 수 있다. 반대로 막대가 없으면 회전관성이 작고 각가속도는 커서 균형을 쉽게 잃는다. 즉, 곡예사의 긴 막대는 균형을 유지하기 위해 꼭 필요하다.

[그림 7-6] 외줄타기 곡예사

7.4 각운동량

$$\vec{F} = \lim_{\Delta t \to 0} \frac{\Delta \vec{p}}{\Delta t}$$

선형운동에서 뉴턴의 제 2법칙을 힘과 운동량($\vec{p}$)의 관계를 위와 같이 표현할 수 있는 것처럼, 회전운동에서는 돌림힘과 각운동량($\vec{L}$)의 관계를 다음과 같이 정의할 수 있다.

 MEMO

$$\vec{\tau} = \lim_{\Delta t \to 0} \frac{\Delta \vec{L}}{\Delta t}$$

이는 돌림힘을 각운동량의 순간 변화율로 표현한 것이다. 강체가 고정된 축으로 회전하는 경우의 각운동량은 회전관성과 각속도의 곱으로 표현되며, 이는 선형 운동시의 운동량(질량×속도)의 표현과 유사하다.

$$\vec{L} = I\vec{w}$$

각운동량의 SI단위는 $kg \cdot m^2/s$ 이다. (선)운동량 보존법칙과 마찬가지로 알짜 돌림힘이 0인 닫힌계에서는 각운동량의 변화도 없다. 즉, 각운동량 보존법칙이 성립한다.

$$\vec{\tau} = 0 \text{ 일 때, } \Delta\vec{L} = 0$$

다음 그림에서 피겨 스케이팅 선수가 점프한 후 회전하는 동작을 각운동량 보존법칙으로 설명할 수 있다. 피겨스케이팅 선수는 점프하면서 회전을 최대한 많이 하려 한다. 이를 위해 공중에 있는 동안 팔과 다리를 재빨리 당겨 몸을 움츠리는 동작을 취하는데, 이는 선수의 회전관성을 작아지게 한다. 돌림힘이 없는 공중 동작 중에는 각운동량이 보존되어야 하므로 작아진 회전관성을 보상하기 위해 선수의 각속도가 커져야만 한다. 즉, 회전수를 높이게 되는 것이다. 착지한 후에는 몸을 펴서 회전관성을 다시 크게 하여 각속도를 줄이고 안정적으로 다음 동작을 수행한다.

[그림 7-7] 각운동량 보존 예

예제 7-4-1 등각속도 회전

MEMO

```
# obj1 만들기
obj1 = box(texture = textures.wood)

# 벡터 omega 지정 (회전축)
omega = vec(-3.0,1.0,2.0)

# 벡터 omega 표현
omega_axis = arrow(pos = -0.5*omega, axis = omega, shaftwidth = 0.02,
color = color.red)

# 화면 설정
scene.range = 3

# 시간 설정
t = 0
dt = 0.01

# 시뮬레이션 루프
while 1:
    rate(100)
    # 각변위 업데이트
    dtheta = mag(omega)*dt
    obj1.rotate(angle = dtheta, axis = norm(omega)) #회전
```

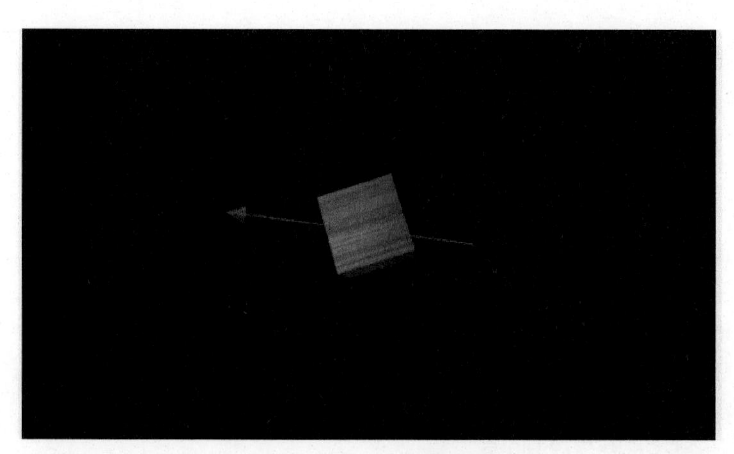

[그림 7-8] 등각속도 회전

MEMO

다음 예제는 두 가지 물체가 결합되어 있을 때의 회전관성을 구하고 이 물체에 돌림힘이 작용했을 때의 움직임을 코딩한 것이다. 다른 형태의 물체로 교체해서 회전을 관찰하자.

예제 7-4-2 돌림힘과 회전

```
# 물리 성질 & 상수 초기화
M = 2 #rod의 질량
Lrod = 1 #rod의 길이
R = 0.1 #rod의 밑면 반지름
Laxle = 4*R #axle의 길이
I = (1/12)*M*Lrod**2 + (1/4)*M*R**2 #회전관성
L = vector(0,0,0) #각운동량

# rod, axle 만들기
rod = cylinder(pos = vec(-1,0,0), radius = R, color = color.orange,
axis = vec(Lrod,0,0))
axle = cylinder(pos = vec(-1+Lrod/2,0,-Laxle/2), radius = R/6, color =
color.red, axis = vec(0,0,4*R))

# 시간 설정
t = 0
dt = 0.0001

# 각변위 설정
dtheta = 0

# 시뮬레이션 루프
while t < 20 :
    rate(1000)
    # 돌림힘
    torque = vec(0,0,20)
    # 각운동량 업데이트
    L = L + torque*dt
    # 각속도, 각변위 업데이트
    omega = L/I
```

```
omega_scalar = dot(omega, norm(axle.axis))
dtheta = omega_scalar * dt
rod.rotate(angle=dtheta, axis=norm(axle.axis), origin=axle.pos) #회전
# 시간 업데이트
t = t + dt
```

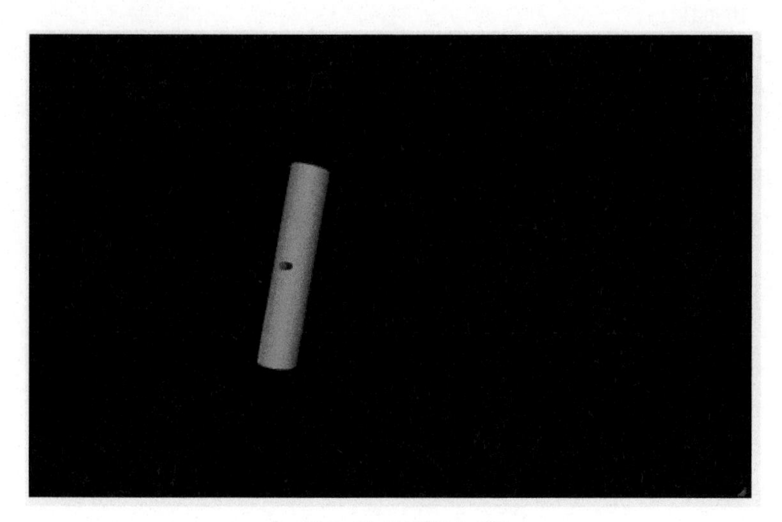

[그림 7-9] 돌림힘과 회전

MEMO

아래 예제는 길이가 다른 진자의 회전 운동을 시뮬레이션 한 것이다. 길이에 따라 진자의 주기가 달라지는 것을 확인해보자.

예제 7-4-3 진자운동

```
# 화면 설정
scene.center = vec(0, -5, 0)

# 천장, 추, 실 만들기
ceiling = box(size = vec(20,0.1,10))
ball = list()
ballr = list()
```

MEMO

```
ceilr = list()
for i in range(10):
    ballr.append(vec(2*i-9, -(i+15), 15))
    ceilr.append(vec(2*i-9,0,0))
for i in ballr:
    ball.append(sphere(pos = i, texture = textures.metal, make_trail = True))
rod = list()
for i in range(10):
    rod.append(cylinder(axis  =  vec(0,  ball[i].pos.y,ball[i].pos.z),
pos = vec(ball[i].pos.x,0,0), color = color.blue, radius = 0.1))

# 물리 성질 & 상수 초기화
for i in range(10):
    ball[i].v = vec(0,0,0) #공의 초기 속도
    ball[i].w = 0*vec(0,0,1) #공의 초기 각속도
    ball[i].m = 1 #공 질량
    ball[i].l =  2/5*ball[i].m*mag(ball[i].pos-ceilr[i])**2 #공의 회전관성

for i in range(10):
    rod[i].m = 1 #실 질량
    rod[i].center = 0.5*(ball[i].pos - ceilr[i]) #실 무게중심
    rod[i].l = 1/3*rod[i].m*mag(ball[i].pos-ceilr[i])**2 #실의 회전관성
g = vec(0,-9.8,0) #중력 가속도

# 시간 설정
t = 0
dt = 0.01

# 초기 중력, 돌림힘
for i in range(10):
    ball[i].f = ball[i].m*g
    ball[i].torque = cross(ball[i].pos-ceilr[i], ball[i].f)
for i in range(10):
    rod[i].f = rod[i].m * g
    rod[i].torque = cross(rod[i].center-ceilr[i], rod[i].f)
```

MEMO

```
scene.waitfor('click') #클릭 대기

# 시뮬레이션 루프
while True:
    rate(100)
    for i in range(10):
        # 중력, 돌림힘
        rod[i].center =  0.5*(ball[i].pos- ceilr[i])
        ball[i].torque = cross(ball[i].pos - ceilr[i], ball[i].f)
        rod[i].torque          =          cross(rod[i].center          -
ceilr[i]+vec(ball[i].pos.x,0,0),rod[i].f)
        torque = ball[i].torque + rod[i].torque

        # 각속도, 각변위 업데이트
        ball[i].w += torque/(ball[i].l+rod[i].l)*dt
        ball[i].dangle = mag(ball[i].w)*dt
        ball[i].rotate(angle  =  ball[i].dangle,axis  =  norm(ball[i].w),
origin=ceilr[i])
        rod[i].axis       =       vec(       ball[i].pos.x-ceilr[i].x,
ball[i].pos.y,ball[i].pos.z)

        # 시간 업데이트
        t += dt
```

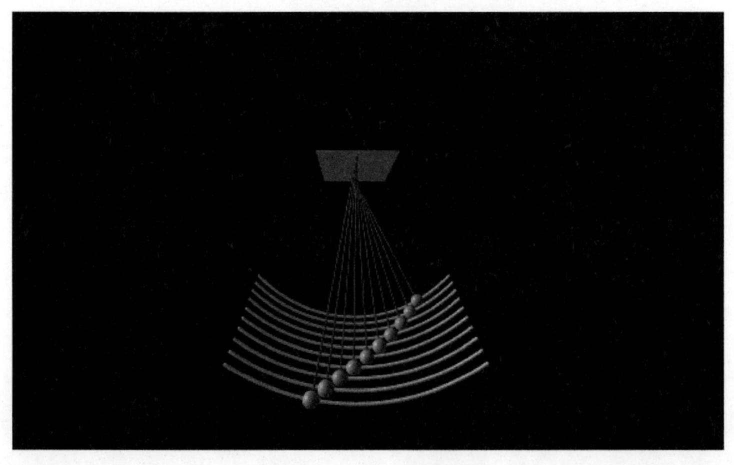

[그림 7-10] 진자운동

 MEMO

7.5 각운동량의 변화를 고려한 충돌

앞서 충돌 장에서는 충돌 전, 후의 각운동량의 변화는 무시했었다. 이번에는 회전 운동까지 고려한 충돌을 살펴보자. 먼저, 강체가 회전을 포함하여 자유롭게 움직이고 있을 때 강체안의 임의의 점에서 속도는 다음 식을 만족한다.

$$\vec{v} = \vec{v}^{cm} + \vec{\omega} \times \vec{r}$$

여기서, $\vec{v}^{cm}$은 강체의 질량 중심의 속도이고, $\vec{\omega}$는 질량 중심을 지나는 회전축을 기준으로 회전하는 각속도, $\vec{r}$은 질량 중심에서 임의의 점까지의 위치이다. 회전이 없는 입자의 충돌에서는 충돌점의 속도가 질량 중심의 속도와 같았다고 할 수 있지만, 강체의 충돌은 회전에 의한 성분도 더해져야 한다. 또한, 충돌점의 충격량이 운동량과 각운동량 모두에 영향을 끼치므로, 각운동량에 관한 식이 추가되어야 한다.

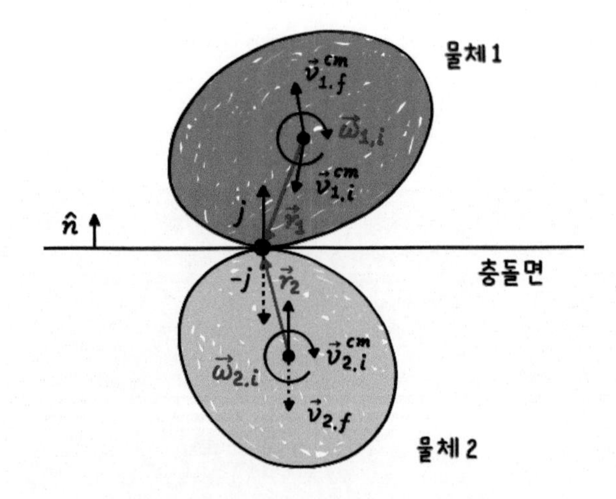

[그림 7-11] 회전하는 강체의 충돌

그림에서처럼 물체 1과 물체 2가 회전하면서 충돌할 때, 충격량과 운동량의 관계식은 다음과 같다. 돌림힘에 의한 충격량과 각운동량 관계도 비슷한 형태로 표현될 수 있음에 유의하자.

물체 1: $j\hat{n} = m_1\vec{v}^{cm}_{1,f} - m_1\vec{v}^{cm}_{1,i}$, $\vec{r}_1 \times j\hat{n} = I_1\vec{\omega}_{1,f} - I_1\vec{\omega}_{1,i}$

물체 2: $-j\hat{n} = m_2\vec{v}^{cm}_{2,f} - m_2\vec{v}^{cm}_{2,i}$, $\vec{r}_2 \times (-j\hat{n}) = I_2\vec{\omega}_{2,f} - I_2\vec{\omega}_{2,i}$

반발 계수는 충돌면의 수직 성분에만 영향을 주므로,

$$e = -\frac{(\vec{v}_{1,f} - \vec{v}_{2,f}) \cdot \hat{n}}{(\vec{v}_{1,i} - \vec{v}_{2,i}) \cdot \hat{n}}$$

이 된다. 위의 식을 모두 연립하여 회전까지 고려한 충격량(j)을 구하면 다음과 같다.

$$j = \frac{-(1+e)(\vec{v}_{1,i} - \vec{v}_{2,i}) \cdot \hat{n}}{1/m_1 + 1/m_2 + \hat{n} \cdot (\vec{r}_1 \times \hat{n})/I_1 \times \vec{r}_1 + \hat{n} \cdot (\vec{r}_2 \times \hat{n})/I_2 \times \vec{r}_2}$$

이제 충격량이 구해졌으므로 이를 각 물체의 충격량과 운동량의 관계식으로부터 충돌 후의 속도와 각속도를 구할 수 있다.

■ 마찰에 의한 충격량 고려

한편, 충돌시 마찰까지 고려하여 마찰 충격량의 크기를 구하면 다음과 같다. $\hat{t}$는 마찰력이 작용하는 방향으로 충돌면과 평행한 단위벡터이다.

$$j_t = \frac{-(\vec{v}_{1,i} - \vec{v}_{2,i}) \cdot \hat{t}}{1/m_1 + 1/m_2 + \hat{n} \cdot (\vec{r}_1 \times \hat{n})/I_1 \times \vec{r}_1 + \hat{n} \cdot (\vec{r}_2 \times \hat{n})/I_2 \times \vec{r}_2}$$

$$-\mu j \le j_t \le \mu j$$

회전이 없는 경우에서 살펴본 바와 마찬가지로 마찰에 의한 충격량이 법선 방향의 충격량보다 크다면, $j_t = -\mu j$ 혹은 $j_t = \mu j$이 되며, 충돌 중에는 물체가 미끄러진다. 마찰 충격량까지 포함한 운동량의 변화와 각운동량의 변화 식은 아래와

MEMO

MEMO

같으며, 이 식들로부터 최종적으로 변화된 속도와 각속도를 구할 수 있다.

물체 1:

$$j\hat{n} + j_t\hat{t} = m_1\vec{v}^{cm}_{1,f} - m_1\vec{v}^{cm}_{1,i} \;,\; \vec{r}_1 \times (j\hat{n} + j\hat{t}) = I_1\vec{\omega}_{1,f} - I_1\vec{\omega}_{1,i}$$

물체 2:

$$-j\hat{n} - j_t\hat{t} = m_2\vec{v}^{cm}_{2,f} - m_2\vec{v}^{cm}_{2,i} \;, \vec{r}_2 \times (-j\hat{n} - j\hat{t}) = I_2\vec{\omega}_{2,f} - I_2\vec{\omega}_{2,i}$$

아래의 시뮬레이션은 긴 막대와 평면의 충돌을 재현한 것으로 collision 함수를 위의 관계식과 대조하면서 차근차근 살펴보면서 이해해보도록 하자.

예제 7-5-1 막대와 평면의 충돌

```
# 상수 초기화
M = 2 #막대 질량
l = 8 #막대 길이
h = 0.1 #막대 밑면 가로 길이
w = 0.1 #막대 밑면 세로 길이
I = (1/12)*M*(l**2 + h**2) #막대의 회전관성
e = 0.5 #반발 계수
mu =0.5 #마찰 계수

# 막대, 평면 만들기
rod = box(pos = vec(0,4,0), size = vec(l,h,w))
plane = box(pos = vec(0,-10,0), length = 30, height = 0.1, width = 30,
color = color.green)

# 물리 성질 초기화
rod.vel = vec(0,0,0) #막대 초기 속도
rod.mass = M #막대 질량
rod.I = I #막대 회전관성
rod.angle_z = -pi/3#pi/3#0#-pi/2#0#pi/3
rod.w = 1 #막대 초기 각속력
rod.omega=vec(0,0,rod.w) #막대 초기 각속도
dtheta = 0
```

MEMO

```
g = vec(0,-9.8,0) #중력 가속도

# 회전
rod.rotate(angle = rod.angle_z, axis = vec(0,0,1))

# 막대와 평면의 충돌 처리 함수
def collision(rod, plane):
    lcol = False #왼쪽 충돌 여부
    rcol = False #오른쪽 충돌 여부
    rod.ly = rod.pos.y - 1/2*rod.size.x*sin(rod.angle_z)
    rod.ry = rod.pos.y + 1/2*rod.size.x*sin(rod.angle_z)
    ly = plane.pos.y + 0.5*plane.height – rod.ly #막대 왼쪽 끝 위치
    ry = plane.pos.y + 0.5*plane.height - rod.ry #막애 오른쪽 끝 위치

    # 충돌 여부 확인
    if ly > 0 and ry < 0:
        rod.pos.y += ly
        lcol = True
    if ry > 0 and ly < 0:
        rod.pos.y += ry
        rcol = True
    if ly > 0 and ry > 0:
        if ly > ry:
            rod.pos.y += ly
        else:
            rod.pos.y += ry
        lcol = True
        rcol = True
    rod.lp = vec(0,0,0)
    rod.lp.x = rod.pos.x - 1/2*rod.size.x*cos(rod.angle_z)
    rod.lp.y = rod.pos.y - 1/2*rod.size.x*sin(rod.angle_z)
    rod.lp.z = rod.pos.z

    rod.rp = vec(0,0,0)
    rod.rp.x = rod.pos.x + 1/2*rod.size.x*cos(rod.angle_z)
    rod.rp.y = rod.pos.y + 1/2*rod.size.x*sin(rod.angle_z)
    rod.rp.z = rod.pos.z
```

MEMO

```
# 충돌 처리 (각운동량 변화를 고려)
if lcol == True or rcol == True:
    cr = vec(0,0,0)
    if lcol == True and rcol != True:
        cr = rod.lp - rod.pos
    if rcol == True and lcol != True:
        cr = rod.rp - rod.pos
    if rcol == True and lcol == True:
        cr = rod.pos
    rod.cvel = rod.vel + cross(rod.omega, cr)
    n_hat = vec(0,1,0)

    j = -(1+e)*rod.cvel.y
    I1 = cross(cr,n_hat)/rod.I
    I2 = cross(I1,cr)
    I3 = dot(n_hat,I2)
    j /= 1/rod.mass + I3
    rod.vel += j/rod.mass*n_hat
    rod.omega += cross(cr,j*n_hat)/rod.I
    rod.w = rod.omega.z

    # 마찰에 의한 충격량 고려
    v_t = dot(rod.cvel,n_hat)*n_hat
    v_t = rod.cvel – v_t
    t_hat = norm(v_t)

    jt = mag(v_t)
    I1 = cross(cr,t_hat)/rod.I
    I2 = cross(I1,cr)
    I3 = dot(t_hat,I2)
    jt /= -(1/rod.mass + I3)
    muj = mu*j
    jt = max(jt, -muj)
    jt = min(jt, muj)

    rod.vel += jt/rod.mass*t_hat
    rod.omega += cross(cr,jt*t_hat)/rod.I
```

MEMO

```
        rod.w = rod.omega.z
    return lcol or rcol

# 시간 설정
t = 0
dt = 0.01

# 시뮬레이션 루프
while t < 100:
    rate(100)
    # 중력
    F = rod.mass*g
    # 속도, 위치 업데이트 (병진 운동)
    rod.vel = rod.vel + F/rod.mass*dt
    rod.pos = rod.pos + rod.vel*dt
    # 각변위 업데이트 (회전 운동)
    dtheta = rod.w*dt
    rod.angle_z = rod.angle_z + dtheta
    rod.rotate(angle = dtheta, axis = vec(0,0,1))

    # 충돌 처리
    collision(rod, plane)

    # 시간 업데이트
    t = t + dt
```

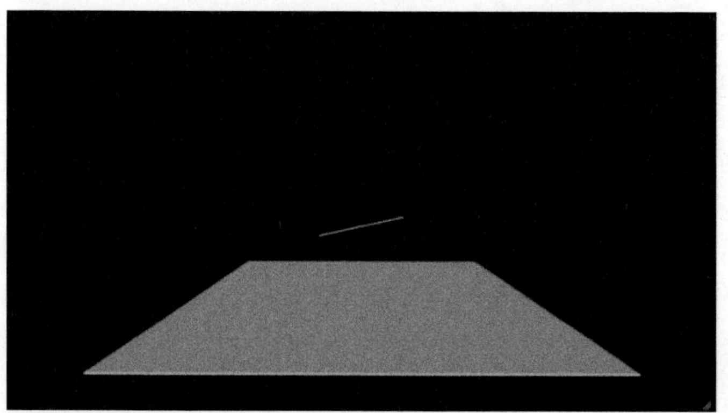

[그림 7-12] 막대와 평면의 충돌

MEMO

다음 예제는 회전하는 공이 평면에 충돌할 때를 시뮬레이션한 것으로, 공의 회전 속도를 변화시키면서 움직임을 관찰하자.

예제 7-5-2 회전하는 공과 평면의 충돌

```
# 상수 초기화
M = 2 #공의 질량
R = 1 #공의 반지름
I = 2/5*M*R**2 #공의 회전관성
tol = 1e-8 # 비교를 위한 작은 변수
e = 0.9 #탄성계수
mu = 0.5 #마찰계수
#air resist.for rotation
k = 0.0
#ground resist. for rotation
k_g = 0

# 공, 평면 만들기
ball = sphere(pos = vec(0,4,0), radius = R, texture = textures.earth)
plane = box(pos = vec(0,-10,0), length = 30, height = 0.1, width = 30,
color = color.green)

# 물리 성질 초기화
ball.vel = vec(0,0,0) #공의 초기속도
ball.mass = M #공의질량
ball.I = I #공의 회전관성
ball.angle_z = 0 #-pi/3#pi/3#0#-pi/2#0#pi/3 #공의 초기 각변위
ball.w = 10  #공의초기 각속력
ball.omega = vec(0,0,ball.w) #공의 초기 각속도
dtheta = 0
ball.rotate(angle = ball.angle_z, axis = vec(0,0,1)) #공의 초기 회전
g = vec(0,-9.8,0) #중력가속도

# 충돌 처리 함수
def collision(ball, plane):
    col = False
```

```
# 충돌 확인
if ball.pos.y - ball.radius < plane.pos.y + plane.height/2:
    ball.pos.y = ball.radius + plane.pos.y + plane.height/2
    col = True

# 충돌 처리 (각운동량 변화를 고려)
if col == True:
    n_hat = vec(0,1,0)
    cr = -ball.radius*n_hat
    ball.cvel = ball.vel + cross(ball.omega, cr)

    j = -(1+e)*ball.cvel.y
    I1 = cross(cr,n_hat)/ball.I
    I2 = cross(I1,cr)
    I3 = dot(n_hat,I2)
    j /= 1/ball.mass + I3

    ball.vel += j/ball.mass*n_hat
    ball.omega += cross(cr,j*n_hat)/ball.I
    ball.w = ball.omega.z

    # 마찰에 의한 충격량 고려
    f_t = -dot(ball.cvel,-n_hat)*n_hat
    f_t = ball.cvel - f_t

    if mag(f_t) > tol:
        f_hat = norm(f_t)
    else:
        f_hat = vec(0,0,0)
    jt = -dot(f_t,f_hat)
    muj = mu*j
    if -muj < jt < muj:
        I1 = cross(cr,f_hat)/ball.I
        I2 = cross(I1,cr)
        I3 = dot(f_hat,I2)
        jt /= 1/ball.mass + I3
```

MEMO

MEMO

```
        elif -muj >= jt:
            jt= -muj
        elif muj <= jt:
            jt = muj
        else:
            jt = 0

        ball.vel += jt/ball.mass*f_hat
        ball.omega += cross(cr,jt*f_hat)/ball.

        # 구름 마찰
        ball.omega += -k_g*ball.omega*dt
        ball.w = ball.omega.z
    return col

# 시간 설정
t = 0
dt = 0.01

# 시뮬레이션 루프
while t < 100:
    rate(100)
    # 중력
    F = ball.mass*g
    # 충돌 처리
    col = collision(ball,plane)
    # 충돌하지 않은 경우
    if !col:
        # 속도, 위치 업데이트 (병진운동)
        ball.vel = ball.vel + F/ball.mass*dt
        ball.pos = ball.pos + ball.vel*dt

        # 돌림힘, 각속도 업데이트 (회전운동)
        ball.T = -k*ball.omega
        ball.omega = ball.omega + ball.T*dt
        ball.w = ball.omega.z
```

```
# 각변위 업데이트
dtheta = ball.w*dt
ball.angle_z = ball.angle_z + dtheta
ball.rotate(angle=dtheta, axis=vec(0,0,1))
# 시간 업데이트
t = t + dt
```

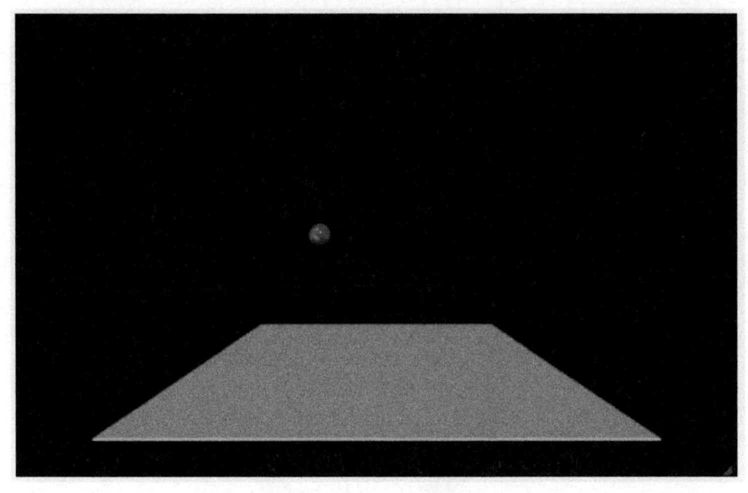

[그림 7-13] 회전하는 공과 평면의 충돌

MEMO

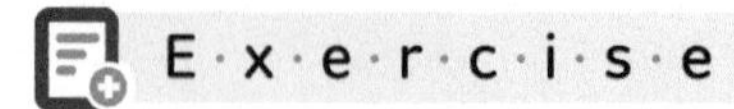

E·x·e·r·c·i·s·e

1. 매개변수로 등속 원운동을 나타내고 구심가속도를 유도해보자.

2. 등각가속도운동으로부터 각변위를 구하고 등가속도 운동을 비교해보자.

3. 아래, 자전거 바퀴의 회전관성을 구해보자. 바퀴의 총 질량이 M이고, 반지름은 R이다. 바퀴살 및 부속 부품의 질량은 상대적으로 매우 작다고 가정하자.

자전거바퀴

4. 이번에는 디스크 형태의 자전거 바퀴인 경우의 회전관성을 구하자. 마찬가지로 바퀴의 총 질량은 M이고, 반지름은 R이다. 질량은 디스크에 균등하게 분포되어있다.

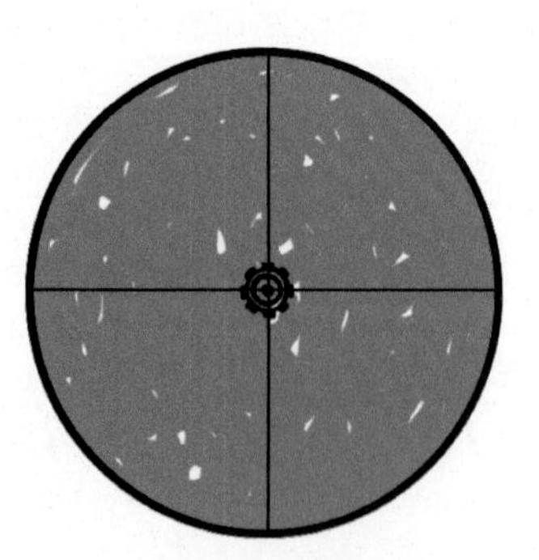

디스크 형태의 바퀴

MEMO

5. 다음 왼쪽 그림의 축을 오른쪽 그림으로 평행하게 변화시켰을 때 회전관성을 평행축 정리를 통해 보여라.

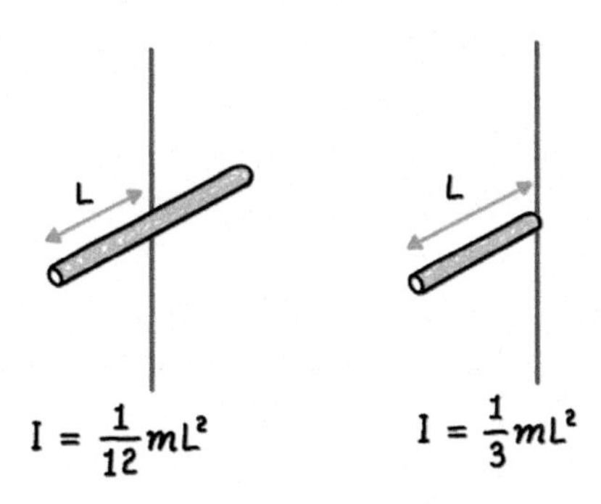

평행축에 따른 회전관성 변화 예시

6. 회전운동에너지 $K_{rot} = \frac{1}{2}I\omega^2$의 단위가 에너지의 단위가 됨을 보이시오.

7. 피겨 스케이터가 스핀을 하는 중에 팔을 당겨 회전관성을 절반으로 줄였다.

(1) 스케이터의 각속도는 어떻게 변화되는가?

(2) 스케이터의 회전운동에 의한 운동에너지는 어떻게 변화되는가? 운동에너지가 변화되었다면 변화된 양은 어디서 기인하는가?

CHAPTER 8

유체역학

 MEMO

유체역학이란 유체에 힘이 가해질 때, 움직임을 설명하는 물리학의 한 분야이다. 유체역학은 기계공학, 항공우주공학, 화학공학, 토목공학 등의 역학을 다루는 공학 분야에서 필수적으로 활용된다. 하지만, 앞서 배웠던 입자, 강체, 탄성체에 비해 자유도가 매우 높고 지배 방정식도 편미분 형태로 복잡하다.

유체역학의 시초는 뉴턴이 정리한 것에서 시작한 것으로 본다. 아르키메데스의 부력 실험도 유체역학의 하나의 원리이지만, 체계적인 학문으로 발전시킨 것은 뉴턴의 연구가 처음이라고 할 수 있다. 이후로 베르누이, 오일러 등의 과학자들이 유체역학을 발전시켜 왔으며, 지금도 유체역학을 다루는 학회에서는 새로운 결과들이 계속해서 발표되고 있다. 요즈음은 컴퓨터 분야에서도 연산능력을 이용하여 복잡한 유체현상을 정확하고 효율적으로 시뮬레이션하는 연구가 활발하다.

한편, 물리적 정확성이 아닌 시각 효과로써 유체역학을 적극적으로 활용하는 분야로 콘텐츠 특수효과 제작을 들 수 있다. 특히 물, 불, 안개, 연기 등의 현상은 게임, 영화, 애니메이션에서 쉽게 찾아볼 수 있다. 이를 표현하기 위하여 전통적인 방식으로 수작업으로 그리는 방식이 있는데, 사실적인 표현의 한계가 있다. 예를 들어 폭발 장면에서의 수많은 불꽃과 연기, 거칠게 움직이는 파도의 물방울 하나하나를 그려서 애니메이션으로 제작하려 많은 시간과 노력이 필요하다. 이보다는 유체를 재현할 수 있는 물리 방정식 찾아내어 이를 수치 해석적으로 푸는 접근 방법이 효과적일 것이다.

유체의 움직임은 기본적으로 나비어-스톡스(Navier-Stokes) 방정식의 지배를 받는다. 유체의 기본적인 물리량에는 속도, 질량-밀도, 압력이 있고, 이 물리량은 유체의 움직임을 따라 계속 변한다. 시간에 따라 압축되지 않는 유체의 움직임을 나타내는 전형적인 방정식은 다음과 같고, 이는 뉴턴의 제 2법칙 혹은 운동량 보존 법칙을 유체에 적용한 것이다. 이 장에서는 유체 방정식의 항 하나하나를 분석해서 수치적 모형을 세우기보다는 유체의 물리적 성질을 직관적으로 살펴본 후, 이를 재현하는 방법을 소개하고자 한다.

$$\frac{d\vec{u}}{dt} = \frac{\partial \vec{u}}{\partial t} + (\vec{u} \cdot \nabla)\vec{u} = \vec{f} - \frac{1}{\rho}\Delta p + \mu \nabla^2 \vec{u}$$

MEMO

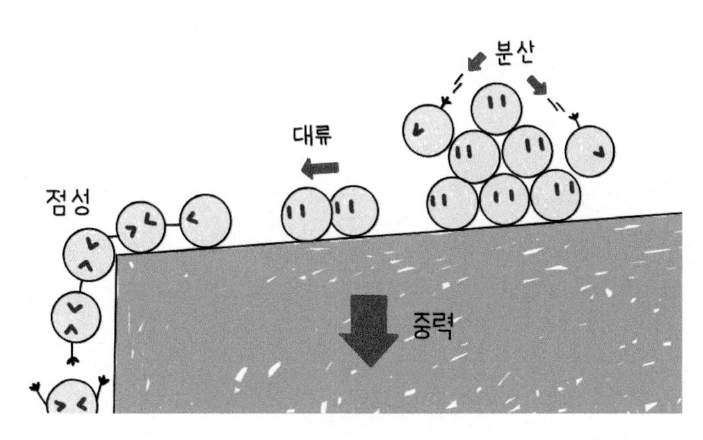

[그림 8-1] 유체 입자의 현상

유체의 움직임으로 크게 분산(diffusion), 대류(advection), 점성(viscosity), 이 세 가지를 고려할 수 있다. 분산은 다른 외력이 작용하지 않아도 유체의 밀도가 높은 곳에서 낮은 곳으로 유체가 퍼져나가는 것이다. 대류는 중력, 부력 등 외력의 작용으로 유체에 흐름이 생기는 것을 말한다. 점성은 유체 분자가 서로 붙어있으려는 성질로서 꿀과 같이 점성이 큰 유체는 점성의 영향이 더 커서, 느리게 흐르고 퍼지는 성질도 작다.

유체의 움직임을 재현하기 위해 유체를 구성하는 모든 입자의 운동 상태를 계산하는 것은 불가능하다. 컴퓨터가 다룰 수 있는 범위, 즉 입자의 개수를 정한 후, 각각의 입자가 일정한 유체 공간을 대표하여 운동 상태를 계산하는 입자 기반의 유체 시뮬레이션이 있다. 다른 한편 유체가 차지하는 공간을 일정한 격자로 나누어, 각 격자점에서 유체의 움직임을 재현하는 격자 기반 시뮬레이션도 있다. 이 장에서는 대표적인 입자 기반 방법인 Smoothed Particle Hydrodynamics(이하, SPH)와 격자 기반 방법, Lattice Boltzmann Method(이하, LBM)을 소개한다.

MEMO

8.1 SPH(Smoothed Particle Hydrodynamics)

입자를 이용한 유체 시뮬레이션의 한 가지 방법으로 Smoothed Particle Hydrodynamics(SPH) 방법이 있다. 이 방법은 천체물리학에서 행성 간의 움직임을 시뮬레이션하기 위해 도입되었으나 미세한 관점에서 유체 분자들의 움직임을 표현하기 위하여 사용할 수도 있다. 물과 같은 유체를 묘사할 때 분자 개수만큼 입자로 표현한다면 계산할 입자 개수는 컴퓨터가 감당할 수 없을 정도로 많다. 계산 효율을 위해 일정한 영역을 대표하도록 입자들을 설정하는 것이 SPH의 기본 아이디어이다. 이 입자들에 유체의 성질에 따른 힘을 구하고, 이를 입자 하나하나에 적용하여 전체적인 유체 움직임을 재현한다.

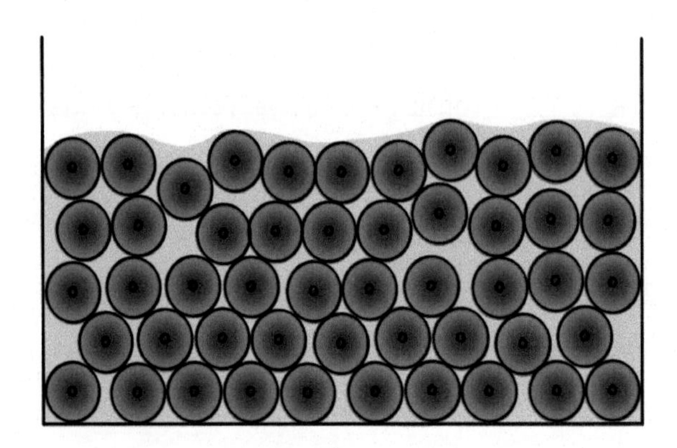

[그림 8-2] 입자를 이용한 물 시뮬레이션 모사도

SPH는 구 모양의 일정한 영역(커널)을 대표하는 입자들의 기본 계산 모형이다. 대표 입자의 분포에 따라 물리량을 구할 수 있는데, 이 물리량은 입자의 부피와 겹쳐지는 거리에 따라 발생되며 다음의 식과 같다.

$$A_i(\vec{r}) = \sum_j V_i A_j W(\vec{r_i} - \vec{r_j}, h)$$

입자 A_i의 물리량은 주변의 j 번째 입자의 부피($V_j = m_j \times \rho_j$)와 그 입자의 물리

량 A_j, 커널 W의 곱으로 결정된다. 커널은 두 입자의 거리($|\vec{r_i}-\vec{r_j}|$)와 커널의 영향이 미치는 범위 즉 반지름(h)으로 구성된다. 만약 여러 개의 입자가 동시에 영향을 미치면 모두의 합으로 A_i의 물리량을 구할 수 있다. 커널은 j번째의 가중치 값이다. 커널은 부피가 1로 대칭 형태이다. 다음 그림과 같이 입자가 겹쳐지게 되면 겹쳐진 영역의 양만큼 물리량은 더해진다. 두 입자의 거리가 가까울수록 겹쳐진 커널의 영역이 급격하게 많아져서 물리량은 더욱 늘어난다.

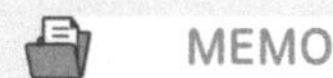

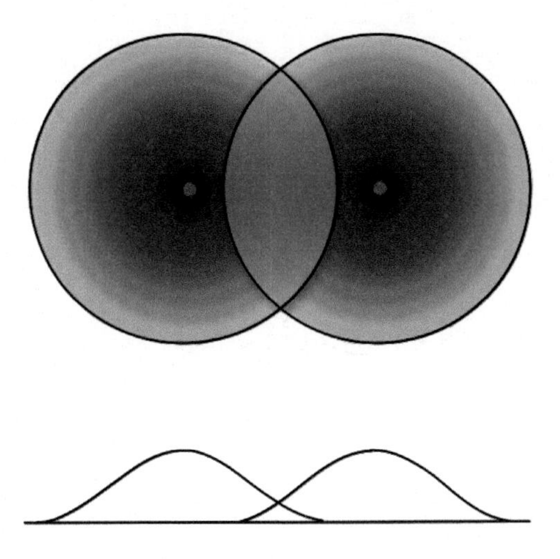

[그림 8-3] SPH 입자의 커널이 겹쳐 서로 영향을 주는 상황

미분 방정식 형태의 유체 방정식에서 물리량을 표현하는 방법을 알아보자. 물리량을 SPH 입자로 표현하면 미분은 커널 W에만 영향을 미친다. 물리량 A의 공간 기울기값(그래디언트, ∇A)과 공간에서 두 번 미분한 값(라플라시안, $\nabla^2 A$)은 커널에만 영향을 주고 식은 다음과 같다. SPH 입자(i)의 물리량을 구하기 위해 주변 SPH 입자(j)의 물리량과 커널 연산이 필요함을 알 수 있다.

$$\nabla A(\vec{r}) = \sum_j m_j \frac{A_j}{\rho} \nabla W(\vec{r_i}-\vec{r_j}, h)$$

$$\nabla^2 A(\vec{r}) = \sum_j m_j \frac{A_j}{\rho} \nabla^2 W(\vec{r_i}-\vec{r_j}, h)$$

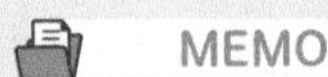

MEMO

시뮬레이션 안정성과 정확성, 그리고 SPH의 계산 속도는 커널 $W(\vec{r},h)$에 의존하는데, 일반적으로 미분 없이 물리량을 구할 때는 2차의 정확도를 지닌 아래의 커널을 사용한다.

$$W_{poly6}(\vec{r},h) = \frac{315}{64\pi h^9}\begin{cases}(h^2-r^2)^3 & 0 \le r \le h \\ 0 & otherwise\end{cases}$$

하지만, 이 커널은 $x=0$일 때, 미분 값이 0이 되어 그래디언트 값을 구할 수 없다. 따라서 그래디언트를 적용할 때는 Spiky 커널이 사용된다.

$$W_{spiky}(\vec{r},h) = \frac{15}{\pi h^6}\begin{cases}(h-r)^3 & 0 \le r \le h \\ 0 & otherwise\end{cases}$$

공간의 2차 미분값(∇^2)을 구하기 위해서는 아래의 커널을 사용한다.

$$W_{viscosity}(\vec{r},h) = \frac{15}{2\pi h^3}\begin{cases}-\frac{r^3}{2h^3}+\frac{r^2}{h^2}+\frac{h}{2r}+1 & 0 \le r \le h \\ 0 & otherwise\end{cases}$$

각 커널들을 그래프로 그리면 다음 그림과 같다.

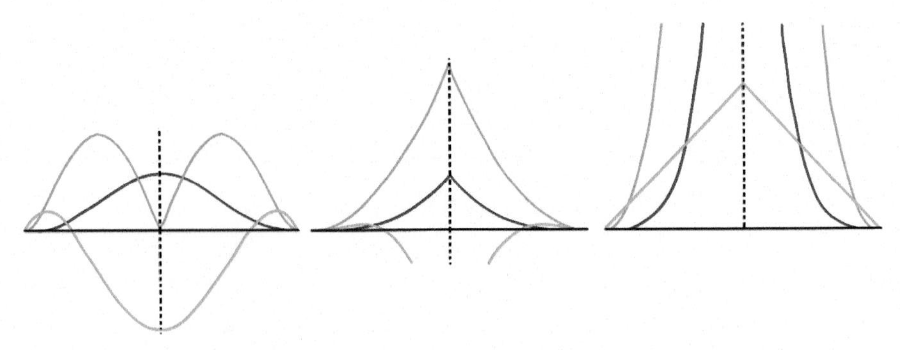

[그림 8-4] 세가지 커널 W_{poly6}, W_{spiky}, $W_{viscosity}$의 그래프
* 빨간 선 : 커널, 파란 선 : 그래디언트, 녹색 선 : 라플라시안

8.1.1 SPH를 위한 유체 지배 방정식

MEMO

앞에서 언급한 대로 시간 t에 따라 유체의 움직임을 나타내는 Navier-Stokes 방정식은 다음과 같다.

$$\rho\left(\frac{\partial}{\partial t}+\vec{u}\bullet\nabla\right)\vec{u}=-\nabla p+\nu\nabla^2\vec{u}+\vec{f}$$

$$\nabla\bullet\vec{u}=0$$

여기서 ρ는 유체의 밀도, $\vec{u}$는 유체의 속도, p는 압력, ν는 점성계수, $\vec{f}$는 유체에 가해지는 외력을 뜻한다. 두 번째 식은 유체가 압축되지 않아야 하는 조건을 나타내는 제약식이다. SPH는 입자가 질량을 포함하고 시뮬레이션 중에 새로 만들어지거나 소멸되지 않으므로 저절로 질량이 보존된다. 즉, 두 번째 조건식은 불필요하다. SPH를 적용하기 위해 식을 간단히 하면 다음과 같다.

$$\frac{d\vec{u}}{dt}=-\nabla p/\rho+\nu\nabla^2\vec{u}/\rho+\vec{f}/\rho$$

매시간 간격마다 시간에 대한 속도 변화율$\left(\frac{d\vec{u}}{dt}\right)$, 가속도는 압력 차이에 의한 힘($-\nabla p$), 점성에 의한 힘($\nu\nabla^2\vec{u}$), 외부힘(주로 중력)의 합력으로 구하여진다. 가속도를 구하면 속도필드를 업데이트할 수 있고 물리량들은 새로운 속도에 의해 움직여진다.

8.1.2 SPH 물리량과 힘의 계산

■ SPH 입자의 밀도

밀도는 각 입자가 가지고 있는 고유의 속성으로 각 입자 사이의 SPH 커널이 겹쳐진 부분을 계산하여 정한다. 구체적으로 밀도는 질량과 커널의 곱으로 결정된다.

MEMO

$$\rho(\vec{r}) = \sum_j m_j \frac{\rho_j}{\rho_j} W(\vec{r} - \vec{r_j}, h) = \sum_j m_j W(\vec{r} - \vec{r_j}, h)$$

■ 압력에 의해 SPH입자에 작용하는 힘

SPH를 이용한 유체 시뮬레이션에서 압력은 중요한 역할을 한다. 시간 간격에 의해 입자의 다음 위치가 결정되는데 압력에 의해서 물이 압축될 수도 있기 때문이다. 압력은 밀도에 의해 힘이 발생하는데, 다음 그림에서 보듯이 밀도에 따라 압력의 크기와 방향이 결정되도록 해야 한다.

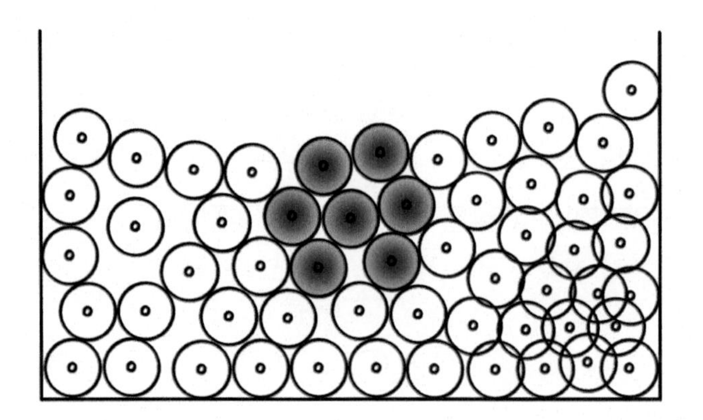

[그림 8-5] 파란색 SPH 입자의 밀도가 일정하므로 압력이 발생하지 않음

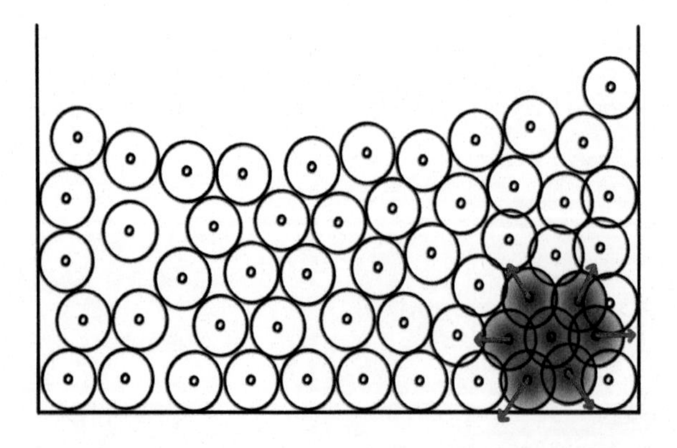

[그림 8-6] 파란색 SPH 입자의 밀도가 높으므로 주변으로 미는 힘이 발생함

MEMO

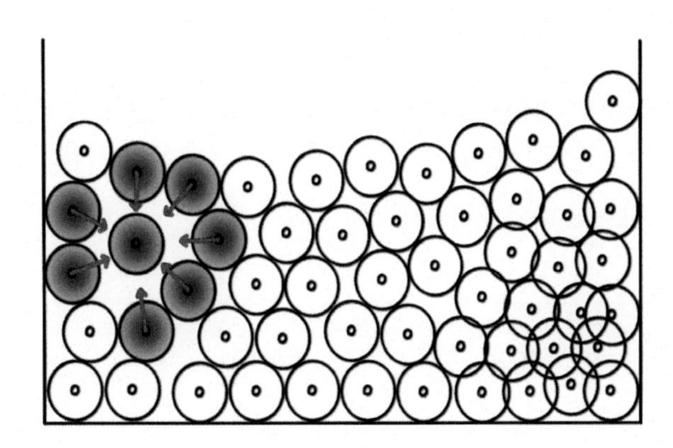

[그림 8-7] 파란색 SPH 입자의 밀도가 낮으므로 주변을 당기는 힘이 발생함

앞의 그림 상황이 반영되도록 SPH 커널을 이용하여 압력에 의한 힘을 구해보자. SPH 커널을 이용하여 압력에 의해 입자가 받는 힘은 다음 식과 같이 표현할 수 있다. 힘의 대칭성을 유지하기 위해서 입자 i 의 압력의 힘을 구할 때 입자의 압력 i, j 의 평균으로 구한다.

$$f_i^{pressure} = -\sum_j m_j \frac{p_i + p_j}{2\rho_j} \nabla W(\vec{r_i} - \vec{r_j}, h)$$

압력에 의한 식이 필요한데, 이는 이상기체방정식인 압력과 밀도의 관계식으로 표현할 수 있다.

$$p = k(\rho - \rho_0)$$

여기서, ρ_0는 유체의 기본 밀도로 정한다. k는 상수로써 시뮬레이션 실험으로 재현하면서 결정한다. k가 크면 유체입자가 조금만 모여도 압력이 크게 발생해서 유체의 압축이 잘되지 않도록 한다. 하지만, 너무 크면 압력에 의한 힘이 커져서 시뮬레이션이 불안정해진다. 반대로 k가 작아지면 시뮬레이션은 안정되지만, 유체가 압축되는 듯이 보이게 된다. 따라서, 적절한 범위에서 결정해야 한다.

MEMO

■ 점성에 의해 SPH 입자에 작용하는 힘

점성은 입자가 움직일 때 주변 입자의 속도 차이 때문에 발생한다. 즉, 주변 입자와 속도가 같아지려는 현상으로 해석할 수 있다. SPH 입자에 작용하는 점성에 의한 힘은 아래의 식으로 나타낸다.

$$f_i^{viscosity} = \mu \sum_j m_j \frac{\vec{u_i} - \vec{u_j}}{\rho_j} \nabla^2 W(\vec{r_i} - \vec{r_j}, h)$$

■ SPH 입자에 작용하는 그 밖의 힘

SPH 입자에 작용하는 그 밖의 힘으로는 중력과 충돌이 있다. 이러한 힘들은 SPH 커널을 사용하지 않고 직접 입자에 적용한다.

SPH 입자에 작용하는 힘을 모두 더한 알짜 힘을 구한 후, 이를 입자 각각에 적용하여 시간에 따라 운동 상태를 갱신하면 유체의 움직임을 모사할 수 있다. 다음 예제 코드는 2차원으로 표현한 SPH 시뮬레이션으로 유체 입자의 개수를 100개로 설정하였다. 개수가 커지면 계산량이 증가하여 시뮬레이션이 느려진다.

예제 8-1-1 2차원 SPH 시뮬레이션

```
# 화면 설정
scene.autoscale = True
scene.center = vec(50,50,0)

# 상수 초기화
radiusSphere = 2 #파티클 반지름
column = 5 #가로 파티클 개수
row = 20 #세로 파티클 개수
numOfSphere = column * row #전체 파티클 개수
kernel = radiusSphere * 2 #커널 크기
side_space = 0.9*kernel #파티클 좌우 간격
high_space = 0.9*kernel #파티클 위 아래 간격
```

MEMO

```
#수조, 파티클 만들기
watertank = box(pos = vec(55,50,0), size = vec(110,150,10), color =
color.cyan, opacity = 0.2)
a = []
for i in range(0, row):
    for j in range(0,column):
        a.append(sphere(pos = vec(2+j*side_space, high_space*i-22, 0),
                        radius = radiusSphere, color = color.white))

# 물리 성질 초기화
for i in a :
    i.mass = 12 #파티클 질량
    i.vel = vec(0,0,0) #파티클 초기 속도
    i.density = 0 #파티클 밀도
    i.pressure = 0 #파티클 초기 압력
    i.viscosity = vec(0,0,0) #파티클 초기 점성힘
    i.pressureforce = vec(0,0,0) #파티클 초기 압력힘
    i.force = vec(0,0,0) #파티클 초기 외력

m_kernel_h = radiusSphere * 2 #+ 0.5 #12 #정지 상태일때 커널 크기
m_limit_velocity = 80 #파티클 최대 속도

mu = 100 #마찰계수
gravity = -9.8 #중력가속도
repulsive = 0.3 #경계면처리 상수
m_restDensity = a[0].mass * poly6Kernel(0, m_kernel_h) #고유밀도
k = 5000 #압력과 밀도 관련 상수

# 경계설정
boundary_xmin = watertank.pos.x - watertank.size.x/2+radiusSphere
boundary_xmax = watertank.pos.x + watertank.size.x/2-radiusSphere
boundary_ymin = watertank.pos.y - watertank.size.y/2+radiusSphere
boundary_ymax = watertank.pos.y + watertank.size.y/2-radiusSphere

# poly6커널(2D)
def poly6Kernel(r, h):
```

MEMO

```
    if r < 0 or h < r:
        return 0
    return (4*(h*h-r*r)**3 / (pi*(h**8)))

# spiky커널(2D)
def grid_Spiky(r,h,dis):
    if r == 0 or r > h:
        return 0
    return (30 / (pi*h**6)*(h-r)**2*h*dis/r)

# viscosity커널(2D)
def viscosityKernel(r, h):
    if r < 0 or r > h:
        return 0
    return (40/(pi*h**5)* (h-r))

# 경계면 처리 함수
def boundary(obj, y_min, y_max, x_min, x_max, repul):
  if obj.pos.y < y_min:
      obj.pos.y = y_min
      obj.vel.y *= -repul
  if obj.pos.y > y_max:
     obj.pos.y = y_max
     obj.vel.y *= -repul
  if obj.pos.x < x_min:
      obj.pos.x = x_min
      obj.vel.x *= -repul
  if obj.pos.x > x_max:
      obj.pos.x = x_max
      obj.vel.x *= -repul

# 시간 설정
t = 0
dt = 0.03

# 시뮬레이션 루프
while t < 100000:
```

MEMO

```
    rate(100)

    # 밀도 업데이트
    for i in range(numOfSphere):
        rSum = 0
        for j in range(numOfSphere):
            rdistance = mag(a[i].pos- a[j].pos)
            if rdistance < 0 or rdistance > m_kernel_h:
                continue
            rSum += a[j].mass * poly6Kernel(rdistance, m_kernel_h)
        a[i].density = rSum

    # 압력
    for i in range(numOfSphere):
        a[i].pressure = k * (a[i].density - m_restDensity)

    # 압력힘
    for i in range(numOfSphere):
        psum=[0.0,0.0,0.0]
        for j in range(numOfSphere):
            pdistance = mag(a[i].pos-a[j].pos)
            if pdistance < 0 or pdistance > m_kernel_h:
                continue
            psum[0] += a[j].mass * (a[i].pressure + a[j].pressure) /
(2 * a[j].density) * grid_Spiky(pdistance, m_kernel_h,a[i].pos.x
- a[j].pos.x)
            psum[1] += a[j].mass * (a[i].pressure + a[j].pressure) /
(2 * a[j].density) * grid_Spiky(pdistance, m_kernel_h,a[i].pos.y
- a[j].pos.y)
            psum[2] += a[j].mass * (a[i].pressure + a[j].pressure) /
(2 * a[j].density) * grid_Spiky(pdistance, m_kernel_h,a[i].pos.z
- a[j].pos.z)

        a[i].pressureforce.x  = psum[0]
        a[i].pressureforce.y  = psum[1]
        a[i].pressureforce.z  = 0.0
```

MEMO

```
    # 점성힘
    for i in range(numOfSphere):
        vsum=[0,0,0]
        for j in range(numOfSphere):
            vdistance = mag(a[i].pos-a[j].pos)
            if vdistance <0 or pdistance > m_kernel_h:
                continue
            re_vi = viscosityKernel(vdistance,m_kernel_h)

        vsum[0] += a[j].mass * (a[j].vel.x - a[i].vel.x) / a[j].density
* re_vi
        vsum[1] += a[j].mass * (a[j].vel.y - a[i].vel.y) / a[j].density
* re_vi
        vsum[2] += a[j].mass * (a[j].vel.z - a[i].vel.z) / a[j].density
* re_vi

        a[i].viscosity.x = mu * vsum[0]
        a[i].viscosity.y = mu * vsum[1]
        a[i].viscosity.z = 0.0 #mu * vsum[2]

    # 외력
    for i in range(numOfSphere):
        a[i].force.x = a[i].pressureforce.x + a[i].viscosity.x
        a[i].force.y = a[i].pressureforce.y + a[i].viscosity.y
+ a[i].mass * gravity
        a[i].force.z = 0.0

    # 속도 업데이트
    for i in range(numOfSphere):
        a[i].vel.x = a[i].vel.x + a[i].force.x/a[i].mass * dt
        a[i].vel.y = a[i].vel.y + a[i].force.y/a[i].mass * dt
        a[i].vel.z = 0.0
        if a[i].vel.x > m_limit_velocity:
            a[i].vel.x = m_limit_velocity
        if a[i].vel.y > m_limit_velocity:
            a[i].vel.y = m_limit_velocity
```

MEMO

```
        if a[i].vel.x < -m_limit_velocity:
            a[i].vel.x = -m_limit_velocity
        if a[i].vel.y < -m_limit_velocity:
            a[i].vel.y = -m_limit_velocity

        # 경계면 처리
        boundary(a[i], boundary_ymin, boundary_ymax, boundary_xmin,
                               boundary_xmax, repulsive)

        # 위치 업데이트
        a[i].pos = a[i].pos + a[i].vel * dt

    # 시간 업데이트
    t += dt
```

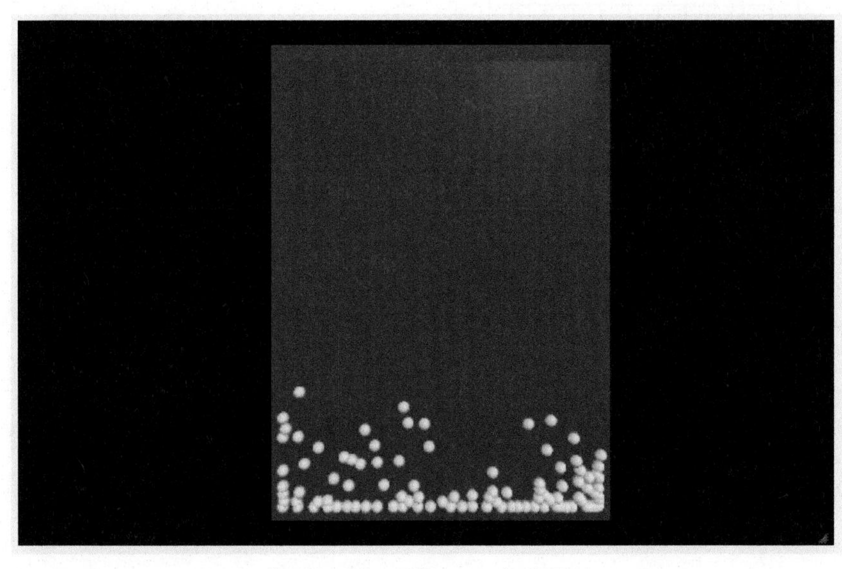

[그림 8-8] 2차원 SPH 시뮬레이션

MEMO

8.2 LBM(Lattice Boltzmann Method)

Lattice Boltzmann Method, 즉, LBM은 유체를 시뮬레이션하는 방법 중 하나이다. Lattice의 사전적 정의는 "격자, 격자 모양의 것"이고, Boltzman은 Boltzmann Method를 처음 고안해낸 Ludwig Boltzmann의 이름에서 따온 것이다. LBM은 앞의 SPH와는 다르게 격자 기반 방법으로 유체를 시뮬레이션한다.

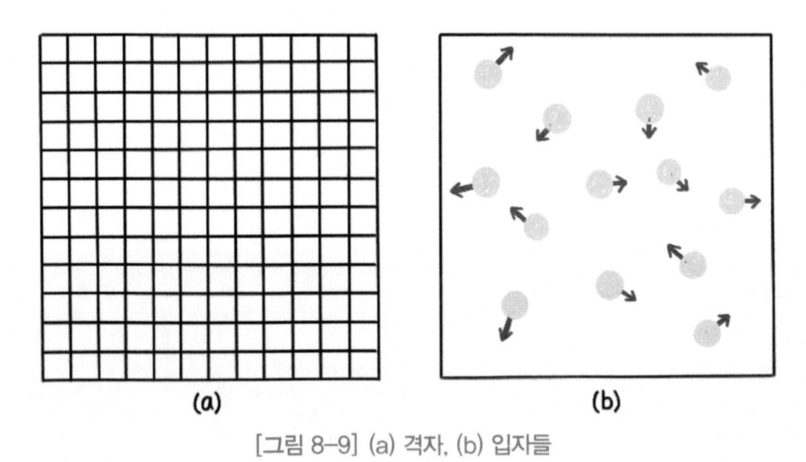

[그림 8-9] (a) 격자, (b) 입자들

LBM에서는 먼저 유체가 존재할 수 있는 공간을 단위 격자로 나눈다(a). 나뉜 작은 공간 하나를 셀이라 부르며 각 셀에는 다수의 유체 입자들이 존재한다. 각 입자들은 셀 수 없이 많은 이동 방향 중 하나를 가질 수 있지만(b), 그 모든 방향을 다 고려해 계산하는 것은 비효율적이므로 셀 단위로 유체의 흐름에 영향을 주는 방향 몇 가지만을 고려한다. 보통 정지 상태를 포함해 2차원에서는 4개 또는 9개의 방향을 3차원에서는 19개의 방향을 고려한다(다음 그림 참조).

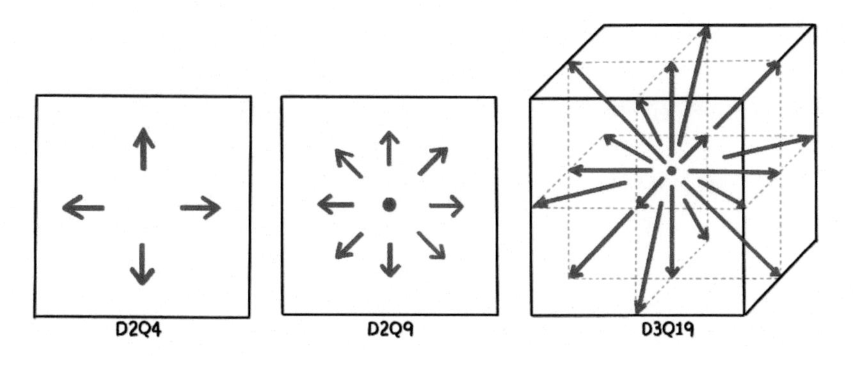

[그림 8-10] 2차원(D2Q4, D2Q9), 3차원(D3Q19)일 때, 입자들이 이동하는 방향

LBM은 두 가지의 과정으로 유체의 흐름을 계산하는데, 바로 병진과정과 충돌과정이다. 병진과정은 입자가 가진 방향을 따라 그 다음 셀로 이동하게 하는 과정이다. 충돌과정은 병진과정을 통해 입자들이 이동하면서 발생하는 입자 간의 충돌처리와 각 셀 마다의 전체적인 이동 방향에 맞춰 분자들의 방향을 재설정하는 과정이다.

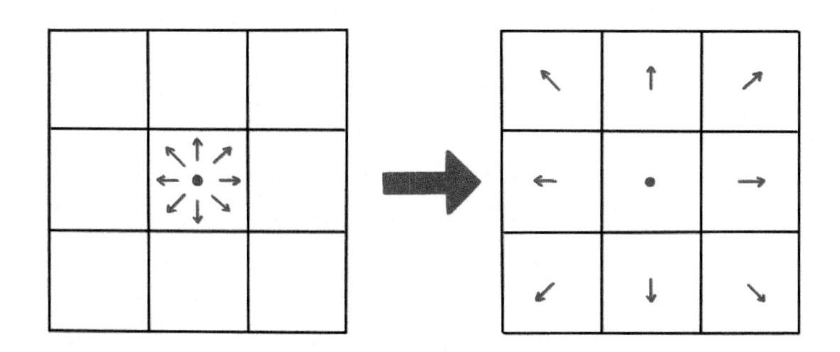

[그림 8-11] 병진과정

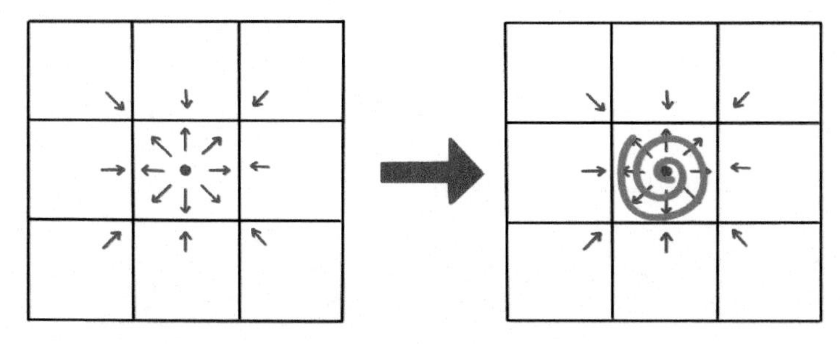

[그림 8-12] 충돌과정

MEMO

8.2.1 2차원 LBM 모델(D2Q9)

이 책에서는 가장 보편적으로 쓰이는 D2Q9 모델을 사용하도록 한다. 한 셀 안에서 존재하게 될 입자들의 밀도의 범위는 0에서 1 사이로 정의되며, 그 밀도를 각 방향마다 가중치(비율)별로 나누어 가진다.

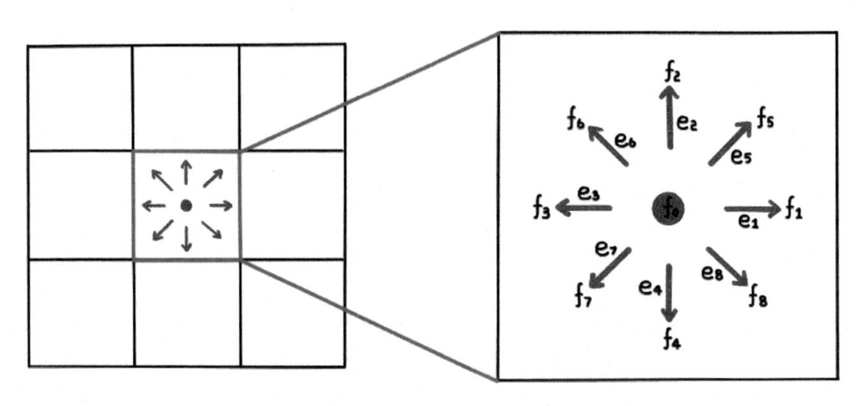

[그림 8-13] 2차원 LBM 모델(D2Q9)

$$e_i = \begin{cases} (\pm 1, 0) \text{ for } i = 1,3 \\ (0, \pm 1) \text{ for } i = 2,4 \\ (\pm 1, \pm 1) \text{ for } i = 5,6,7,8 \end{cases}$$

$$w_i = \begin{cases} \frac{4}{9} \text{ for } i = 0 \\ \frac{1}{9} \text{ for } i = 1,2,3,4 \\ \frac{1}{36} \text{ for } i = 5,6,7,8 \end{cases}$$

e_i는 9가지의 방향 중 i 방향의 방향벡터를 나타내고, w_i는 i 방향의 밀도 가중치를 나타낸다. $f_i(\vec{x},t)$는 아래 그림과 같이 시간이 t일 때, $\vec{x}$에 위치한 셀의 i 방향을 가진 분자들의 밀도 값을 나타낸다.

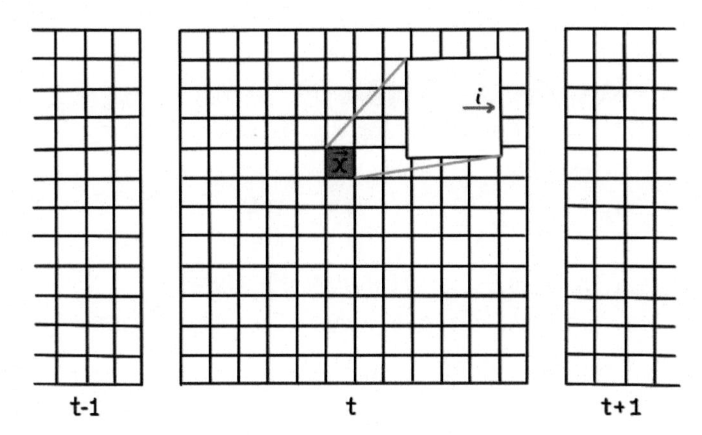

[그림 8-14] 시뮬레이션 시간 안에서의 셀

MEMO

우선 LBM을 원활히 시뮬레이션하기 위해서는 웹 환경인 GlowScript 코딩은 한계가 있다. 추가적으로 numpy, opencv-python 패키지가 필요하며, 부록에 소개된 다른 환경에서 코딩한다. 컴퓨터에 이 패키지들이 설치되어 있지 않다면 명령 프롬프트(cmd)를 실행시키고 numpy 패키지는 pip install numpy, opencv-python 패키지는 pip install opencv-python을 입력하여 설치할 수 있다.

다음은 LBM을 시뮬레이션하기 위해서 필요한 패키지를 불러오고 변수를 설정하는 코드이다. 영역을 w*h의 크기로 생성하는 것이 아니라 (w*3)*(h*3)의 크기로 생성한 것은 하나의 셀의 9개의 각 방향에 대한 밀도를 따로 저장하기 위함이며, 9개의 방향을 포함한 셀과 구분하기 위하여 하나의 방향만 포함한 것을 방향 셀로 명칭 하도록 한다.

```
# 파이썬 패키지 불러오기
import numpy # numpy 패키지
import cv2 # opencv-python 패키지

w = 64 # 가로
h = 64 # 세로

img = numpy.zeros((w, h)) # 모든 값이 0인 w*h 크기의 배열 생성
cell = [numpy.zeros((w*3, h*3)), numpy.zeros((w*3, h*3))]
```

MEMO

```
  # 모든 값이 0인 (w*3)*(h*3) 크기의 배열 2개 생성
prev = 0 # cell 리스트의 첫 번째 배열을 가리키기 위한 변수
cur = 1 # cell 리스트의 두 번째 배열을 가리키기 위한 변수

ex = [0, 1, -1, 0,  0, 1, -1,  1, -1] # x 방향
ey = [0, 0,  0, 1, -1, 1, -1, -1,  1] # y 방향
inv = [0, 2, 1, 4, 3, 6, 5, 8, 7] # 반대 방향 인덱스
weight = [4/9, 1/9, 1/9, 1/9, 1/9, 1/36, 1/36, 1/36, 1/36] # 밀도 가중치
omega = 1.5 # 충돌과정 조절 변수
```

8.2.2 병진과정

앞에서 설명한 것처럼 병진과정에서는 입자를 입자가 가진 방향을 따라서 이웃한 셀로 이동하게 하는 과정이다. 병진과정을 식으로 나타내면 아래와 같다.

$$f_i^*(\vec{x}, t+\Delta t) = f_i(\vec{x}+\Delta t\vec{e_i}, t)$$

f_i^*는 병진과정 후의 입자의 밀도 분포이고, Δt는 시간 간격이다. 다음 그림은 병진과정의 예시를 나타낸 것이다.

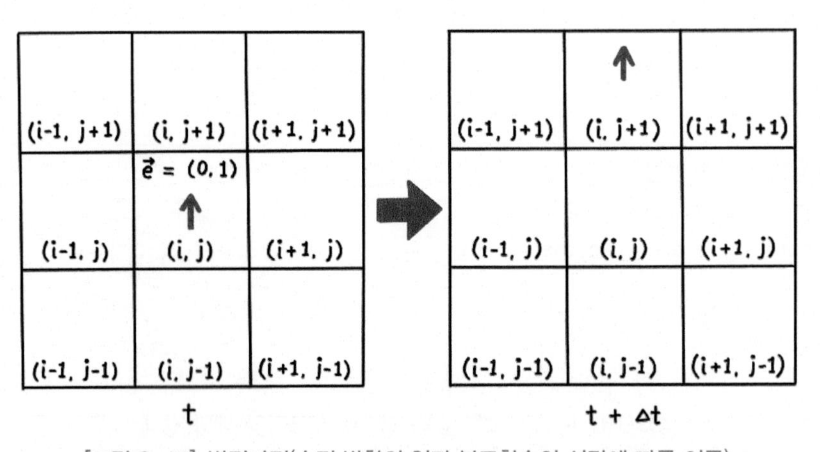

[그림 8-15] 병진과정(수직 방향의 입자 분포함수의 시간에 따른 이동)

(i,j)에 위치한 셀에 $\vec{e}$ = (0,1)의 방향을 가진 입자가 있다. Δt = 1이면 그 입자는 $t + \Delta t$ 일 때, $(i,j) + \Delta t\, e_i = (i,j) + 1 \times (0,1) = (i, j+1)$에 위치한 셀로 이동하게 된다.

다음은 병진 과정에 대한 함수를 정의하는 코드이다.

```
def stream():
    # 전역변수 사용
    global cell
    global w
    global h
    global ex
    global ey
    global inv

    for i in range(w*3):
        for j in range(h*3):
            dx = i - 3*(i//3) -1 # 현재 방향셀의 x 방향
            dy = j - 3*(j//3) -1 # 현재 방향셀의 y 방향

            # 현재 방향셀의 방향 인덱스
            for dir in range(9):
                if(ex[dir] != dx):
                    continue
                if(ey[dir] != dy):
                    continue
                break

            invDir = inv[dir] # 현재 방향셀의 반대 방향의 인덱스
            inv_x = i + 3*ex[invDir]
            inv_y = j + 3*ey[invDir]

            # 범위 체크
            if inv_x >= w*3:
                continue
            if inv_y >= h*3:
                continue
```

MEMO

```
        # 값 복사
        cell[cur][i][j] = cell[prev][inv_x][inv_y]
```

8.2.3 충돌과정

충돌과정은 병진과정을 통해 입자들이 이동하면서 발생하는 입자 사이의 충돌 처리를 통해 각 셀마다 전체적인 이동 방향에 따른 입자들의 방향을 재설정(입자의 밀도 분포 조정)하는 과정이다. 이를 식으로 표현하면 다음과 같다.

$$f_i(\vec{x}, t+\Delta t) = (1-\Omega)f_i^*(\vec{x}, t+\Delta t) + \Omega f_i^{eq}$$

$$f_i^{eq} = \omega_i \rho\left[1 + 3\vec{e_l} \cdot \vec{u} - \frac{3}{2} \cdot \vec{u} + \frac{9}{2}(\vec{e_l} \cdot \vec{u})^2\right]$$

f_i^{eq}는 평형분포함수이고 Ω는 충돌과정을 조절하는 가중치 값이며, 하나의 셀에서의 유체 밀도 ρ와 유체 속도 $\vec{u}$는 다음 식과 같이 계산한다.

$$\rho = \sum_{i=0}^{8} f_i \qquad \vec{u} = \sum_{i=0}^{8} e_i f_i$$

다음 그림은 앞의 충돌과정 계산에서 필요한 유체의 속도 그림이다. 빨간색 화살표는 각 입자의 밀도 분포를 나타내며 회색 화살표는 한 셀에서의 유체 속도를 나타낸다.

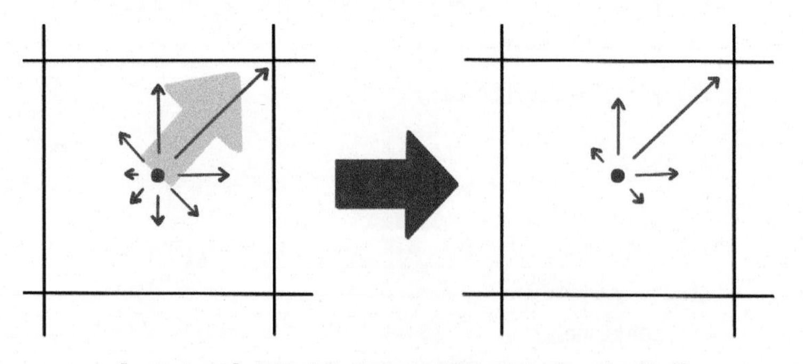

[그림 8-16] 충돌과정 후에 재조정된 입자 밀도 분포((f_i))

아래는 충돌과정에 대한 함수를 정의하는 코드이다.

```
def collide():
    # 전역변수 사용
    global cell
    global w
    global h
    global ex
    global ey
    global omega

    for i in range(w*3):
        for j in range(h*3):
            dx = i - 3*(i//3) -1 # 현재 방향셀의 x 방향
            dy = j - 3*(j//3) -1 # 현재 방향셀의 y 방향

            # 현재 방향셀의 방향 인덱스
            for dir in range(9):
                if(ex[dir] != dx):
                    continue
                if(ey[dir] != dy):
                    continue
                break

            rho = 0 # 밀도
            ux = 0 # x 방향 속력
            uy = 0 # y 방향 속력

            # 현재 방향셀을 기준으로 방향셀이 포함된 셀의 방향셀들의
              범위 계산
            xmin = -1 - ex[dir]
            xmax = 1 - ex[dir]
            ymin = -1 - ey[dir]
            ymax = 1 - ey[dir]
```

MEMO

```
        # 셀의 밀도 계산
        for x in range(xmin, xmax+1, 1):
            for y in range(ymin, ymax+1, 1):
                for u in range(9):
                    if ex[u] != x + ex[dir]:
                        continue
                    if ey[u] != y + ey[dir]:
                        continue
                    rho += cell[cur][i+x][j+y]

        # 평형분포함수 계산
        a = ex[dir]*ux + ey[dir]*uy
        feq = weight[dir]*(rho -(3/2)*(ux**2)) + 3*a + (9/2)*a**2

        # 충돌과정 반영
        cell[prev][i][j] = omega*feq + (1-omega)*cell[cur][i][j]
```

8.2.4 LBM의 경계면 처리

유체 시뮬레이션을 하다 보면 유체가 설정한 영역 밖으로 이동하려고 하거나, 영역 밖에서 들어오는 유체의 흐름이 있을 수 있다. 이때 설정한 영역 밖에 대한 처리를 경계면 처리라고 한다. 물론 단순하게 값을 버리는 것으로 처리할 수도 있지만 이렇게 하면 영역 밖으로 유체가 흘러나가 유체의 추가 공급이 없다면 설정한 영역에는 유체가 남아 있지 않을 수 있다. 그래서 경계면 처리가 필요한데 이 책에서는 반향 처리 방법을 간략히 소개하고자 한다.

■ 반향

반향 처리 방법은 말 그대로 입자가 경계면 밖으로 나가려고 할 때 방향을 반대로 바꾸어 되돌아가게 하는 방법이다. LBM에서 반향 처리는 다음의 식으로 계산한다.

$$f_j^*(\vec{x}, t+\Delta t) = f_i(\vec{x}, t)$$

i와 j는 서로 반대 방향이며 아래는 반향 처리를 그림으로 나타낸 것이다.

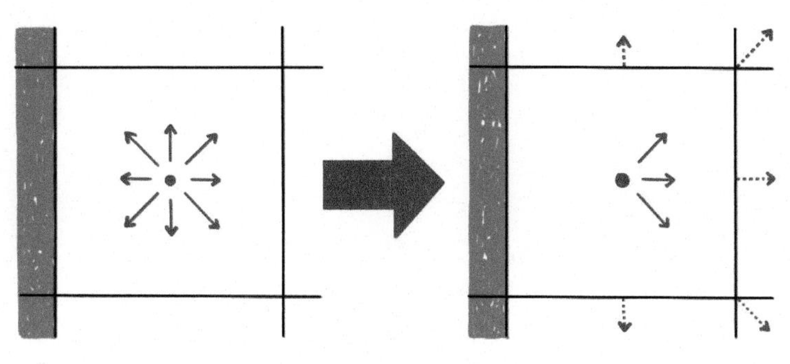

[그림 8-17] 반향

점선 화살표는 병진과정을 통해 이동한 것이고, 실선 화살표는 병진과정을 적용할 때 경계면인 것을 확인하여 반향한 것이다.

LBM에서 반향 경계면 처리를 적용하기 위해서는 병진 과정을 계산하는 stream 함수에서 '# 현재 방향셀의 반대 방향의 인덱스' 주석의 아래 두 문장을 아래의 코드로 수정하면 된다.

```
# 경계면을 벗어날 때
if i == 2 or i == w*3 -1 -2 or j == 2 or j == h*3 -1 -2:
    inv_x = i + 2*ex[invDir]
    inv_y = j + 2*ey[invDir]
# 경계면을 벗어나지 않을 때
else:
    inv_x = i + 3*ex[invDir]
    inv_y = j + 3*ey[invDir]
```

위의 코드에서 시뮬레이션 영역은 모두 0으로 초기화 되어 있다. 즉, 유체가 하나도 존재하지 않는다는 것이다. 다음은 시뮬레이션 영역 중앙에 유체를 추가하여 초기화하는 함수이다.

MEMO

```
def addSource():
    # 전역변수 사용
    global cell
    global w
    global h

    for n in range(2): # 두 개의 시뮬레이션 영역에 대하여
        for i in range(w*3):
            for j in range(h*3):
                w_2 = 3*w/2
                h_2 = 3*h/2
                dist = (i-w_2)*(i-w_2) + (j-h_2)*(j-h_2)
                if dist > 500:
                    continue

                dx = i - 3*(i//3) -1 # 현재 방향셀의 x 방향
                dy = j - 3*(j//3) -1 # 현재 방향셀의 y 방향

                # 현재 방향셀의 방향 인덱스
                for dir in range(9):
                    if(ex[dir] != dx):
                        continue
                    if(ey[dir] != dy):
                        continue
                    break

                cell[prev][i][j] = weight[dir]
```

LBM은 입자의 움직임으로 유체를 표현하는 것이 아니고, 셀의 밀도 분포를 가시화하여 유체의 움직임을 표현해야 한다. 이를 위한 함수는 다음과 같다.

```
def display():
    # 전역 변수 사용
    global cell
    global img
    global w
```

```
    global h

    for i in range(w):
        for j in range(h):
            # 각 셀의 9개 방향셀의 밀도를 합하여 셀의 밀도를 계산
            rho = 0.0
            for u in range(i*3, i*3+3):
                for v in range(j*3, j*3+3):
                    rho = rho + cell[prev][u][v]

            # 화면 출력을 위한 배열에 저장
            img[j][i] = rho
```

아래는 위에서 정의한 함수들을 사용해 최종적으로 LBM 시뮬레이션을 수행하는 코드이다.

```
addSource() # 시뮬레이션 영역 초기화

while(True):
    display() # 화면 출력을 위한 배열에 결과 저장
    cv2.imshow('LBM', img) # 이미지 창 생성 및 출력
    cv2.waitKey(1) # 1ms 대기

    stream() # 병진과정
    collide() # 충돌과정
```

MEMO

MEMO

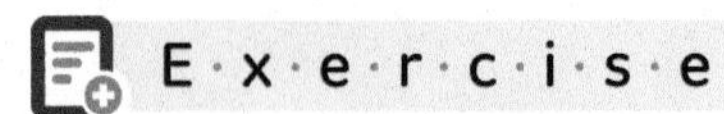

E·x·e·r·c·i·s·e

1. Smoothed Particle Hydrodynamics(SPH) 및 SPH의 커널에 대해서 간단히 설명하시오.

2. Lattice Boltzmann Method(LBM)에 대해서 간단히 설명하시오.

3. LBM의 D2Q9 모델에 대해 간단히 설명하시오.

4. 나무토막을 물속에 넣었더니, 75%가 물에 잠기고 25%만 보인다고 하자. 그 나무토막을 염분이 매우 높은 바닷물(물 밀도의 2배)에 넣으면 바닷물 위로 보이는 부분은 몇 %일까? 또한, 유체의 밀도가 변할 때의 나무토막의 움직임을 코딩으로 재현하시오.

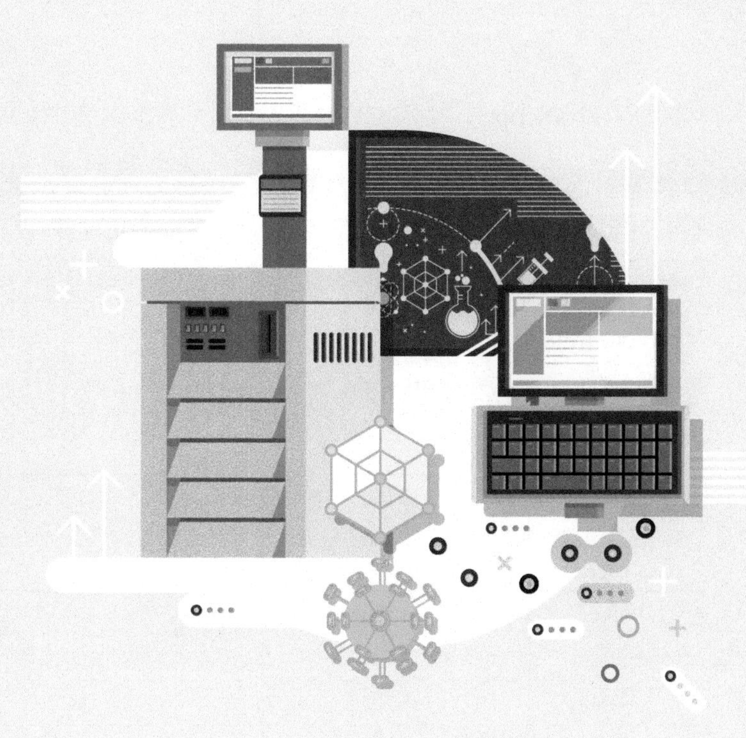

부록

1. Python 및 VPython 설치방법
2. trinket.io에서 VPython 사용법
3. Jupyter notebook에서 VPython 사용법

이 책은 GlowScript를 기준으로 물리 시뮬레이션을 코딩하는 방법에 관해 설명하였다. GlowScript는 PC설치가 필요 없이 모바일 환경에서 코딩이 가능하다는 장점이 있으나, 파이썬의 확장성인 다른 모듈을 import할 수 없고 디버깅이 어렵다는 단점이 있다. 따라서 다른 환경에서 코딩할 수 있는 방법들(PC기반의 VPython, trinket, jupyter)을 설치하는 법부터 소개한다. 아래 표는 파이썬 기반 물리 시뮬레이션 환경의 장단점을 정리한 것이다.

	모바일 환경에서 코딩 가능	다른 모듈 import 가능	대화형 코딩 가능	PC설치 필요
GlowScript	O	X	X	X
VPython	X	O	X	O
trinket	O	X	△	X
jupyter	X	O	O	O

1. Python 및 VPython 설치방법

① https://www.python.org에 접속한다.

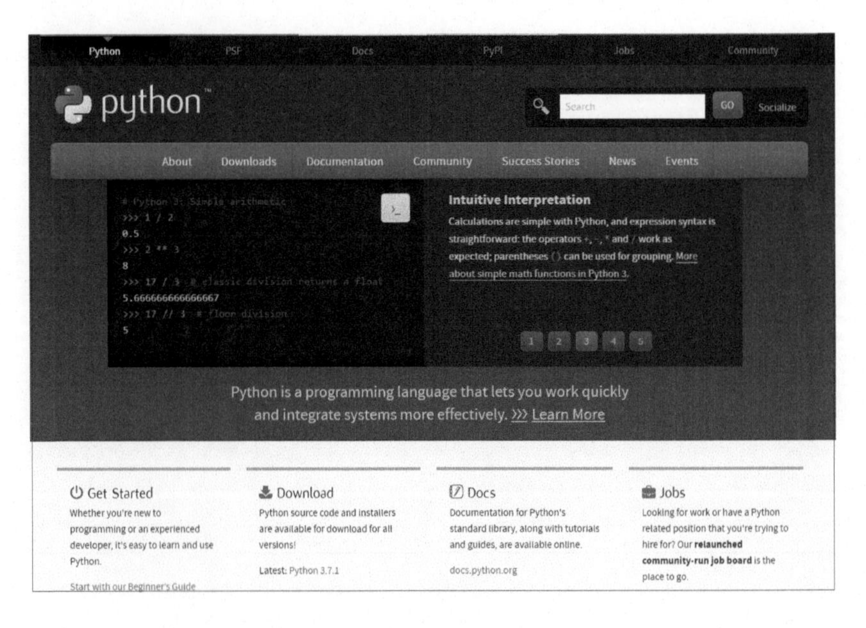

* 출처 : Python 공식 홈페이지

② Downloads에서 Python 3.5.3 이상의 버전을 클릭 후, 본인 컴퓨터에 맞는 설치파일을 다운받고 설치한다.

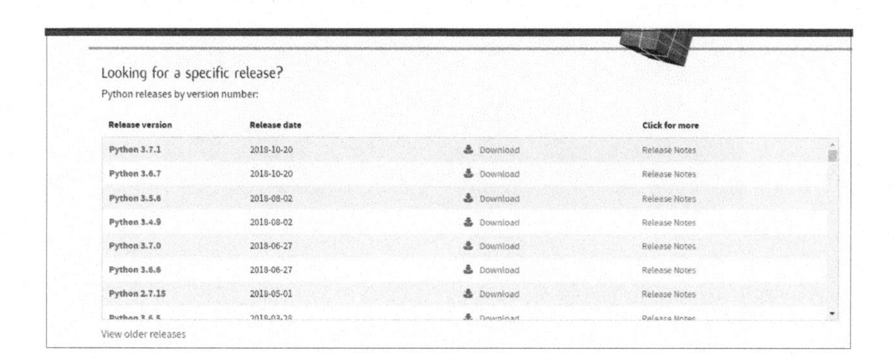

③ 설치할 때, Add Python 3.x to PATH를 클릭해야한다. (중요)

④ 윈도우 + R 키로 cmd 창을 켜고 'cd\'를 입력한다.

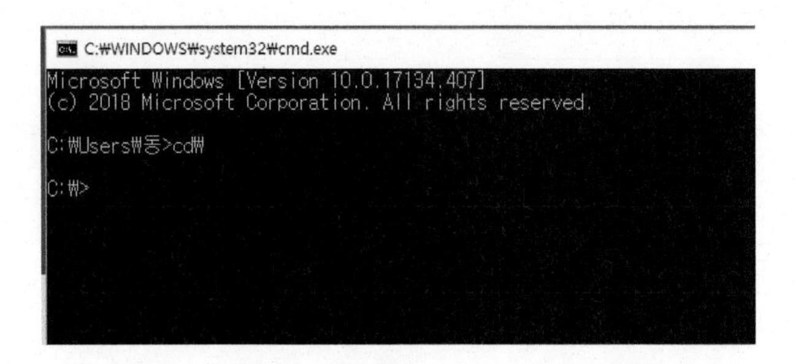

⑤ 'pip install --upgrade pip'를 입력한다.

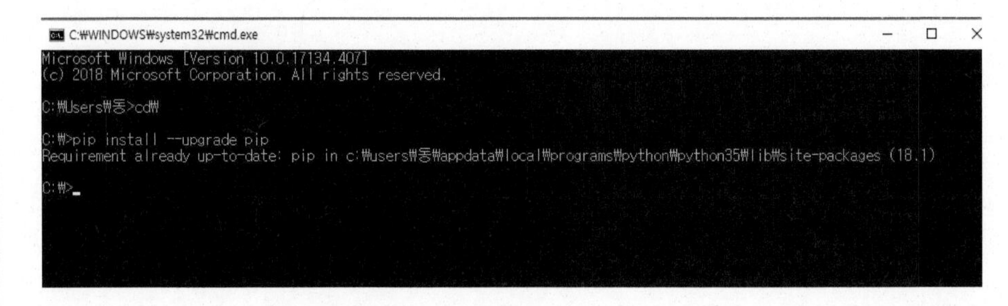

* 이미 pip가 최신상태이면 위의 그림처럼 나온다. 아닐 경우 설치를 시작한다.

⑥ 'pip install vpython'을 입력한다.

⑦ Successfully installed vpython-x.x.x가 나오는지 확인한다.

```
C:₩WINDOWS₩system32₩cmd.exe
Requirement already satisfied: jinja2 in c:₩users₩동₩appdata₩local₩programs₩python₩python35₩lib₩site-packages (from note
book->jupyter->vpython) (2.10)
Requirement already satisfied: Send2Trash in c:₩users₩동₩appdata₩local₩programs₩python₩python35₩lib₩site-packages (from
notebook->jupyter->vpython) (1.5.0)
Requirement already satisfied: bleach in c:₩users₩동₩appdata₩local₩programs₩python₩python35₩lib₩site-packages (from nbco
nvert->jupyter->vpython) (1.5.0)
Requirement already satisfied: entrypoints>=0.2.2 in c:₩users₩동₩appdata₩local₩programs₩python₩python35₩lib₩site-package
s (from nbconvert->jupyter->vpython) (0.2.3)
Requirement already satisfied: pandocfilters>=1.4.1 in c:₩users₩동₩appdata₩local₩programs₩python₩python35₩lib₩site-packa
ges (from nbconvert->jupyter->vpython) (1.4.2)
Requirement already satisfied: testpath in c:₩users₩동₩appdata₩local₩programs₩python₩python35₩lib₩site-packages (from nb
convert->jupyter->vpython) (0.3.1)
Requirement already satisfied: mistune>=0.7.4 in c:₩users₩동₩appdata₩local₩programs₩python₩python35₩lib₩site-packages (f
rom nbconvert->jupyter->vpython) (0.8.3)
Requirement already satisfied: parso==0.1.1 in c:₩users₩동₩appdata₩local₩programs₩python₩python35₩lib₩site-packages (fro
m jedi>=0.10->ipython>=4.0.0->ipykernel<5->vpython) (0.1.1)
Requirement already satisfied: wcwidth in c:₩users₩동₩appdata₩local₩programs₩python₩python35₩lib₩site-packages (from pro
mpt-toolkit<2.0.0,>=1.0.15->ipython>=4.0.0->ipykernel<5->vpython) (0.1.7)
Requirement already satisfied: jsonschema!=2.5.0,>=2.4 in c:₩users₩동₩appdata₩local₩programs₩python₩python35₩lib₩site-pa
ckages (from nbformat>=4.2.0->ipywidgets->jupyter->vpython) (2.6.0)
Requirement already satisfied: pywinpty>=0.5; os_name == "nt" in c:₩users₩동₩appdata₩local₩programs₩python₩python35₩lib₩
site-packages (from terminado>=0.8.1->notebook->jupyter->vpython) (0.5.1)
Requirement already satisfied: MarkupSafe>=0.23 in c:₩users₩동₩appdata₩local₩programs₩python₩python35₩lib₩site-packages
(from jinja2->notebook->jupyter->vpython) (1.0)
Requirement already satisfied: html5lib!=0.9999,!=0.99999,<0.99999999,>=0.999 in c:₩users₩동₩appdata₩local₩programs₩pyth
on₩python35₩lib₩site-packages (from bleach->nbconvert->jupyter->vpython) (0.9999999)
Installing collected packages: vpython
Successfully installed vpython-7.4.7

C:₩>
```

⑧ Python의 IDLE 창에서 'from vpython import *'를 입력 후 코드를 입력해본다.

File Edit Format Run Options Window Help

```
from vpython import *

a = box()
```

⑨ 입력 후 키보드 F5 또는 Run → Run Module를 클릭한다.

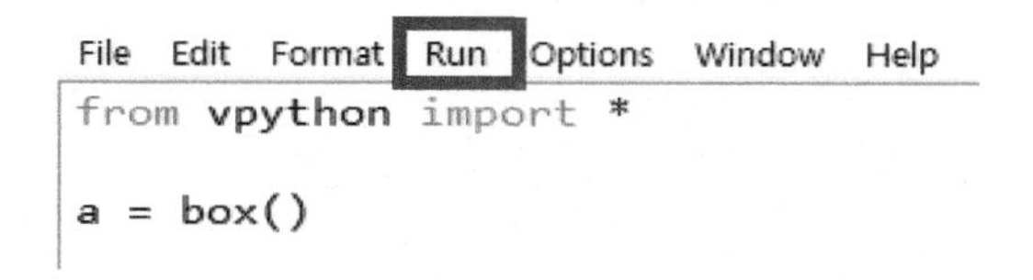

⑩ 다음과 같은 화면이 나온다면 설치가 완료된 것이다.

2. trinket.io에서 VPython 사용법

① https://trinket.io에 접속한다.

* 출처 : trinket.io 웹사이트

② 우측 상단의 sign in으로 회원가입 후 log in 으로 로그인을 한다.

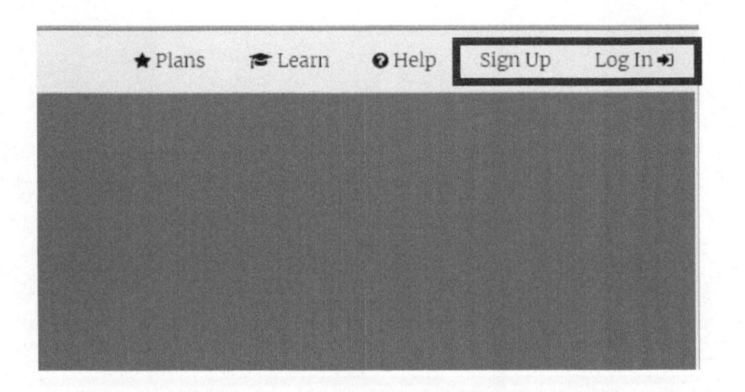

③ 파란색의 네모박스 New Trinket ▾ 을 클릭 후 GlowScript를 클릭한다.

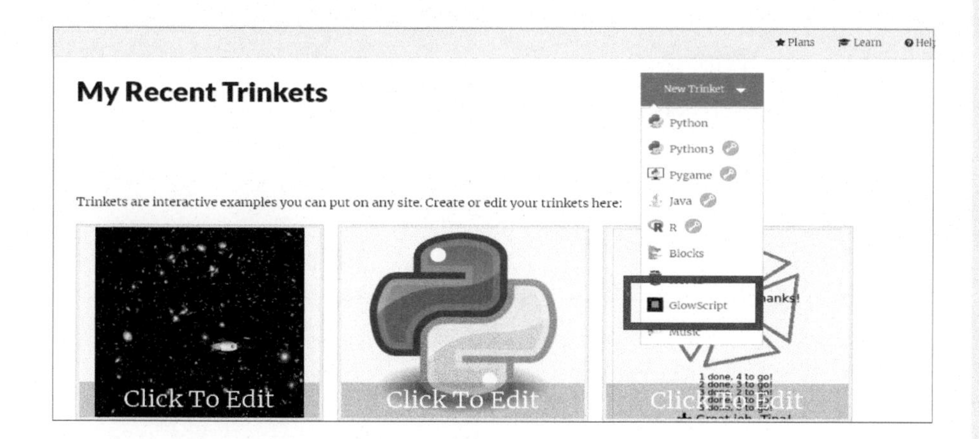

④ Python 선택 후 코드를 입력하고, ▶Run을 누르면 실행된다.

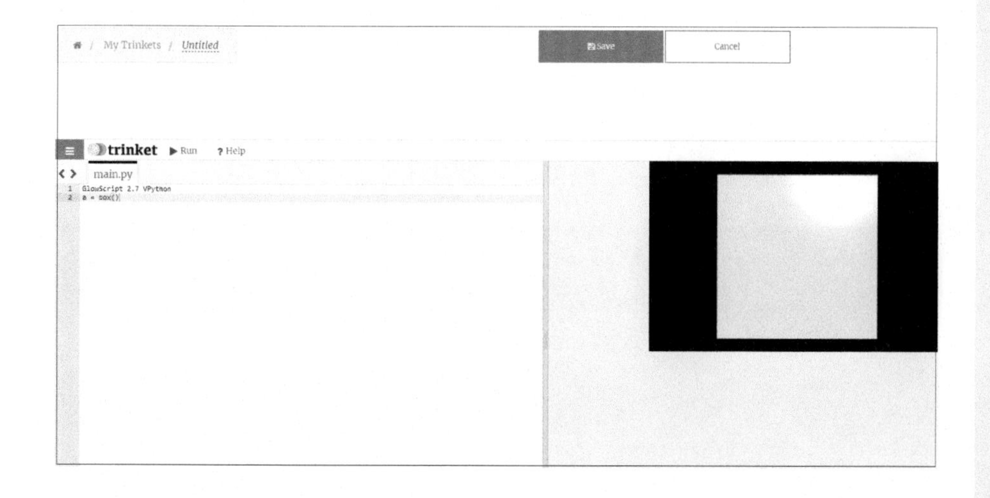

3. Jupyter notebook에서 VPython 사용법

* VPython이 설치되어 있어야한다.

① 파이썬이 설치된 상태에서 윈도우키 + R을 눌러서 실행창을 키고 cmd를 입력한다.

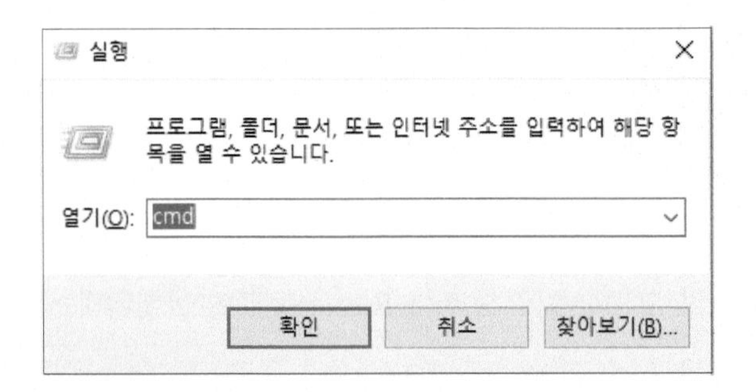

② pip install jupyter를 입력하면 jupyter 설치가 시작된다.

(pip가 최신 버전이 아닐 경우, 'pip install --upgrade pip'를 입력)

```
Requirement already satisfied: colorama; sys_platform == "win32" in c:\users\동\appdata\local\programs\python\python3
5\lib\site-packages (from ipython>=4.0.0->ipykernel->jupyter) (0.3.9)
Requirement already satisfied: jedi>=0.10 in c:\users\동\appdata\local\programs\python\python35\lib\site-packages (fr
om ipython>=4.0.0->ipykernel->jupyter) (0.11.1)
Requirement already satisfied: setuptools>=18.5 in c:\users\동\appdata\local\programs\python\python35\lib\site-packag
es (from ipython>=4.0.0->ipykernel->jupyter) (39.0.1)
Requirement already satisfied: decorator in c:\users\동\appdata\local\programs\python\python35\lib\site-packages (fro
m ipython>=4.0.0->ipykernel->jupyter) (4.2.1)
Requirement already satisfied: python-dateutil>=2.1 in c:\users\동\appdata\local\programs\python\python35\lib\site-pa
ckages (from jupyter-client->ipykernel->jupyter) (2.7.2)
Requirement already satisfied: pyzmq>=13 in c:\users\동\appdata\local\programs\python\python35\lib\site-packages (fro
m jupyter-client->ipykernel->jupyter) (17.0.0)
Requirement already satisfied: six in c:\users\동\appdata\local\programs\python\python35\lib\site-packages (from trai
tlets>=4.1.0->ipykernel->jupyter) (1.11.0)
Requirement already satisfied: wcwidth in c:\users\동\appdata\local\programs\python\python35\lib\site-packages (from
prompt-toolkit<2.0.0,>=1.0.0->jupyter-console->jupyter) (0.1.7)
Requirement already satisfied: MarkupSafe>=0.23 in c:\users\동\appdata\local\programs\python\python35\lib\site-packag
es (from jinja2->nbconvert->jupyter) (1.0)
Requirement already satisfied: jsonschema!=2.5.0,>=2.4 in c:\users\동\appdata\local\programs\python\python35\lib\site
-packages (from nbformat>=4.4->nbconvert->jupyter) (2.6.0)
Requirement already satisfied: html5lib!=0.9999,!=0.99999,<0.99999999,>=0.999 in c:\users\동\appdata\local\programs\p
ython\python35\lib\site-packages (from bleach->nbconvert->jupyter) (0.9999999)
Requirement already satisfied: pywinpty>=0.5; os_name == "nt" in c:\users\동\appdata\local\programs\python\python35\l
ib\site-packages (from terminado>=0.8.1->notebook->jupyter) (0.5.1)
Requirement already satisfied: parso==0.1.1 in c:\users\동\appdata\local\programs\python\python35\lib\site-packages (
from jedi>=0.10->ipython>=4.0.0->ipykernel->jupyter) (0.1.1)
Installing collected packages: jupyter
Successfully installed jupyter-1.0.0
```

③ Successfully installed jupyter-x.x.x가 나오면 설치가 완료된 것이고, 이후에 jupyter notebook를 입력한다.

```
C:₩Users₩동>jupyter notebook
[I 15:00:05.830 NotebookApp] Serving notebooks from local directory: C:₩Users₩동
[I 15:00:05.830 NotebookApp] 0 active kernels
[I 15:00:05.830 NotebookApp] The Jupyter Notebook is running at:
[I 15:00:05.830 NotebookApp] http://localhost:8888/?token=5599fb39ecef3483e5b6a58ead8853c1703ea6987e6cf745
[I 15:00:05.831 NotebookApp] Use Control-C to stop this server and shut down all kernels (twice to skip confirmation)

[C 15:00:05.833 NotebookApp]

    Copy/paste this URL into your browser when you connect for the first time,
    to login with a token:
        http://localhost:8888/?token=5599fb39ecef3483e5b6a58ead8853c1703ea6987e6cf745
[I 15:00:06.004 NotebookApp] Accepting one-time-token-authenticated connection from ::1
```

④ jupyter라는 웹페이지가 나올 것이고, 우측에 new를 클릭하고, VPython을 클릭한다.

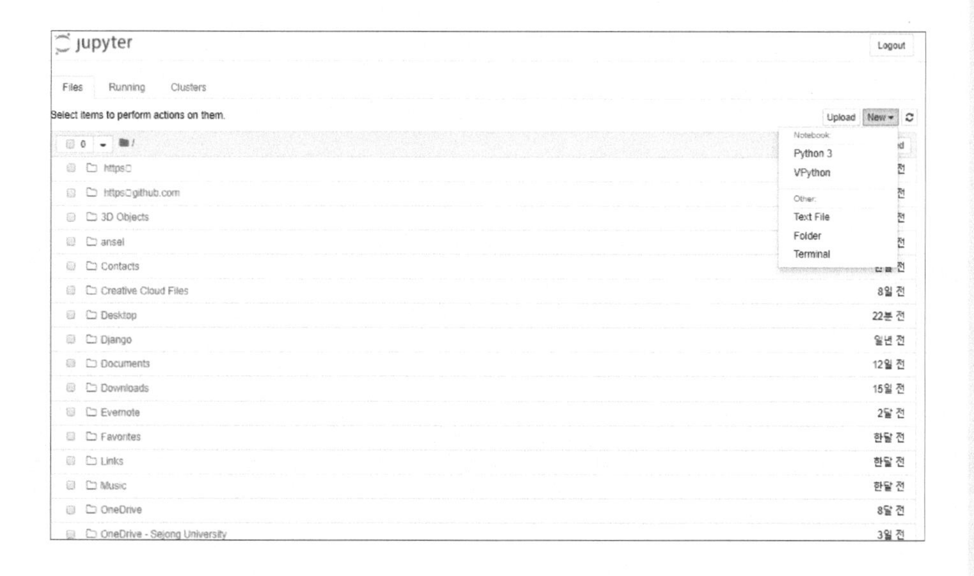

⑤ from vpython import *를 가장 윗줄에 입력하고, 아래에 코드를 작성하고, Run을 누른다. 아래와 같이 나온다면 정상적으로 실행이 된 것이다.

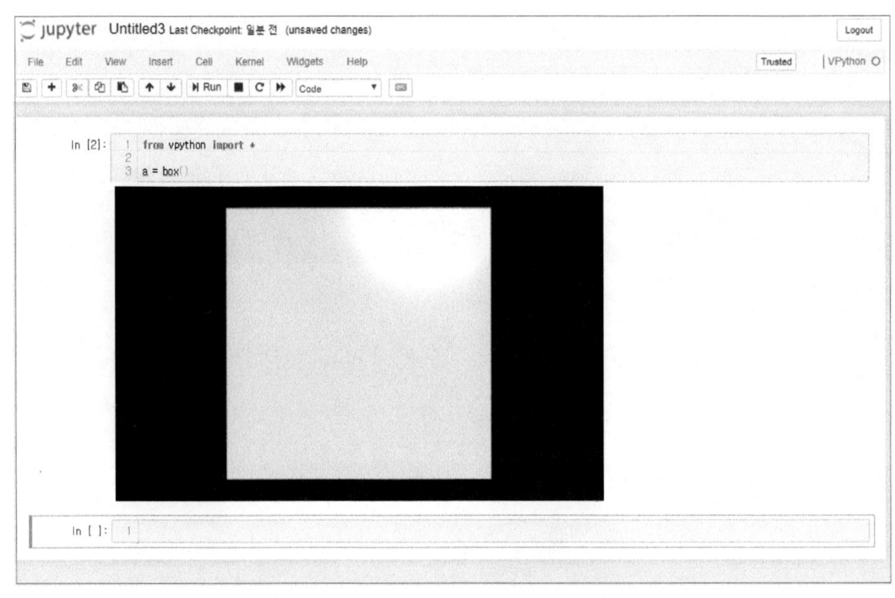

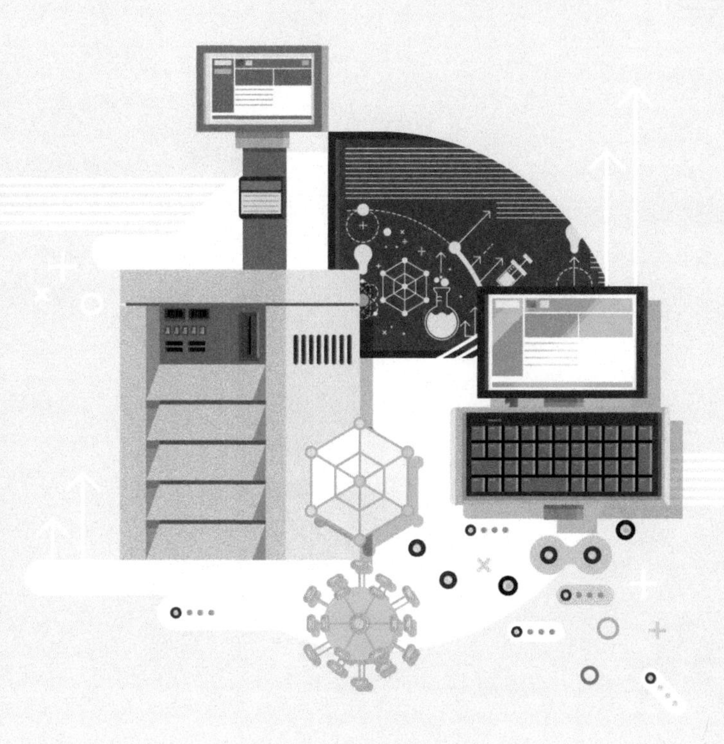

INDEX

ㅍ

ㅎ

저자 소개

•1998 서울대학교 전기공학부 학사
•2000 서울대학교 전기컴퓨터공학부 석사
•2004 서울대학교 전기컴퓨터공학부 박사
•2006~ 현 세종대학교 디지털콘텐츠학과 및 소프트웨어학과 교수
•2012~ The Visual Computer 저널의 Associate Editor
•2014~ 한국컴퓨터그래픽스학회 학술이사

•2004 서울대학교 자동화연구소 선임 연구원
•2013 미국 어도비 시스템즈 방문 교수

파이썬으로 코딩하는 물리

1판 1쇄 발행 2021년 03월 02일
1판 5쇄 발행 2025년 02월 10일
저 자 송오영
발 행 인 이범만
발 행 처 **21세기사** (제406-00015호)
경기도 파주시 산남로 72-16 (10882)
Tel. 031-942-7861 Fax. 031-942-7864
E-mail : 21cbook@naver.com
Home-page : www.21cbook.co.kr
ISBN 978-89-8468-637-3

정가 29,000원